国家自然科学基金重大研究计划培育项目（91547108）
国家重点研发计划项目专题项目（2016YFC0401305）　　　联合资助
广东省水利科技计划项目（2014-20）

变化环境下复杂网河区水资源系统响应与安全调控

刘丙军　编著

科学出版社
北　京

内 容 简 介

本书系统总结回顾了国内外网河区水资源系统分析的研究现状及其发展趋势,全面分析了变化环境下网河区水资源系统存在的问题及其面临的严峻形势,综合运用水文学、水力学、系统分析、复杂性理论等理论和方法,提出了变化环境下网河区水资源系统演变与响应的研究理论与方法;总结了网河区水文过程变异特征及其驱动机制,提出了水文过程全要素变异识别与特征量重构的理论与方法;构建了基于物理模型与数值模拟相结合的水盐动力模型,识别了海陆相多要素驱动作用下网河区盐水入侵基本规律;探讨了变化环境下网河区水资源系统脆弱性的概念、形式和内涵,基于"暴露度–敏感性–适应能力"三维度构建了水资源脆弱性评价指标体系与方法;研究了变化环境下网河区水资源优化配置的内涵与特征,提出了适应变化环境的水资源配置理论与适应性对策。研究成果丰富与发展了水资源系统分析理论,对变化环境下水资源系统综合管理具有重要参考意义与广泛应用前景。

本书可供大专院校水文水资源及相关专业高年级本科生、研究生教学科研使用,也可供水利、环保、市政等规划设计部门科研人员参考。

图书在版编目(CIP)数据

变化环境下复杂网河区水资源系统响应与安全调控 / 刘丙军编著 . —北京:科学出版社,2018.3
 ISBN 978-7-03-027823-4

I. ①变… Ⅱ. ①刘… Ⅲ. ①河流–水资源管理–研究–中国 Ⅳ. ①TV213.4

中国版本图书馆 CIP 数据核字 (2018) 第 030896 号

责任编辑:孟美岑 陈姣姣 / 责任校对:张小霞
责任印制:肖 兴 / 封面设计:北京图阅盛世

科 学 出 版 社 出版

北京东黄城根北街 16 号
邮政编码:100717
http://www.sciencep.com

中国科学院印刷厂 印刷

科学出版社发行 各地新华书店经销

*

2018 年 3 月第 一 版 开本:787×1092 1/16
2018 年 3 月第一次印刷 印张:19 1/2
字数:460 000

定价:198.00 元
(如有印装质量问题,我社负责调换)

前　言

　　水是生命之源、生产之要、生态之基，不仅关系到防洪安全、供水安全、粮食安全，而且关系到经济安全、生态安全、国家安全。水资源系统的结构是否合理，状态是否健康关系到人民的生命财产安全、经济的发展速度、生态环境的持续发展等重大问题。

　　网河区位于河流与海洋交汇过渡地区，其最根本的特点是受海洋（潮汐）和陆地（河流）的双向作用，面临脆弱胁迫因素较多，水资源系统面临着更大的挑战。近年来，伴随高频率、大规模、大范围人类剧烈活动及海平面上升双重作用影响，网河区下垫面的自然形态发生了显著改变，水文水资源特征变异显著，咸潮上溯影响范围和程度不断加大，导致水资源供需矛盾激化，水资源系统的脆弱性问题日益突出。日益加重的水资源问题，正成为限制该地区经济社会可持续发展的关键瓶颈之一。

　　网河区是我国经济发展的龙头地区，也是我国人口密度最高和单位面积 GDP 贡献最大的地区之一。以珠江三角洲网河区为例，该地区经济社会高速发展，河网纵横、人口密集、城镇集中，用 30 年的时间完成了发达国家近百年的发展进程，用占全国约 0.21% 的面积生产了约 20% 的 GDP。珠江三角洲网河区又是香港、澳门、广州、深圳等特大城市的唯一水源，其水资源开发利用保护面临剧烈人类活动、海平面上升等多重压力，正成为我国水资源问题最突出的区域之一：水资源总量丰沛但时空分布不均且水污染严重，加之近年来河口非法挖砂、海平面持续上升等导致盐水入侵的影响范围和程度不断加剧且规律异常复杂，区域性、季节性和水质性缺水并存；上游水利工程调度与河道采砂等人类活动影响下，河口区水循环变异显著，水文水资源极值和特征值偏离常规，同一断面水量频率与水位频率不对应，同一次水文事件上下游水文要素频率不一致，河口区水文过程中出现的新特征迫切需要重新认识和定义；上游来水逐年减少，加之海平面持续上升，河口区盐水入侵影响程度与范围不断增大，盐水入侵机制日趋复杂，盐水入侵的应对策略需要不断调整；持续高速的经济和人口增长致使珠江三角洲网河区水资源需求显著增大，社会水循环供用耗排水时空格局变化显著，供排水体系交错混乱，大部分城市河流水生态环境功能基本丧失，河口区水资源供需系统出现的新问题亟待解决，等等。珠江三角洲网河区正成为我国水资源问题最突出的地区之一。

　　近年来，我们一直从事水资源系统分析方面的研究工作，在国家重点研发计划项目"珠江流域水资源多目标调度技术与应用"（2017YFC0405905）与"国家水资源承载力评价与战略配置"（2017YFC0405905）、国家自然科学基金委重大研究计划重点项目"变化环境下西南河流源区来水–供水–发电–环境互馈博弈自适应协同调控"（91547202）、国家自然科学基金项目"变化环境下澜沧江流域径流适应性利用协同配置模式研究"(91547108)与"剧烈人类活动下华南湿润地区水资源配置协同调控模式"(50909106)、广东省科技计划项目"珠江三角洲内河涌水环境治理水力调控关键技术研究"(2011B030800008)、广东省水利科技创新项目"珠江三角洲内河涌水环境治理水力调控研究"(2011-13)与"变化环境下珠江三角洲网河区水资源系统响应研究"(2014-20)等项目支持下,本书系统总结回顾了国内外网河区水文要素变异、咸潮上溯、水资源脆弱性和水资源配置方面的研究成果,综合运用水文学、水力学、系统分析、复杂性理论等理论和方法,探索性地提出变化环境下网河区水资源系统演变与响应的研究整体框架:全面总结了网河区水文过程变异特征及其驱动机制,初步提出了水文过程全要素变异识别与特征量重构的理论与方法;构建了基于物理模型与数值模拟相结合的水盐动力模型,识别了海陆相多要素驱动作用下网河区盐水入侵基本规律;探讨了变化环境下网河区水资源系统脆弱性的概念、形式和内涵,基于"暴露度–敏感性–适应能力"三维度构建了水资源脆弱性评价指标体系与方法;研究了变化环境下网河区水资源优化配置的内涵与特征,创新性地提出了适应变化环境的水资源配置理论与适应性对策。研究成果丰富与发展了水资源系统分析理论,对变化环境下水资源系统综合管理具有重要参考意义与广泛应用前景。

　　本书由刘丙军统稿编著;第1、第2、第9章由刘丙军、陈秀洪编写;第3章由陆鹏翔、刘丙军编写;第4章由邱凯华、廖叶颖、刘丙军编写;第5章由辛彦博、章文、严淑兰编写;第6章由高卫、杨裕桂、严恒恒编写;第7章由伍颖婷、高梦元、陈文静编写;第8章由何志伟、陈俊凡、柯华斌编写。同时,衷心感谢本书所引用参考文献的作者曾经做的大量工作。

　　在本书撰写过程中,得到了中山大学地理科学与规划学院领导与老师的大力支持,在此一并表示诚挚的感谢。

　　由于时间与水平有限,书中难免存在疏漏之处,恳请读者批评指正!

编　者

2017 年 12 月于康乐园

目　录

第1章 绪 论

1.1 研究背景与意义

水是生命之源、生产之要、生态之基,不仅关系到防洪安全、供水安全、粮食安全,而且关系到经济安全、生态安全、国家安全。河口地区是我国经济发展的龙头地区,也是我国人口密度最高和单位面积 GDP(国内生产总值)贡献最大的地区之一。河口位于河流与海洋交汇的过渡地区,其最根本的特点是受海洋(潮汐)和陆地(河流)的双向作用,面临的脆弱胁迫因素较多,水资源系统面临着更大挑战。近年来,伴随高频率、大规模、大范围人类剧烈活动以及海平面上升双重作用的影响,网河区下垫面的自然形态发生了显著改变,水文水资源特征变异显著,咸潮上溯的影响范围和程度不断加大,导致水资源供需矛盾激化,水资源系统的脆弱性问题日益突出。水资源系统的结构是否合理、状态是否健康关系到人民的生命财产安全、经济的发展速度、生态环境的持续发展等重大问题。科学评价变化环境下网河区的水资源问题和水资源系统脆弱性,积极改善水资源系统结构和合理配置水资源,既是水利科技创新的热点课题,也是关系民生、亟待解决的重大难题。

盐水入侵是河口水环境中普遍存在的季节性水文现象,对城市工业布局及其发展、居民生活用水和农业灌溉用水都有着相当重要的影响。盐水入侵不仅破坏了水环境原有的格局,对土地盐碱化程度、河口物化及生物、生态特性会产生一定影响。同时,盐水入侵对河口区人类生活、生产的威胁也逐步显现,直接影响区域水资源的开发利用,严重制约着社会经济的发展。《Nature》最新研究表明,气候变化引起的海平面上升比早前设想的要快,将直接影响数亿人的生活和生产(Paul et al., 2009);由国际科学理事会(ICSU)发起组织的当今最具影响力和广泛性的科学计划——国际地圈-生物圈计划(IGBP),明确将海岸带的陆海相互作用(LOICZ)研究列为七个核心计划之一,并将海岸生物地貌与全球变化、全球变化对海岸系统的经济与社会影响列入其仅有的四个核心研究内容;联合国政府间气候变化专门委员会(IPCC)所属三个工作组(科学分析、影响和响应对策)均将海平面上升引发的盐水入侵危害确定为 IPCC 优选的六个重点研究专题之一。

随着剧烈的人类活动和海平面的持续上升,当前河口地区应对变化环境的研究形势发生了深刻变化。《国家中长期科学和技术发展规划纲要(2006—2020 年)》将"人类活动对地球系统的影响机制"和"全球变化与区域响应"分别作为第 3、第 4 个面向国家重大战略需求的基础研究;《中国应对气候变化方案》将"强化应对海平面升高的适应性对策"作为海岸带及沿海地区应对气候重点的研究领域;国家"十二五"科技和技术发展规划将城市化的资源环境效应、近海环境及生态的关键过程等列为重大科学问题研究领域和方向；国家科学技术部将"人类活动对我国海湾生态环境的影响及生物资源效应"列为 2014 年国家重点基础研究发展计划之一。可见，变化环境下河口区水资源可持续利用研究正成为我国科技攻关的核心任务之一。国外内学者已经意识到变化环境下水资源问题的复杂性和重要性，提出了诸多创新性成果，并在我国长江以北地区进行了大量研究。但水资源特征差异明显且环境变化剧烈的南方湿润地区水资源研究成果尚不多见。一个雨量丰沛、水系纵横、高密度城市群却水资源问题突出的地区——珠江三角洲网河区，其严重的水资源问题及其对策研究才刚起步。

珠江三角洲网河区经济社会高速发展，河网纵横、人口密集、城镇集中，用占全国约 0.21% 的面积生产了约 20% 的 GDP，是香港、澳门、广州、深圳等特大城市的唯一水源，其水资源开发利用保护面临剧烈人类活动、海平面上升等多重压力，正成为我国水资源问题最突出的区域之一：①水资源总量丰沛但时空分布不均，水污染严重，加之近年来河口非法挖砂、海平面持续上升等导致盐水入侵的影响范围和程度不断加剧且规律异常复杂，区域性、季节性和水质性缺水并存；②在上游水利工程调度与河道采砂等人类活动的影响下，河口区水循环变异显著，水文水资源极值和特征值偏离常规，同一断面水量频率与水位频率不对应，同一次水文事件上下游水文要素频率不一致，等等，河口区水文过程中出现的新特征迫切需要重新认识和定义；③上游来水逐年减少，加之海平面持续上升，河口区盐水入侵影响程度与范围不断增大，盐水入侵机制日趋复杂，盐水入侵的应对策略需要不断调整；④持续高速的经济和人口增长致使珠江三角洲网河区水资源需求显著增大，社会水循环供用耗排水时空格局变化显著，供排水体系交错混乱，大部分城市河流水生态环境功能基本丧失，河口区水资源供需系统出现的新问题亟待解决，等等。

在剧烈的人类活动和海平面持续上升的共同作用下，珠江三角洲网河区原本复杂的水文水资源问题更加突出，导致原有的研究基础已不能准确描述该地区现状和未来不断变化的水文水资源问题。根据中国国家海洋局《2011 年中国海平面公报》，30 年来中国沿海海平面平均上升速率为 2.7 mm/a，明显高于全球平均水平。预计未来中国沿海海平面将继续上升，2050 年将比常年升高 145~200 mm，受影响的沿海地区达到 1317 个乡镇，约占全国陆地面积的 3.0%，受影响的内陆水域面积达到 6537 km²，约占全国内陆水域总面积的 4.0%，受影响的河流总长度达到 43400 km。建议在珠江口、长江口等地区进行海平面上升脆弱区划，合理调配区域水资源，保障高海平面期和枯水期供水安全。可见，珠江三角洲地区水资源可持续利用，正成为该地区经济社会可持续发展的重大战略需求之一。

综上所述，在海平面上升与人类剧烈活动的影响下，近年来珠江三角洲网河区水资源问题更加突出，严重威胁到珠江三角洲城市供水安全和河道生态环境健康。然而，当前相关珠江三角洲网河区水资源问题研究的理论与方法尚不成熟，尤其是剧烈人类活动与海平面上升对该地区水文过程、盐水入侵与水资源供需系统的作用机制尚不明晰，应对手段缺乏理论基础。鉴于此，本书针对珠江三角洲网河区湿润气候、河网纵横、人类活动剧烈、海平面上升显著的特点，充分利用现有研究基础，采用多学科交叉理论与方法，系统识别剧烈人类活动与海平面上升对该地区水文过程、盐水入侵与水资源供需系统的作用机制，为珠江三角洲网河区防洪、供水与压咸调度提供关键技术指标。本书有助于丰富和完善变化环境下河口区水文水资源系统响应与应对理论，促进河口地区水资源可持续利用，具有重要的理论和实践意义。相关研究成果对我国长江三角洲、环渤海湾等沿海地区水资源战略开发也具有重要的借鉴作用。

1.2　研究进展与发展趋势

1.2.1　水文要素变异研究进展

在剧烈人类活动和全球气候持续变化的影响下，水文要素或水文特征正在不断地发生变化。水文要素变异直接导致水文特征的时空不对应及频率的不一致性，进而使水文水利计算及水资源分析计算产生偏差，分析出的结论及规律缺乏合理性，防洪供水决策判断出现失误，严重影响水文水利部门的正常运作。因此水文要素变异识别对水文研究尤为重要。目前国内在水文要素变异方面进行了大量研究并已经取得了较多成果。丁晶和邓育仁（1988）在《随机水文学》中较详细地介绍了水文时间序列模型中跳跃成分的分析方法，包括时序累计值相关曲线法、Lee-Heghinan 法、有序聚类法。钮本良（2002）利用时间序列累计值相关曲线法分析了黄河干流天然年径流量序列的变异特征。项静恬和史久思（1997）详细介绍了 Mann-Kendall 法的原理，该法因简单直观，被大量用来检测水文、气象资料的突变特征。例如，刘敏和沈彦俊（2010）采用 Mann-Kendall 法和滑动检验方法分析和讨论了海河流域近 50 年水文要素的变化趋势及变异年份；陈晓宏和陈泽宏（2000）采用一种基于水文特征的累积序列差值方法，对洪水时间序列进行了可能分割点识别；熊立华等（2003）根据一定的假设建立一个贝叶斯变点分析模型，判断了长江宜昌站的年径流资料系列中可能存在的变点；刘攀等（2005）应用变点理论分别采用均值变点方法、概率变点方法对三峡水库洪水期的分期进行了计算与探讨；张一驰等（2005）根据统计学方差分析的原理，建立了基于 Brown-Forsythe 检验的水义序列变异点识别方法，并采用该方法对新疆开都河大山口站近 50 年年平均径流序列进行了变异点识别；胡彩霞等（2012）提出基于基尼系数的水文年内分配均匀度变异分析方法，对东江流域龙川站多年逐月径流量序列进行了分析；陈广才和谢平（2006）提出滑动 F 识别与检验方法，对潮白河水资源分区年径流序列进行了分析。

针对水文要素变异的识别与检验方法，除了基于统计学的变异系数法等传统的时间序列变异求解方法，一系列新技术、新理论也在变异点检测中得到应用（陈晓宏等，2010）；夏军等（2007）结合信息熵理论提出一种基于差异信息测度与 GIS 技术的时空变异分析方法，成功应用于海河流域，找出了降水、蒸发和气温等水文气象要素的时空变异规律；张丹和周惠成（2011）利用变标度极差（rescaled range analysis G/S）分析法揭示了大凌河流域上游的水资源变化趋势及降水和径流的变异点，该方法与传统的 Mann-Kendall 法结合可以弥补各自的不足，用于分析水文要素序列的未来变异趋势；欧阳永保和丁红瑞（2006）利用 Morlet 小波变换分析了长江流域宜昌站的年最大洪水周期变化及突变特征；金菊良等（2005）针对常规变点分析方法计算复杂、识别全部变点困难等问题，提出了用遗传算法进行水文时间序列多变点分析的一套新方法（AGA-CPAM）；谢平等（2005）在对多种方法进行检验研究的基础上，提出了一种水文时间变异的综合诊断方法，对潮白河流域水文序列的变异点进行了识别与检验，等等。

　　珠江三角洲网河区水多砂少，河势基本稳定，但近20年来的大规模采挖河床泥砂，在很大程度上改变了河床演变的过程，这种改变已远远超过和涵盖了同期河流自然演变的程度，尤其是大规模人工采砂引起河床普遍大幅度下切，从而引起网河区水文要素发生相应变化。刘佑华等（2002）利用差异信息熵理论发现20世纪60~70年代珠江三角洲地区水位过程发生异变与大规模的人类活动有关；李兴拼等（2009）运用R/S分析法诊断了东江流域河源段径流变异情况和径流变异带来的生态环境变异影响；周兵等（2012）结合动力诊断、小波分析等方法分析了珠江流域气候变化特征；Wong等（2006）提出了一种水文序列变点分析的灰关联法，并应用分析珠江三角洲顺德网河区的水位变化；陆永军等（2008）通过对比分析得出，珠江三角洲地区河床普遍大幅度下切，水位出现明显下降趋势；广东省水文局佛山分局（2008）发现西、北江及三角洲地区，河段断面冲深后同流量下流速增大，导致在一定条件下洪水后期主槽强烈冲刷；李远青（2010）发现，近年来同级水位下流量级增大，洪水位下降的原因，一是河道横断面扩宽，导致同级流量下水深增加，二是近年经济发展的需求，上游河道的大量采砂，导致河段的来砂量大大减少，使河床不断下切，断面面积不断增大，河道横断面冲深，水位降低；陈晓宏等（2004）研究了珠江三角洲网河区的水位空间变异性，给出了描述该网河区水位空间分布结构的半变异函数；等等。

　　总结国内外研究进展，各国学者对变化环境下的水文过程问题做了细致的探讨，并提出了诸多创新性研究成果。然而，当前水文要素变异识别的研究尚未体系化。相关问题如"水文要素时空变异与一般变化的区别即变异性的内涵是什么？""在什么条件下（变多少？变多长时间？在多大范围内变化？）才是变异（即变异的时间、空间和特征尺度）？""变异后水文要素如何重构？"等等，如何重构水文要素变异后的水文特征量（极值、频率/重现期/保证率等）？等等，仍有待深入研究。

1.2.2　咸潮上溯研究进展

　　河口区咸潮上溯是一个自然现象，伴随30年来珠江三角洲网河区高强度人类开发和频繁涉海工程建设，极大地改变了河口区水陆边界条件，加之枯水期上游来水逐年减少和海平面持续上升，河口区咸潮高频度、高强度、长时间、远距离上溯，咸潮上溯影响程度与范围不断加重。自21世纪来，已有6年（2003~2006年、2009年、2011年）珠江河口发生特大咸潮灾害。而本地区相关基础研究刚刚起步，这恰恰是现代三角洲网河区必须关注的一个重大科学问题。

　　国外河口咸潮上溯的研究始于20世纪30年代，美国陆军工程兵水道实验站（WES）和荷兰Delft水工实验所在这方面做了大量的基础工作。对河口咸潮上溯的认识则大体始于 50 年代初，早期研究主要集中在咸潮上溯现象中咸潮上溯范围、盐淡水混合及水体盐度分布等方面。美国潮汐水力学委员会在 1954 年对哥伦比亚河口咸潮上溯及其现象进行了调查分析；Schijf 和 Schonfeld（1953）基于一维稳态盐水楔的假设，导出了盐水楔入侵长度解析式；在淡水混合特征问题上，Simmons 和 Brown（1969）依据潮周期内河流来水量与进潮量之比值，提出将咸潮上溯影响下的河口划分为弱混合（高度分层）、部分混合和强混合 3 种类型；Bowden（1967）和 Pritchard（1967）从河口环流形式差异出发提出将河口盐淡水混合分为盐水楔（高度分层）型、两层水流（中等分层）型和垂直均匀型；Blumberg（1978）基于水体密度变化对水流运动影响的研究，提出河口环流的驱动力是压强梯度力。随着观察资料原型和基础理论的逐步积累，相关的数值模型也得到发展，Ippen 和 Harleman（1961）将河口地形的沿程变化以一个简单的函数关系来表示，提出了一维盐度对流扩散方程的恒定解和一阶理论解；Savenije（1992）基于对大量河口咸潮上溯曲线的研究，总结出“递降”型、“铃”型、“拱顶”型和“驼背”型 4 种类型，并发展了一系列咸潮上溯涨憩模型。至 20 世纪 90 年代，模拟咸潮上溯的数学模型已取得了丰硕的成果，类似的解析模型有落憩模型、潮期平均模型，它们均以流体力学方程为基础，以研究咸潮上溯上限及纵向扩散机制为主。进入 21 世纪后，相关研究逐步关注咸潮上溯对环境和生态的影响。Kasai 等（2010）利用 2006 年 4 月至 2008 年 3 月日本 Yura 河口区水文盐度资料和生物资料，分析了该区盐度、浮游植物的季节变化特征，以及与流量、潮汐的相互关系；Post 等（2013）研究了咸潮上溯影响下近海地区地下水储量的变化，从全球角度总结沿海地区海床下地下水的起源、储存及总量分布、开采等情况；Hines 和 Borrett（2014）利用生态网络分析方法（ENA）分析了咸潮上溯对开普菲尔河口氮循环的影响，得出咸潮上溯可能会解耦河口生态系统的氮循环过程；Colón-Rivera 等（2014）采用同位素示踪方法研究了咸潮上溯对波多黎各紫檀草沼泽树木蒸腾作用的影响，发现紫檀草对淡水的响应比对咸水的响应更敏感；Nelson 等（2015）研究了咸潮上溯对澳大利亚南鳄鱼河洪泛平原土壤细菌群落的影响，发现经咸潮上溯后细菌群落对碳和氮的循环更具专一性；Arfib 和 Charlier（2016）对法国南部沿海的喀斯特含水层的咸潮上溯现象进行了研究，分析了四年的降雨、径流和盐度数据，建立了完整的集中式模型，等等。

国内对咸潮上溯研究，相对国外起步较晚，到 20 世纪 80 年代才有较为系统的研究，成果主要集中在长江和珠江两大河口区，尤其是长江河口区。罗艺等（2010）对咸潮上溯作用下上海市水资源利用风险进行了极值分析；Qiu 和 Zhu（2013）应用 ECOM-si 模型模拟了三峡水库的建成对河口咸潮上溯的影响，发现三峡水库的存在会造成丰水期咸潮上溯时间提前，但在枯水期会大大缩减咸潮上溯距离和持续时间；卢陈等（2013）通过物理模型实验研究了不同潮差驱动下咸潮上溯距离的变化，结果表明存在潮差临界值使咸水入侵距离最短；潘存鸿等（2014）建立了涌潮作用下二维高精度咸潮上溯数学模型，发现涌潮促使咸潮上溯加剧，是形成盐度锋的动力机制；Han 等（2015）对受咸潮上溯影响的中国东北部海岸线碳酸盐岩含水层进行了研究，探索其地下水盐碱化的过程和可逆性；李路和朱建荣（2016）利用长江口的现场观测资料，研究了长江口北港的淡水扩展规律及其动力机制；张舒羽等（2016）建立了考虑涌潮作用的二维盐度数值模型,预测了千岛湖配水工程对钱塘江河口咸潮上溯的影响;等等。

在珠江河口地区,关于咸潮上溯的观察资料原型分析和数学模拟也取得了若干成果。陈荣力等(2011)利用磨刀门水道咸潮上溯实测资料,分析了枯水期咸潮上溯规律及上溯机制;胡溪和毛献忠(2012)根据2003~2008年枯水期含氯度实测资料,利用咸潮入侵系数研究了珠江口磨刀门水道咸水入侵规律;Cai等(2013)分析了古斯塔夫飓风引起的咸潮上溯现象对珠江河口造成的生态环境效应,分析了河道沉积悬浮物和营养盐浓度的变化情况;Gong等(2014)对珠江河口沉积物运输通量进行了研究,指出不同径流动力下营养物质的不同输运方式。在结合淡水资源利用应用方面,Zhang等(2010)基于取淡目标与流量过程控制,探索了合理的压咸流量;孔兰等(2010)建立了一维动态潮流–含氯度数学模型,研究了海平面上升对咸潮上溯界线的影响;程香菊等(2012)采用FVCOM模型模拟了2003~2006年3个半月周期的珠江西四门河口区的咸潮上溯现象,发现咸潮上溯界线变化周期和潮汐运动规律相似;诸裕良等(2013)提出了一种简单有效的珠江口咸潮上溯预测模式,利用磨刀门实测资料进行模拟和检验;陈文龙等(2014)研究了磨刀门水道咸潮上溯的动力特征,发现磨刀门水道咸潮上溯半月周期变化规律是径流、潮汐、地形的综合作用影响下的动态过程;等等。

尽管珠江河口区咸潮上溯研究取得了一些成果,但其机制研究尚不成熟,海陆相多要素驱动的水资源响应、河口类型与潮波变形对咸潮上溯的作用机制等问题研究尚处于初步认识阶段。珠江三角洲网河区具有三江汇流、河道交错的复杂河网地貌,在数学模型构建方面比长江河口区更具复杂性和不确定性,目前相关模型局限于河口等近海区域或对河网进行一维概化,无法整体模拟咸潮上溯在整个网河区的盐度时程分布特征。

1.2.3　水资源脆弱性评价研究进展

水资源脆弱性研究经历了一个由简单到复杂、由静态到动态、由单一学科到跨学科的逐步深入的过程。水资源脆弱性概念最早出自20世纪70年代,法国的Albinet和Margat(1970)在其发表的论文中,对地下水资源脆弱性进行了界定。此后,地下水资源脆弱性研究逐步成为学术热点;随着数据信息的增加和研究视角的扩大,地表水资源和水资源脆弱性的研究逐渐受到重视,研究对象也从单一水质研究发展成水质水量研究相结合(Nam et al., 2015);至20世纪末,气候变化和人类活动对水资源系统的冲击程度和影响范围不断加重,有关自然因素和人为因素相互作用下的水资源脆弱性研究成为学术前沿与热点。学者普遍认为,变化环境下水资源脆弱性是一种受自身和外在因素共同影响,而导致水资源系统失衡的特性和状态,与系统的暴露度、敏感性、适应能力等众多构成要素相关(Al-Saidi et al., 2016; Kanakoudis et al., 2016);近年来,随着脆弱性研究的拓展和相关学科的交融,各国学者越来越重视关注区域水资源系统与社会经济、资源环境系统耦合的整体性响应,水资源脆弱性概念也逐渐拓展为包含社会、经济、环境、制度等多维度、多层次、跨学科的脆弱性概念。但是，由于不同专业领域对脆弱性的理解不同、研究视角和研究方法的不同，至今仍没有统一的水资源脆弱性概念（邹君等，2014；温晓金等，2016）。

水资源脆弱性评价指标体系是构建水资源脆弱性评价体系的重要组成部分。由于评价对象差异显著，评价指标庞杂，缺乏系统数据组织方法与理论模型统筹数据、指标和信息的差异特性，目前尚无统一的水资源脆弱性评价指标体系。近年来，常用的指标体系归纳为以下几种：①根据水资源脆弱性的本质，从水量脆弱性和水质脆弱性角度构建指标（董艳慧等，2013）；②根据水资源供需过程的系统动力学模型，从供水和需水两个角度构建指标（Chang et al.，2013；Wu et al.，2013）；③根据水资源脆弱性形成过程，从水资源自然禀赋、水资源开发利用程度和用水效率等角度构建指标（潘争伟等，2016）；④根据水资源脆弱性的影响因素，从自然脆弱性、人为脆弱性和承载脆弱性等角度构建指标（Shabbir and Ahmad，2015）；⑤根据水资源脆弱性的表现形式，从水文系统的脆弱性、社会经济系统的脆弱性、生态环境系统的脆弱性、水利系统的脆弱性等角度构建指标（Wang et al.，2012）；⑥根据水资源脆弱性的内涵，从"驱动力–压力–状态–影响–响应"五部分构建了水资源脆弱性评价模型（朱怡娟等，2015；Bär et al.，2015），形成水资源脆弱性"压力–状态–响应"的 PSR 评价模型（潘争伟等，2014；刘姝媛和王红旗，2016）；⑦根据变化环境对水资源系统与社会经济系统的驱动效应，从暴露度、敏感性、适应能力三个维度，构建水资源脆弱性评价指标体系（Boori et al.，2015；陈佳等，2016）。

当前，国内外水资源脆弱性评价的定性分析方法比较成熟，但定量评价方法研究尚处于起步阶段。较为常用的方法包括综合指数法（姚雄等，2016）、函数模型法（夏军等，2015a，2015b）、模糊数学方法（Xiang et al.，2016）、集对分析法（曾建军等，2014）、投影寻踪模型（钱龙霞等，2016）、BP 神经网络模型法（刘倩倩和陈岩，2016）等。早期水资源脆弱性评价，通常采用单一评价方法进行研究，但传统单一的研究方法不能妥善解决水资源脆弱性评价的非线性和不确定性问题；近年来，许多学者采用多种方法（Neshat and Pradhan，2015；Stevenazzi et al.，2015）对同一研究区域进行评价后，对评价结果进行比较。研究表明，多种方法的耦合所得结果能综合各方法的优点，确保评价结果更加全面、客观，具有较强的适用性；随着计算机技术、数学方法的不断成熟与运用，GIS 和遥感技术结合的图层叠置法（Chenini et al.，2015；Sun et al.，2016；奚旭等，2016）等新方法也被广泛应用于脆弱性评价中。总体而言，不同的评价方法在计算、解释和处理问题过程中各有利弊，需要根据具体研究进行适当选择。

水资源系统是复杂的非线性系统，具有明显的随机性和模糊性。随着自然和人为因素对水资源系统扰动程度与影响范围不断加剧，水资源脆弱性的特征和内涵将变得更加复杂，水资源脆弱性评价研究理论方法需要进一步研究和完善（夏军等，2015a，2015b；夏军和石卫，2016）：

（1）缺乏统一的水资源脆弱性概念。当前，水资源脆弱性概念定义尚未统一，且随着变化环境对水资源系统的影响程度不断加大，水资源系统的自然属性与社会属性范畴不断扩大，水资源脆弱性的概念和内涵需要进一步丰富与完善。

（2）缺乏统一的水资源脆弱性指标体系。现有的评价指标体系难于反映研究对象的差异性与特殊性特征，且各个指标的阈值区间无法准确界定。如何建立具有一定物理机制、概念明晰、适应性强的指标体系框架，是当前水资源脆弱性评价亟待解决的问题。

（3）缺乏有效的水资源脆弱性评价方法。现有的水资源脆弱性评价方法多采用单一数学方法和模型进行评价，忽略了水资源系统的非线性和不确定性，同时存在对不同研究区域适用性差、定量方法所获结果难以定性化等问题。此外，仍缺乏有关检验评价方法评价适用性的手段和标准。

（4）变化环境下水资源脆弱性研究有待突破完善。现有的水资源脆弱性相关研究，主要考虑了气候变化对水资源脆弱性的影响，有关人为影响因素的分析相对较少，尤其缺乏气候变化与人类活动耦合的水资源脆弱性评价体系。

1.2.4　水资源配置研究进展

国际上水资源配置研究始于 20 世纪 40 年代，经历了一个由简单到复杂、由点到面逐步深入的过程。从研究方法上，水资源配置模型由单一的数学规划模型发展为数学规划与模拟技术、向量优化等几种方法的组合模型（Li et al., 2015；Chang et al., 2016；Davijani et al., 2016）；对问题的描述由单目标发展为多目标，特别是大系统优化理论、复杂性理论、计算机技术和新优化方法的应用，使复杂的多水源、多用水部门优化配置问题变得可行（Zhang and Li, 2014；Zhou et al., 2015；Hu et al., 2016）；从研究对象的空间规模上，由最初的灌区、水库等工程控制单元水量的优化配置研究，扩展到不同规模的区域、流域和跨流域水量优化配置研究（Abed-Elmdoust and Kerachian, 2012；Nian et al., 2014；Kotir et al., 2016）；从研究的水资源属性上，由最初的单一水量优化配置，扩展到水量、水质耦合，以及有生态环境需水参与的统一优化配置研究（Xuan et al., 2012；Liu et al., 2014；Ling et al., 2016）。近年来，在剧烈人类活动和全球气候变化的持续影响下，变化环境下水资源配置研究正成为各国学者研究的热点前沿课题（Vaghefi et al., 2015；Chavez-Jimenez et al., 2015；Null and Prudencio, 2016）。

在国内，随着经济社会高速发展和严峻水资源形势的迫切需求，水资源配置理论体系与方法得到不断发展完善。20 世纪 80 年代初，我国经济社会发展水平较低，此阶段水资源配置以水利工程调配为主，研究对象主要集中于防洪、灌溉、发电等水利工程，研究的目的是实现工程经济效益最大化。张勇传院士建立的调度函数和余留效益统计迭代算法，有效地解决了多库问题中维数灾难题，为我国制定长江上游水库群联合调度提供了应用基础；"八五"（1991～1995 年）攻关项目"黄河治理与水资源开发利用"提出基于宏观经济的区域水资源合理配置理论和方法，主要从经济属性来研究水资源配置决策；90 年代后期，针对干旱地区水资源过度开采而导致的一系列水环境、生态问题，提出了面向生态、基于水量水质联合调控的水资源配置研究（张守平等，

2014；邱庆泰等，2016）；国家"九五"（1996～2000 年）攻关专题"西北地区水资源合理配置和承载能力研究"提出了面向生态的水资源配置和基于自然-人工二元循环的水资源配置理论方法，进一步将水资源系统与社会经济系统、生态系统三者联系起来统一考虑，将基于宏观经济的水资源合理配置理论进行了一系列的拓展（孙甜等，2015；王浩和刘家宏，2016）；进入 21 世纪，我国社会经济与生态环境之间用水不平衡的矛盾日益突出，建立与流域水资源条件相适应的生态保护格局和高效经济结构体系，实施统一调配流域水资源成为水资源可持续利用的根本出路（王宗志等，2014；左其亭等，2016）；"十五"（2001～2005 年）科技攻关重大项目"水安全保障技术研究"提出了以宏观配置方案为总控的水资源实时调度体系，将流域水资源调配分割为"模拟-配置-评价-调度"四层总控结构，有效实现了流域水资源的基础模拟、宏观规划与实时调度的有机耦合和嵌套（姜珊等，2016；王本德等，2016）；"十一五"（2006～2010 年）科技支撑计划完成了"东北地区水资源全要素优化配置与安全保障技术体系研究"，突破解决了水资源分析与预报、全要素优化配置、实时监控，初始水权分配等技术难题。伴随人类活动和气候变化对水文水资源系统的影响不断加重，变化环境下流域水资源配置研究正成为学术前沿课题（严登华等，2012；黄强等，2015）。

近年来网河区水资源系统面临剧烈人类活动、海平面上升等多重压力，水资源产生条件及其特征值发生了明显变化，最终导致网河区水资源供需系统格局发生显著变异。如何科学解决网河区水资源供需系统出现的新问题，尚需进一步开展下述研究：

（1）变化环境下的水资源配置研究（夏军等，2015a，2015b；付强等，2016）。网河区水资源系统自然属性的随机性和社会属性的不确定性，使得网河区水循环机制、水动力与物质输送机制、水资源需求机制及水资源调配目标等均与实际发生的水资源情势和调配方案存在差异，给水资源管理和决策带来了大量不确定性和脆弱性。

（2）用水总量与用水效率双控制约束的水资源配置研究（吴泽宁等，2013；王义民等，2015）。在国家最严格水资源管理制度社会命题下，用水总量和用水效率控制对区域水资源供需结构与格局影响明显。需在传统水资源配置模型中耦合用水总量与效率双约束控制条件，研究适宜于最严格水资源管理约束条件下的水资源配置理论。

（3）水量水质联合优化配置模型研究（葛忆等，2013；王建华等，2016）。伴随经济社会快速发展和咸潮上溯不断加剧，网河区水污染日趋加重、水生态功能严重退化，资源型和水质型缺水问题并存，需在网河区水资源优化配置中考虑水量水质联合统一配置。

（4）传统算法和新优化算法的有机结合（解建仓等，2013；黄草等，2014；纪昌明等，2014；冯仲凯等，2015；贾本有等，2016）。水资源配置问题非常复杂，在求解过程中，现行的大系统理论及常规优化技术往往面临"维数灾"、无法求取最优解等难题。如何将遗传算法、模拟退火算法、禁忌搜索、免疫优化算法、神经网络、协同学、多智能体和混沌优化等智能优化方法引入水资源配置模型求解，是水资源配置理论和方法的研究方向之一。

1.3　研究内容与方法

1.3.1　研 究 内 容

本书紧密围绕珠江三角洲网河区湿润气候、河网纵横、人类活动剧烈、海平面上升显著的特点，以揭示剧烈人类活动与海平面上升下珠江三角洲网河区水资源系统的响应机制为轴心，以实现珠江三角洲水资源可持续利用为目标，通过学科交叉、综合、创新和多领域联合攻关，力求在变化环境下珠江三角洲网河区水文要素变异、盐水入侵规律、水资源脆弱性评价等方面提出创新性成果，提出应对变化环境的水资源对策措施，丰富完善华南湿润地区水资源系统理论与方法，为有效保障珠江三角洲城市群水安全提供科学基础。研究内容主要包括以下 4 个方面的内容：

1）剧烈的人类活动与海平面上升对珠江三角洲网河区水文过程的影响

珠江三角洲网河区水系在思贤滘位置分为西江干流水系和北江干流水系两支。近年来因河道挖砂导致两条水系河床下切严重，加之近年来海平面持续上升，上游水系的流量、水位、分流比及河口区潮汐过程等水文要素变异显著。本书重点抓住变化环境下珠江三角洲网河区水文水资源响应特征、变异尺度等关键，研究水文要素变异对海平面上升、剧烈人类活动（河道挖砂与上游水利工程调度）的响应关系，进一步完成径、潮流水文要素特征值，极值径、潮流组合的变异特征识别以及变异后水文要素特征值重构方法等方面的研究。

（1）总结珠江三角洲网河区降水、蒸发、径流、水位、潮汐等水文要素的历史变化特征，探讨海平面变化、上游水利工程调度、河床形态等因素变化与水文要素特征值变化的响应关系；

（2）构建珠江三角洲网河区水文要素变异测度的评价指标体系和方法，量化该网河区水文要素的时空变异特征；

（3）重新定义变异后径、潮流组合的水文频率，重构水文要素（洪水、枯水、潮汐）特征值与极值。

2）海平面上升对珠江三角洲网河区盐水入侵的影响

近年来，珠江三角洲网河区咸潮上溯影响的程度与范围逐年增大，产生的问题也日益突出。本书基于科学的高精度观测资料，增加部分典型河段咸潮上溯期同步高频观测，提高模型的可靠性，重点研究海平面变化、河道挖砂、上游水利工程调度等要素对盐水入侵驱动效应，以及未来不同径、潮流组合下盐水入侵的演变规律，并重点提出珠江三角洲网河区应对咸潮上溯的对策措施。本书不研究气候变化引发的海平面变化机制问题，仅考虑盐水入侵作为海平面变化与典型人类活动（河道挖砂和上游水利工程调度）的一个水文水资源响应。

（1）开展典型河段盐水入侵同步水文、水质、盐度高频采样监测，总结珠江三角洲网河区盐水入侵的历史变化特征，研究盐水楔形式、盐度上溯距离与径流、潮汐等要素的位相关系，从时间尺度上解析径流、潮汐对盐水入侵的驱动作用。

（2）构建珠江三角洲网河区 1D-3D 水动力盐度耦合模型，研究潮汐、径流、风向、河道形态等多因素变化对盐水入侵形式、盐度分层、盐通量及流态（水深与流速）等要素的影响。结合河口区水文要素变异研究成果，数值模拟未来典型径潮流情景组合下珠江三角洲网河区盐度入侵盐度界线的时程变化特征。

（3）分析各类驱动要素对珠江三角洲网河区盐度变化的影响，在珠江流域和珠江口区域层面提出压咸调度的控制性指标（调度时机与调度流量）。

3）快速城市化与海平面上升对珠江三角洲网河区水资源供需系统的影响

本书重点构建适宜于该地区水资源系统脆弱性评价指标体系与方法，系统识别快速城市化与海平面上升对珠江三角洲网河区水资源供需系统的影响，提出该地区水资源系统的关键敏感性与抗压性指标，为未来水资源管理提供决策服务。

（1）总结珠江三角洲网河区 30 年水资源开发利用特征，探讨城市化进程与珠江三角洲网河区水资源供、用、耗、排水结构变化的响应关系；针对咸潮上溯导致的供水问题，研究该地区供、排水空间格局变化与咸潮上溯位相的响应关系。

（2）构建网河区水资源系统脆弱性的适宜评价指标体系和方法，研究不同历史时期珠江三角洲网河区人口、城镇化、土地利用、海平面上升、河床形态等因素变化与水资源脆弱性变化的响应关系。

（3）结合珠江三角洲网河区水文要素特征值重构与咸潮上溯的情景预测，模拟未来该地区水资源系统脆弱性的演变特征，提出未来该地区水资源系统脆弱性的敏感性与抗压性关键指标。

4）变化环境下水资源合理配置研究

结合上游来水过程变化、区域水资源需求变化和河口区咸潮上溯不断加剧影响，构建变化环境下水资源优化配置模型，研究变化环境对珠江三角洲水资源配置的影响。研究结果如下：

（1）探讨多边（外江与内河、淡水与微咸水、本地水与入境水、传统水源与非传统水源）来水条件变化对网河区供水水源与排水通道的影响，以及多元（配水单元之间、河道内外之间、部门之间）需求变化对用水行为的影响，提出网河区水资源多目标协同配置的内涵、准则和机制。

（2）解析网河区水资源配置单元网络、水系网络、供排水网络与工程网络的复合型水网时空关联拓扑关系，构建水资源系统水量传递关系模型和水资源优化配置模型。

（3）研究变化环境对三角洲网河区水资源配置的影响，提出应对变化环境的水资源配置适应性对策。

1.3.2 研究方法

本书充分利用区域水文水资源研究成果和数据资料，以野外数据收集和室内数据处理、理论研究和数学模型相结合的方法，广泛运用多学科交叉理论开展研究变化环境下珠江三角洲网河区水资源系统响应研究。

（1）数据搜集。收集近年来珠江三角洲网河区地形、气象、水文、水利工程（闸、泵）、水环境、水资源开发利用调查评价、社会经济以及西北江三角洲河道地形等基础数据；同时，收集珠江三角洲地区主要水文站（西江马口站、北江三水站）逐日径流长系列过程以及同期磨刀门水道等主要咸潮观测站咸潮资料，为后续研究提供基础数据。

（2）水文过程变异与特征值重构。上游径流直接影响网河区水资源系统的安全性和稳定性，也是水资源优化配置的前提。运用 Mann-Kendall 方法、IHA/RVA 法等多种方法，研究水文要素的变异点和变异程度；运用 Copula 函数、TVM 模型构建水文要素特征值。

（3）盐水入侵规律与机制。河口区位于河流与海洋交汇过渡地区，盐水入侵是网河区水资源系统不可忽视的重要影响要素。选取磨刀门水道为典型，运用小波分析等多种方法，研究了磨刀门水道盐度的空间分布、周期和滞时等基本特征；构建水槽物理模型、1D-3D 水动力盐度耦合数值模型，模拟不同径潮组合下的咸潮上溯，探究径流、潮汐和地形变化等海陆相多要素对盐水入侵的影响；运用神经网络、遗传算法等方法，构建盐水入侵预测模型。

（4）网河区水资源系统脆弱性评价。依据 VSD 研究框架模型，按"暴露度–敏感性–适应能力"三个维度构建变化环境下网河区水资源系统脆弱性评价指标体系，并构建脆弱性评价标准；运用组合赋权法及模糊物元方法，对珠江三角洲地区现状脆弱性和脆弱性演变进行评价；运用多元逐步回归分析法，探讨珠江三角洲网河区水资源系统脆弱度演变的驱动因子。

（5）网河区水资源优化配置方案。构建网河区西北江三角洲的水资源优化配置模型，模拟不同典型枯水期方案下的水资源配置结果，利用大系统总体优化遗传算法求解水资源优化配置方案。

第2章 研究区基本概况及水资源特征

珠江三角洲地区位于广东省东部沿海，地处北纬21°30′～23°40′，东经109°40′～117°20′，包括广州、深圳、珠海、佛山、惠州、东莞、中山、江门和肇庆九个地级市，陆地面积共54676 km²。该地区北接清远市、韶关市，东接河源市、汕尾市，西接阳江市、云浮市，南濒浩瀚的南海，并与香港、澳门相接，是广东省政治、经济、科技和文化中心，也是我国经济最发达的地区之一。

2.1 自然地理特征

2.1.1 气候特征

1. 降雨

1）多年平均降水量分布

珠江三角洲地区属亚热带季风气候，常年气候温和，年均气温为21～23℃，最冷月1月平均气温为13～15℃，最热月7月平均气温在28℃以上；日照时间长，年平均日照时数为1900 h，年辐射总量约为108 kcal[①]/cm²；水汽充足，降雨丰沛。降雨受当地复杂多样的地形结构影响，各地多年平均降水量差异较大，根据1956～2010年珠江三角洲各地区的降水量统计结果（表2.1），各地多年平均降水量为1571～2033 mm，珠江三角洲多年平均降水量为1808 mm，其中雨量偏丰地区为珠海、江门等近海洋地区，主要是靠近海洋地区水汽输送较充足所致；雨量偏少地区为佛山、肇庆等近内陆地区。

表2.1 珠江三角洲地区各行政区多年平均降水量特征值

行政区	广州	深圳	珠海	佛山	惠州	东莞	中山	江门	肇庆	珠江三角洲
年均降水量/mm	1846	1901	2033	1571	1895	1683	1765	2014	1649	1808
C_v 值	0.16	0.2	0.23	0.18	0.17	0.17	0.21	0.2	0.14	0.18

2）降水量年内、年际变化

根据广州、南沙、三水、紫洞等雨量代表站多年降水量逐月分布成果，珠江三角

---

① 1 cal＝4.19 J。

洲地区降水量年内分配不均，雨量连续最大 4 个月多出现在 5 ~ 8 月，且占年降水量的 59% ~ 65%，其中最大 1 个月多出现在 6 ~ 8 月。洪水期（4 ~ 9 月）多年平均降水量占 年降水量的 80% ~ 84%。通过比较不同站点的多年降水统计成果，珠江三角洲地区各 站降雨年际变化差异较大，其中差异最大的是珠海的三灶，其年降水量丰枯极值比达 3.82；差异最小的为广州，其年降水量丰枯极值比为 1.79。可见，珠江三角洲地区降 水量年内分配不均匀，年际变化明显。夏秋间台风频繁，台风降水量一般为 200 mm， 最大为 400 ~ 500 mm；台风风速常大于 40 m/s，并引起风暴潮，造成严重灾害。

2. 蒸发

根据珠江三角洲地区 23 个站点的 1980 ~ 2010 年水面蒸发资料，由于珠江三角洲地 区近海，具有风速大、日照时间长、气温高、蒸发量大等特点，各代表站水面蒸发量 为 890 ~ 1120 mm，自东南向西北逐渐降低。其中东莞蒸发量为全区最大，主要由于东 莞位于东南部，靠近沿海，其多年平均年水面蒸发量达 1120.3 mm；双桥为全区最小， 原因在于该站位于西北部，靠近内陆，其多年平均年水面蒸发量为 891.0 mm。

根据各代表站水面蒸发量的逐月分布情况，大部分站点 7 月蒸发量最大，2 月蒸发 量最小，蒸发量极值比为 2.2 ~ 2.9。5 ~ 11 月为蒸发量最大的时期，其多年平均蒸发量 占全年蒸发量的 69% ~ 76%。

3. 径流

珠江三角洲地区径流量大，多年平均径流量达 3319 亿 m³，各河流入三角洲流量达 9584 m³/s（高要 7020 m³/s、石角 1310 m³/s、博罗 737 m³/s、增江 121 m³/s、流溪河 59 m³/s、绥江 217 m³/s、潭江 65.5 m³/s、新兴江 54.5 m³/s），三角洲年入海流量为 10529 m³/s。由于珠江三角洲地区径流完全由降水补给，故多年平均年径流深的分布趋 势及高低值区分布与多年平均年降水量情况是一致的。根据广东省年径流地区分布的 特点，以径流深等值线 1000 mm 线划分径流深为高值区和低值区。珠江三角洲地区多 年平均径流深为 1044.9 mm，总体上属高值区，其中东莞、佛山和肇庆一带平均年径流 深为 700 ~ 950 mm，属于径流低值区；江门和珠海一带平均年径流深在 1200 mm 以上， 属于径流高值区。

根据高要、石角和博罗 3 个代表站 1960 ~ 2010 年逐月径流量进行径流年内分配分 析，计算各月天然年径流量的多年平均值占多年平均天然年径流量的比值（图 2.1）， 并统计了洪水期径流占全年径流的比例，一般洪水期径流占全年径流的 70% ~ 80%。

年径流量的多年年际变化，常用年径流变差系数（C_v 值）和丰枯极值比表达年际 变化幅度，其中 C_v 值大表明年径流年际变化剧烈，C_v 值小，表明年径流年际变化缓 和；丰枯极值比表示为实测最大年径流与最小年径流的比值。根据各代表站 1960 ~ 2010 年年径流量计算年际变化情况（表 2.2），由各代表站 C_v 值各丰枯极值比的大小 可知，西江（高要站）年径流变化幅度最小，其次为北江（石角站），变化幅度最大 的为东江（博罗站）。

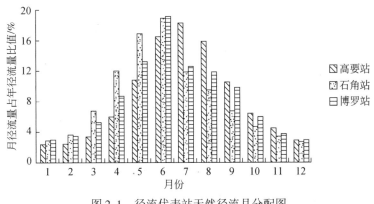

图 2.1　径流代表站天然径流月分配图

表 2.2　各代表站多年年径流量年际变化情况

站点	高要	石角	博罗
均值/亿 m³	2289	429	246
C_v 值	0.18	0.25	0.30
丰枯极值比	3.0	4.4	4.6

　　珠江三角洲地区径流含砂量较小，平均值为 0.1 ~ 0.3 kg/m³（长江为 0.46 kg/m³），主要是西江、北江多流经石灰岩区，溶解质多，悬移泥沙少；加上亚热带环境植被恢复迅速，水土流失较轻，泥沙带入河中较少所致。但因水量丰富，且近年水土流失加剧，径流年输砂量较大。各河每年输入珠江三角洲的泥沙共达 9935 万 t（西江 7530 万 t、北江 837 万 t、东江 295 万 t、增江 50 万 t、潭江 1223 万 t），时间分布上以洪水期为主，占 91% 以上。

2.1.2　地貌特征

　　珠江三角洲属于华南准地台的一部分，地势总体上北高南低，地形复杂多样，形成山地、平原相互交错的自然景观。珠江三角洲以罗平山脉为西面和北面的界限，东侧罗浮山区是三角洲的东界，区域内以广大的河流冲积平原为主，由河流冲积物淤积而成，地势比较平坦。平原面积占全区总面积的 66.7%，山地、丘陵、台地、盆地等的面积约占 20%，全区海拔超过 500 m 的山地面积只占 3%，主要分布在肇庆、博罗、从化和惠州等三角洲北部边缘地带，最高点海拔为 1229 m，包括鼎湖山、莲花山、罗浮山、西樵山等。

　　区内土壤类型主要有水稻土、赤红壤、红壤、黄壤、潮土、盐渍沼泽土等，其中水稻土分布最为广泛，占全区总面积的 95.5%。水稻土集中分布在中部平原地区，赤红壤多分布于低丘台地，红壤、黄壤分布较为零散，主要分布在低山、丘陵、残丘地区，潮土集中分布在佛山、中山北部、广州西南部，盐渍沼泽土主要发育于沿海滩涂及红树林海岸。

2.1.3　水系特征

珠江三角洲地区汇集东、西、北三江，由虎门、蕉门、洪奇门、横门（以上四门俗称东四门）、磨刀门、鸡啼门、虎跳门、崖门（以上四门俗称西四门）八大口门入海，构成"三江汇流，八口出海"的水系格局。网河区内河道纵横交错，其中西、北江水道互相贯通，形成西北江三角洲，集雨面积为 8370 km²，占珠江三角洲网河区面积的 85.8%，主要水道近百条，总长约 1600 km；东江三角洲基本上自成一体，集雨面积为 1380 km²，仅占珠江三角洲网河区面积的 14.2%，主要水道 5 条，总长 138 km。

西江从思贤滘以下进入珠江三角洲网河区，主要以纵向水道南北贯穿并进入南海及黄茅海，以横向水道沟通西、北江之间水道及西江内各纵向水道。纵向水道主要包括西江干流经西海水道从磨刀门水道入南海；磨刀门水道在竹洲头经坭湾门水道从鸡啼门水道入南海；在百顷头经荷麻溪、劳劳溪由虎跳门水道入黄茅海；潭江与西江下游水系汇合由崖门水道入黄茅海。北江主流也在思贤滘处进入珠江三角洲网河区，水道主要为西北—东走向，最终进入伶仃洋。

北江下游主要水道包括佛山涌经后航道与前航道汇合后入狮子洋由虎门出海；北江干流经顺德水道从沙湾水道入狮子洋由虎门出海；顺德水道在三善滘经西樵水道从蕉门水道出海；顺德支流经容桂水道由洪奇门水道出海；东海水道经小榄水道和鸡鸦水道在横门出海。

东江从石龙以下进入珠江三角洲网河区，并在石龙分为南北两支，主流东江北干流经石龙北向西流至新家埔纳增江，至白鹤洲转向西南，最后在增城禺东联围流入狮子洋，全长 42 km；另一支为东江南支流，从石龙以南向西南流经石碣、东莞，在大王洲接东莞水道，最后在东莞洲仔围流入狮子洋。

"八门"分别为虎门、蕉门、洪奇门、横门、磨刀门、鸡啼门、虎跳门和崖门。早在清代只有东三门（虎门、蕉门和横门）和西三门（磨刀门、虎跳门、崖门）入海，且都是由山地挟持的地形。近百年来，横门与蕉门间的乌珠（山名）大洋，已淤成万顷砂，蕉门外移，又另成新出海口洪奇沥，是为东四门；西边虎跳门和磨刀门间已淤成斗门冲缺三角洲，把海岛连陆，称鸣啼门，形成如今八门入海的格局。

磨刀门水道（图 2.2）位于西江下游，是西江的主要泄洪排沙干道和入海口门，其泄流量和输砂量居珠江八大口门之首位（刘杰斌和包芸，2008），也是珠江口近几年咸潮最活跃的口门。磨刀门水道横跨中山、江门、珠海三个地级市，其起点为江门市大鳌镇百顷头，途中流经中山市、江门市新会区及珠海市斗门区，然后由珠海市石栏洲流入南海，水道全长约 50 km，深度为 2～17 m，宽度为 4～60 km。

磨刀门河口为典型的河优型河口，水道水流动力条件受到上游径流量主导。其年径流量为 923×10⁸ m³，占西、北江来水总量的 25% 以上，其下游灯笼山站年平均净泄量为 883.93×10⁸ m³，占西江马口站的 37.86%（据流量实测资料统计，马口站多年平均径流量为 2335×10⁸ m³），占西、北江来水总量的 31.85%，灯笼山站年输砂量为

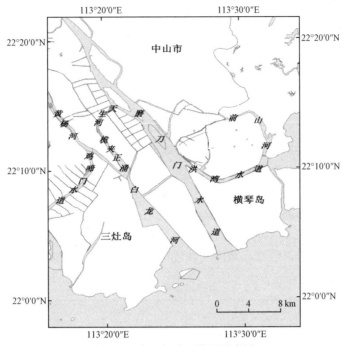

图 2.2　磨刀门地理位置示意图

2341×10^4 t，约占上游马口站输砂量的 30%，占八大口门出海总砂量的 33%。径流存在明显的季节性变化，洪水期径流量为全年总径流量的 75% 以上，而枯水期的径流量基本不超过 6000 m^3/s。

磨刀门水道潮汐为不规则半日混合潮，且存在明显的日潮不等现象，涨、落潮历时不同，平均每日均存在两次涨、落潮，总历时约 24 h 50 min。磨刀门水道潮差在 1 m 左右，为八大口门中最小，且存在年内差异较大、年际差异较小的特点，且一般枯水期大于洪水期。整体而言，磨刀门水道为典型弱潮流强径流型河口，潮流作用相对较弱，而径流作用相对较强，径、潮比为 5.77。由于枯水期，磨刀门水道径流显著减少，相比之下，其潮汐与波浪动力明显加强。因此，枯水期磨刀门水道水动力条件较为复杂。据水道下游灯笼山测站统计资料可知，其多年平均进潮量为 1850 m^3/s，落潮量为 3400 m^3/s。一般而言，磨刀门咸潮在枯水期上溯较远，上溯距离一般在 30 km 以内，咸水界线位于挂定角与竹银之间，但近年来，咸潮上溯距离不断往上游延伸，珠江三角洲地区频发的盐水入侵事件严重影响了珠江三角洲地区居民的生活（Mao et al.，2004）。2004～2007 年，强烈的盐水入侵事件影响了磨刀门水道周边的珠海、中山及澳门 1500 万人的生活用水。

2.2　社会经济

珠江三角洲是我国经济发达、工业化水平和城镇化率最高、人口密度最大的区域之一。1980～2010 年该地区城镇化率从 32% 提高到 83%，较全国平均水平高出 25 个百分点。按照《珠江三角洲地区改革发展规划纲要（2008—2020 年）》部署珠江三角洲"到 2020 年，率先基本实现现代化，基本建立完善的社会主义市场经济体制，形成以现代服务业和先进制造业为主的产业结构"，将成为扩大开放的重要国际门户、世界先进制造业和现代服务业基地、全国重要的经济中心。随着"纲要"的逐步实施，珠江三角洲地区经济将得到进一步腾飞。

至 2010 年，珠江三角洲地区年末常住人口 5615 万，城镇人口为 4646 万，农村人口为 969 万，城镇化率 83%。深圳市、珠海市、广州市、佛山市、中山市、东莞市城镇化水平较高，都超过 80%，江门市、惠州市、肇庆市的城镇化水平相对较低，为 45%~61%。2010 年，珠江三角洲地区 GDP 为 37673 亿元，工业增加值为 17223 亿元。其中广州市 GDP 最高，为 10748 亿元，占珠江三角洲地区总量的 28%；深圳市 GDP 为 9582 亿元，占珠江三角洲地区总量的 25%。其次是东莞市和佛山市，GDP 分别为 4246 亿元和 5652 亿元。珠江三角洲地区工业增加值最高的为深圳市，为 4233 亿元，占珠江三角洲地区总量的 25%。珠江三角洲地区现状人口经济情况见表 2.3。

表 2.3　珠江三角洲地区现状人口经济情况

地级市	2010 年人口/万			城镇化率/%	GDP/亿元	工业增加值/亿元
	城镇	农村	合计			
广州市	1065	206	1271	84	10748	3645
深圳市	1037	0	1037	100	9582	4233
珠海市	137	19	156	88	1209	619
佛山市	677	43	720	94	5652	3419
惠州市	285	175	460	62	1730	961
东莞市	728	94	822	89	4246	2078
中山市	274	38	312	88	1851	1022
江门市	277	168	445	62	1570	833
肇庆市	166	226	392	42	1086	412
合计	4646	969	5615	83	37673	17223

珠江三角洲地区素有"鱼米之乡"的美称，是广东省稻米、甘蔗、蚕桑、塘鱼和水果集中产地之一。区内工业发达、发展迅速，顺德的家用电器、佛山的日用陶瓷、中山的化工产品、深圳的电子产品和东莞的智能玩具都享誉全国。事实表明，珠江三角洲地区已成为广东省经济发展的龙头和主体，也是仅次于长三角都市经济圈、京津冀都市经济圈的中国大陆第三大经济总量的都市经济圈。可见，珠江三角洲地区在广东省乃至全国经济社会发展中具有举足轻重的战略地位和作用。特别是改革开放 30 多年来，广东省由落后的农业大省转变为我国位列第一的经济大省，经济总量先后超过亚洲"四小龙"的新加坡、中国香港和中国台湾，主要得益于珠江三角洲地区的经济快速发展。

2.3 水资源及开发利用调查评价

2.3.1 水资源调查评价

对珠江三角洲地区 1956 ~ 2010 年水资源情况统计见表 2.4。1956 ~ 2000 年，珠江三角洲地区多年平均年水资源总量为 567.95 亿 m³，多年平均年地表水资源量为 563.78 亿 m³，多年平均年地下水资源量为 133.43 亿 m³。珠江三角洲地区近年来水资源总量变化不大。

表 2.4 广东省珠江三角洲地区水资源变化统计情况

地级市	计算面积 /km²	统计时段	年数	均值				产水模数 /[万 m³ /(a·km²)]
				地表水资源量/亿 m³	地下水资源量/亿 m³	地表水与地下水不重复量/亿 m³	水资源总量/亿 m³	
广州市	7222	1956 ~ 2000	45	74.63	14.89	1.00	75.63	104.72
		2001 ~ 2010	10	74.19	15.46	0.73	74.91	103.73
		1956 ~ 2010	55	74.55	14.99	0.95	75.50	104.54
深圳市	1864	1956 ~ 2000	45	20.92	4.37	0.03	20.95	112.38
		2001 ~ 2010	10	20.06	4.42	0.04	20.10	107.83
		1956 ~ 2010	55	20.76	4.38	0.03	20.79	111.55
珠海市	1365	1956 ~ 2000	45	17.52	2.06	0.45	17.97	131.64
		2001 ~ 2010	10	16.96	2.44	0.21	17.17	125.80
		1956 ~ 2010	55	17.42	2.13	0.41	17.82	130.57
佛山市	3813	1956 ~ 2000	45	27.93	6.81	1.05	28.99	76.02
		2001 ~ 2010	10	30.13	6.94	1.32	31.45	82.48
		1956 ~ 2010	55	28.33	6.83	1.10	29.44	77.20
惠州市	11173	1956 ~ 2000	45	123.56	31.91	0.15	123.71	110.72
		2001 ~ 2010	10	124.08	32.31	0.20	124.28	111.24
		1956 ~ 2010	55	123.66	31.98	0.16	123.82	110.82
东莞市	2465	1956 ~ 2000	45	22.45	5.46	0.36	22.81	92.55
		2001 ~ 2010	10	24.04	5.92	0.32	24.36	98.82
		1956 ~ 2010	55	22.74	5.54	0.35	23.10	93.69

地级市	计算面积 /km²	统计时段	年数	均值				产水模数 /[万 m³ /(a·km²)]
				地表水资源量/亿 m³	地下水资源量/亿 m³	地表水与地下水不重复量/亿 m³	水资源总量/亿 m³	
中山市	1680	1956~2000	45	16.86	2.58	0.52	17.38	103.43
		2001~2010	10	17.65	2.98	0.75	18.40	109.55
		1956~2010	55	17.00	2.65	0.56	17.56	104.54
江门市	9372	1956~2000	45	119.71	23.28	0.33	120.04	128.08
		2001~2010	10	120.69	24.27	0.35	121.04	129.15
		1956~2010	55	119.89	23.46	0.33	120.22	128.27
肇庆市	14857	1956~2000	45	140.21	42.09	0.27	140.48	94.55
		2001~2010	10	130.51	38.20	1.61	132.11	88.92
		1956~2010	55	138.45	41.38	0.51	138.96	93.53
总计	53811	1956~2000	45	563.78	133.43	4.16	567.95	105.55
		2001~2010	10	558.31	132.93	0.50	558.81	103.85
		1956~2010	55	562.79	133.34	3.50	566.29	105.24

2001~2010 年平均年水资源总量为 558.81 亿 m³，较 1956~2000 年年序列水资源总量相比偏少 1.61%。与 1956~2000 年多年平均年水资源总量比较，2001~2010 年，佛山市、惠州市、东莞市、中山市和江门市水资源总量略有增加，其余地级市多年平均年水资源总量均不同程度地下降。除佛山市上升变化幅度较大为 8.50%外，其余地级市水资源总量变化幅度不大，均在±6%以内。

珠江三角洲地区近 10 年地表水资源量基本保持稳定。2001~2010 年，年平均年地表水资源量为 558.81 亿 m³，与 1956~2000 年序列水资源总量相比偏少 0.97%。与 1956~2000 年序列相应成果比较，2001~2010 年，佛山市、惠州市、东莞市、中山市和江门市年平均地表水资源量稍显上升，广州市、深圳市、珠海市和肇庆市年平均地表水资源量略微下降，但各地级市变化率不大，均在 7%左右。

珠江三角洲地区近 10 年地下水资源量变化较小。2001~2010 年，年平均地下水资源量为 132.93 亿 m³，较 1956~2000 年序列多年平均年地下水资源量减少 0.37%；分析各地级市多年平均年地下水资源量变化情况，与 1956~2000 年序列相应成果比较，2001~2010 年，各地级市地下水资源量除肇庆市呈下降态势外，其余地级市均有所上升，各地级市增幅与降幅不大，维持在±8%以内。

珠江三角洲地区入境水占较大比重，区域用水对入境水的依赖程度高。珠江三角洲地区多年平均年入境水量 2863.68 亿 m³，其中东江片区多年平均年入境水量 152.57 亿 m³，西北江片区多年平均年入境水量 2711.11 亿 m³。

2.3.2　水资源开发利用现状评价

1. 供水工程建设现状

1) 地表水供水工程

2010 年，珠江三角洲地区地表水供水工程有 28545 处，现状年供水能力为 245.37 亿 m³，设计年供水能力为 352.69 亿 m³。2010 年珠江三角洲地表水供水工程详见表 2.5。

2010 年，珠江三角洲地区九市已建蓄水工程 11886 座（蓄水工程包括水库、塘坝、方塘等），现状年供水能力为 50.76 亿 m³，设计年供水能力为 68.81 亿 m³。蓄水工程主要分布在惠州市和江门市，两市蓄水工程现状年供水能力分别为 12.16 亿 m³ 和 13.09 亿 m³，设计年供水能力分别为 15.78 亿 m³ 和 20.75 亿 m³。其中，大型水库 10 座，现状年供水能力为 10.09 亿 m³，设计年供水能力为 18.25 亿 m³，除了广州市的流溪河水库外，大型水库 4 座在江门市，4 座在惠州市，江门市的大型水库包括大隆洞水库、大沙河水库、镇海水库和锦江水库，现状年供水能力为 4.72 亿 m³，设计年供水能力为 10 亿 m³，惠州市的大型水库包括白盆珠水库、天堂山水库、显岗水库和东江水利枢纽，现状年供水能力为 1.98 亿 m³，设计年供水能力为 2.87 亿 m³；中型水库有 123 座，现状年供水能力为 24.6 亿 m³，设计年供水能力为 31.27 亿 m³，主要分布在惠州、江门、肇庆等市，其中，惠州市中型水库有 25 座，现状年供水能力为 4.01 亿 m³，设计年供水能力为 5.51 亿 m³；江门市中型水库有 30 座，现状年供水能力为 5.61 亿 m³，设计年供水能力为 7.44 亿 m³；肇庆市中型水库有 23 座，现状年供水能力为 8.16 亿 m³，设计年供水能力为 9 亿 m³。

2010 年，珠江三角洲地区已建成引水工程 8517 处，现状年供水能力为 65.76 亿 m³，设计年供水能力为 123.64 亿 m³。其中，大型引水工程 101 处，主要位于珠海市和江门市，珠海市大型引水工程有 63 处，现状年供水能力为 1.55 亿 m³，设计年供水能力为 38.72 亿 m³，江门市大型引水工程有 30 处，现状年供水能力为 0.72 亿 m³，设计年供水能力为 0.84 亿 m³；中型引水工程有 222 处，现状年供水能力为 12.59 亿 m³，设计年供水能力为 21.46 亿 m³，主要分布在江门市，江门市中型引水工程有 181 处，现状年供水能力为 2.11 亿 m³，设计年供水能力为 2.27 亿 m³。

2010 年，珠江三角洲地区已建成提水工程 8142 处，现状年供水能力为 128.85 亿 m³，设计年供水能力为 160.24 亿 m³。其中，大型提水工程有 5 处，现状年供水能力为 45.4 亿 m³，设计年供水能力为 63.25 亿 m³；中型提水工程有 27 处，主要分布在广州、佛山和东莞等地级市，现状年供水能力为 37.79 亿 m³，设计年供水能力为 49.16 亿 m³。

珠江三角洲地区现有跨二级水资源分区的配水工程 3 处，分别为广州西江引水工程、东深供水工程和大亚湾供水工程，引水量分别为 2.26 亿 m³、9.53 亿 m³ 和 0.35 亿 m³。跨流域调水工程有效解决了香港、深圳、大亚湾及广州中心城区等资源型缺水城市和地区的用水需求，支撑了经济社会的可持续发展。

表2.5　2010年珠江三角洲地区地表水供水工程

地级市	工程规模	蓄水工程			引水工程			提水工程		
		数量/座	现状供水能力/亿m³	设计供水能力/亿m³	数量/处	现状供水能力/亿m³	设计供水能力/亿m³	数量/处	现状供水能力/亿m³	设计供水能力/亿m³
广州市	大型	1	3.39	5.30	0	0.00	0.00	2	15.52	24.53
	中型	16	1.74	2.02	3	5.44	8.07	5	10.78	13.50
	小型以下	1304	2.12	2.55	349	9.61	12.01	138	14.58	14.59
	小计	1321	7.25	9.87	352	15.05	20.08	145	40.88	52.62
深圳市	大型	1	0.00	0.08	0	0.00	0.00	0	0.00	0.00
	中型	13	3.17	3.87	0	0.00	0.00	0	0.00	0.00
	小型以下	439	1.23	1.48	40	1.19	1.49	3	1.39	1.39
	小计	453	4.40	5.43	40	1.19	1.49	3	1.39	1.39
珠海市	大型	0	0.00	0.00	63	2.75	38.72	0	0.00	0.00
	中型	4	0.59	1.42	26	1.29	6.88	5	3.27	3.52
	小型以下	127	0.19	0.23	148	3.27	4.09	511	0.34	0.73
	小计	131	0.78	1.65	237	7.31	49.69	516	3.61	4.25
佛山市	大型	0	0.00	0.00	8	1.94	2.92	2	8.25	14.49
	中型	3	0.19	0.26	7	0.94	1.41	14	15.66	18.99
	小型以下	908	0.58	0.69	56	1.87	2.34	1086	11.23	11.35
	小计	911	0.77	0.95	71	4.75	6.67	1102	35.14	44.83
惠州市	大型	4	1.98	2.87	0	0.00	0.00	0	0.00	0.00
	中型	25	4.01	5.51	1	0.50	0.51	1	4.39	6.45
	小型以下	1764	6.17	7.40	1738	3.26	4.07	830	2.07	2.59
	小计	1793	12.16	15.78	1739	3.76	4.58	831	6.46	9.04

续表

地级市	工程规模	蓄水工程			引水工程			提水工程		
		数量/座	现状供水能力/亿 m³	设计供水能力/亿 m³	数量/处	现状供水能力/亿 m³	设计供水能力/亿 m³	数量/处	现状供水能力/亿 m³	设计供水能力/亿 m³
东莞市	大型	0	0.00	0.00	0	0.00	0.00	1	21.63	24.23
	中型	8	0.87	1.49	0	0.00	0.00	1	2.72	3.84
	小型以下	300	0.61	0.73	161	1.08	1.35	267	4.00	4.11
	小计	308	1.48	2.22	161	1.08	1.35	269	28.35	32.18
中山市	大型	0	0.00	0.00	0	0.00	0.00	0	0.00	0.00
	中型	1	0.26	0.26	2	2.28	2.28	0	0.00	0.00
	小型以下	52	0.11	0.13	187	5.98	7.47	148	5.09	5.21
	小计	53	0.37	0.39	189	8.26	9.75	148	5.09	5.21
江门市	大型	4	4.72	10.00	30	0.72	0.84	0	0.00	0.00
	中型	30	5.61	7.44	181	2.11	2.27	1	0.97	2.86
	小型以下	2234	2.76	3.31	966	14.39	17.99	2429	3.89	4.09
	小计	2268	13.09	20.75	1177	17.22	21.10	2430	4.86	6.95
肇庆市	大型	0	0.00	0.00	0	0.00	0.00	0	0.00	0.00
	中型	23	8.16	9.00	2	0.03	0.04	0	0.00	0.00
	小型以下	4625	2.31	2.77	4549	7.12	8.90	2698	3.06	3.77
	小计	4648	10.47	11.77	4551	7.15	8.94	2698	3.06	3.77
总计	大型	10	10.09	18.25	101	5.41	42.48	5	45.40	63.25
	中型	123	24.60	31.27	222	12.59	21.46	27	37.79	49.16
	小型以下	11753	16.07	19.29	8194	47.76	59.70	8110	45.66	47.83
	小计	11886	50.76	68.81	8517	65.76	123.64	8142	128.85	160.24

2）地下水供水工程

2010 年，珠江三角洲地区浅层地下水生产井总数为 405461 眼，其中配套机电井数量为 89914 眼，现状年供水能力为 3.73 亿 m^3。各地级市中，浅层地下水现状供水能力较大的有广州市、惠州市和江门市，现状供水能力分别为 0.85 亿 m^3、0.68 亿 m^3 和 0.82 亿 m^3，占珠江三角洲地区浅层地下水供水能力的比重分别为 22.79%、18.23% 和 21.98%。

2010 年，珠江三角洲地区深层地下水生产井总数为 6201 眼，其中配套机电井数量为 1507 眼，现状年供水能力为 1.01 亿 m^3。各地级市中，深层地下水开采量较大的有深圳市和江门市，现状供水能力分别为 0.49 亿 m^3 和 0.32 亿 m^3，占珠江三角洲地区深层地下水供水能力的比重分别为 48.51% 和 31.68%。2010 年珠江三角洲地区各地级市地下水供水基础设施情况见表 2.6。

表 2.6 2010 年珠江三角洲地区各地级市地下水供水基础设施情况

地级市	浅层地下水				深层承压水			
	生产井数量/眼	配套机电井数量/眼	现状年供水能力/亿 m^3	占珠江三角洲供水能力比重/%	生产井数量/眼	配套机电井数量/眼	现状供水能力/亿 m^3	占珠江三角洲供水能力比重/%
广州市	1341	1301	0.85	22.79	20	15	0.05	4.95
深圳市	4226	2113	0.38	10.19	774	774	0.49	48.51
珠海市	7660	600	0.28	7.51	80	0	0.01	0.99
佛山市	38107	0	0.18	4.83	3175	0	0.1	9.90
惠州市	217082	60059	0.68	18.23	0	0	0	0.00
东莞市	69	69	0.09	2.41	0	0	0	0.00
中山市	4500	0	0.08	2.14	180	0	0.04	3.96
江门市	45625	14574	0.82	21.98	1967	713	0.32	31.68
肇庆市	86851	11198	0.37	9.92	5	5	0	0.00
总计	405461	89914	3.73	100	6201	1507	1.01	100

2. 供用水现状分析

1）供水现状分析

根据广东省水资源公报数据，2010 年珠江三角洲总供水量为 212.52 亿 m^3，其中地表水供水量、地下水供水量和其他水源供水量分别为 209.37 亿 m^3、2.30 亿 m^3 和 0.85 亿 m^3，分别占总供水的 98.52%、1.08% 和 0.40%。供水主要是靠地表水水源供水。

各地级市中，广州市供水量最大，总供水量为 52.37 亿 m^3，占珠江三角洲总供水量的 24.64%，其中地表供水量、地下水源供水量分别为 51.79 亿 m^3 和 0.58 亿 m^3，分别占总供水量的98.90%和1.10%；其次是江门市，总供水量为28.79亿 m³，占珠江三角洲总供水量的13.55%，其中地表供水量和地下水源供水量分别为28.25亿 m³和0.54亿 m³，分别占总供水量的98.13%和1.87%。珠江三角洲地区现状供水量统计情况详见表2.7。

表 2.7　珠江三角洲地区现状供水量统计表　　　　单位：亿 m³

| 地级市 | 地表水供水量 | 调水量 | | 地下水源供水量 | | 其他水源供水量 | 总供水量 | 海水直接利用量 |
		跨二级区	跨三级区	小计	其中深层水			
广州市	51.79	0.00	2.26	0.58	0.04	0.00	52.37	0.00
深圳市	17.32	0.00	9.53	0.11	0.07	0.74	18.17	88.92
珠海市	4.55	0.00	0.00	0.01	0.00	0.11	4.67	16.20
佛山市	28.88	0.00	0.00	0.08	0.06	0.00	28.96	0.00
惠州市	21.10	0.00	0.35	0.57	0.00	0.00	21.67	3.11
东莞市	20.01	0.00	0.00	0.06	0.00	0.00	20.07	37.97
中山市	18.02	0.00	0.00	0.03	0.00	0.00	18.05	0.00
江门市	28.25	0.00	0.00	0.54	0.01	0.00	28.79	19.80
肇庆市	19.45	0.00	0.00	0.32	0.00	0.00	19.77	0.00
合计	209.37	0.00	12.13	2.30	0.17	0.85	212.52	166.00

2）用水分析

本次的用水统计项目有城镇生活用水、农村生活用水、工业用水、农田灌溉用水、林牧渔用水量和生态环境用水。其中城镇生活用水包括城镇居民生活用水和城镇公共用水，农村生活用水包括农村居民生活用水和牲畜用水，工业用水包括一般工业用水和火核电用水（采用耗水量统计2000年以后新增的直流式冷却火核电机组用水量），农田灌溉用水包括粮食作物用水、水浇地用水和菜田用水，林牧渔用水包括林果地灌溉用水、草场灌溉用水和鱼塘补水，生态环境用水包括城镇环境用水（生态环境用水仅统计公共绿地和市政环卫用水）和农村生态用水。广东省水资源综合规划采用的统计口径为生活用水、生态用水和生产用水，其中生活用水包括城镇生活用水和农村生活用水，生态用水包括城镇环境用水和农村生态用水，生产用水包括工业用水和农业用水。

2010年珠江三角洲总用水量为212.52亿 m³，城镇生活用水量、农村生活用水量、工业用水量、农田灌溉用水量、林牧渔用水量和生态环境用水量分别为51.30亿 m³、6.56亿 m³、77.88亿 m³、54.08亿 m³、21.62亿 m³和1.10亿 m³，分别占总用水量的24.14%、3.08%、36.65%、25.45%、10.17%和0.52%。其中，城镇生活用水量中城镇居民生活用水量为33.85亿 m³，占城镇生活用水量的66.00%。农村生活用水量中农村居民生活用水量为5.22亿 m³，占农村生活用水量的79.73%；工业用水量中火核电用水量为 11.59 亿 m³，占工业用水量的 14.88%；农田灌溉用水量中粮食作物用水量为 45.01 亿 m³，占农田灌溉用水量的 83.24%。

　　珠江三角洲各地级市中，广州市用水量最大，总用水量为 52.37 亿 m³，城镇生活用水量、农村生活用水量、工业用水量、农田灌溉用水量、林牧渔用水量和生态环境用水量分别为 13.35 亿 m³、1.38 亿 m³、26.40 亿 m³、7.87 亿 m³、3.03 亿 m³ 和 0.34 亿 m³，工业用水量占总用水的比例最大，为 50.42%，其次是城镇生活用水量和农田灌溉用水量，分别为 25.49% 和 15.02%；珠海市用水量最小，总用水量为 4.67 亿 m³，其中城镇生活用水量、农村生活用水量、工业用水量、农田灌溉用水量、林牧渔用水量和生态环境用水量分别为 1.78 亿 m³、0.15 亿 m³、1.70 亿 m³、0.89 亿 m³、0.12 亿 m³ 和 0.04 亿 m³，城镇生活用水量占总用水的比例最大，为 38.10%，其次是工业用水量，为 36.39%。2010 年珠江三角洲地区各地级市用水情况详见表 2.8。

表 2.8　珠江三角洲地区各地级市用水量统计表　　　　　单位：亿 m³

| 地级市 | 城镇生活用水量 | | 农村生活用水量 | | 工业用水量 | | 农田灌溉用水量 | | 林牧渔用水量 | 生态环境用水量 | | | 总用水量 |
	小计	其中城镇居民	小计	其中农村居民	小计	其中火核电	小计	其中粮食作物		城镇环境	农村生态	小计	
广州市	13.35	8.61	1.38	1.20	26.40	5.95	7.87	7.07	3.03	0.34	0.00	0.34	52.37
深圳市	11.29	6.68	0.02	0.00	6.05	0.11	0.15	0.00	0.37	0.29	0.00	0.29	18.17
珠海市	1.78	0.99	0.15	0.10	1.70	0.03	0.89	0.48	0.12	0.04	0.00	0.04	4.67
佛山市	7.40	5.30	0.22	0.00	10.82	3.20	4.89	2.78	5.48	0.16	0.00	0.16	28.96
惠州市	2.71	1.70	1.02	0.83	5.73	0.11	11.56	10.70	0.55	0.09	0.00	0.09	21.67
东莞市	8.18	6.27	0.90	0.88	9.71	0.45	1.07	0.40	0.18	0.03	0.00	0.03	20.07
中山市	2.54	1.49	0.31	0.20	8.82	1.53	2.47	1.11	3.88	0.03	0.00	0.03	18.05
江门市	2.35	1.60	1.15	0.95	4.93	0.21	15.57	13.61	4.70	0.08	0.00	0.08	28.79
肇庆市	1.70	1.20	1.41	1.06	3.70	0.00	9.60	8.87	3.31	0.04	0.00	0.04	19.77
合计	51.30	33.85	6.54	5.22	77.88	11.59	54.08	45.01	21.62	1.10	0.00	1.10	212.52

3）历年供用水变化分析

　　根据 2001~2010 年的水资源公报，统计珠江三角洲近十年的供用水情况，如图 2.3 所示。2001~2004 年，珠江三角洲由于经济的快速增长，用水量增长速度较快，从 2001 年的 215.09 亿 m³ 增加至 2004 年的 226.72 亿 m³，增长率达到 1.93%。在 2004~2007 年，珠江三角洲的用水量增长趋势变缓，到 2007 年达到了十年间的峰值，达到 227.82 亿 m³。在 2008~2010 年，由于珠江三角洲的产业结构转型、高耗水重工业的转移和节水技术的提高，珠江三角洲的用水量呈下降趋势，由 2008 年的 223.14 亿 m³ 下降到 2010 年的 212.52 亿 m³，年递减率达到 2.81%。

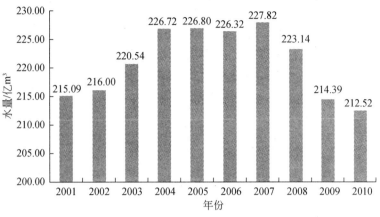

图 2.3　2001～2010 年珠江三角洲供用水量变化

2.3.3　水资源开发利用存在的问题

1. 水资源供需矛盾突出

改革开放以来，珠江三角洲地区经济飞速发展，城市化率不断提高。目前，深圳市和佛山市在 20 世纪中期就实现了 100% 的城市化率，其他地级市的城市化率也均在 80% 左右。随着城市化的快速发展，珠江三角洲地区的需水总量和用水结构发生了巨大的变化，加上长期以来的粗放式水资源利用方式，该地区的水资源供需矛盾日渐突出。

1）高速经济发展带来的需水总量变化

根据珠江三角洲地区 1980～2014 年需水总量（图 2.4），珠江三角洲地区用水总量在 1980～2005 年逐年递增，从 1980 年的 138.1 亿 m^3 增加到 2005 年的 249.5 亿 m^3，增长为原来的 1.8 倍；在 2005～2014 年呈下降趋势，2014 年需水量为 229.7 亿 m^3，2005～2014 年需水量下降了 7.9%，这与近十多年推广高效用水和节约用水关系密切；1980～2014 年的需水总量整体呈上升趋势，年均增长率达到 8.5%，2014 年需水总量是 1980 年的 1.7 倍。

2）快速城市化带来的供需水结构变化

根据珠江三角洲地区 1980～2014 年用水结构（表 2.9 和图 2.5），整体上农业用水量占比减少，工业和生活这两方面用水量所占比值均呈现上升的发展趋势。1980 年农业用水量、工业用水量和生活用水量的占比分别是 88.49%、6.15% 和 5.36%，而到 2014 年农业用水量、工业用水量和生活用水量的占比分别是 32.74%、38.59% 和 28.67%；相比之下工业用水量和生活用水量的占比上升为原来的 6.3 倍和 5.3 倍，而农业用水量占比下降了 63%。工业用水量占比在 2010 年达到最大，为 43.57%，农业

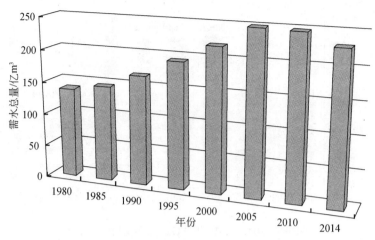

图 2.4　珠江三角洲地区 1980～2014 年需水总量

用水量占比也在 2010 年达到最小，为 31.11%，2010～2014 年工业用水量占比下降的主要原因是生活用水量大幅度增加，在工业用水量和农业用水量减少的同时，这期间工业用水的降幅更大，最终导致 2014 年工业用水量比例较 2010 年有所下降。目前珠江三角洲地区工业用水量占比最大，农业用水量次之。

表 2.9　珠江三角洲地区历年用水结构情况统计表

年份	用水量/亿 m³				用水构成/%		
	工业	农业	生活	合计	工业	农业	生活
1980	8.5	122.2	7.4	138.1	6.15	88.49	5.36
1985	11.8	125.2	8.7	145.7	8.10	85.93	5.97
1990	37.4	118.3	12	167.7	22.30	70.54	7.16
1995	65.8	112.7	16.1	194.6	33.81	57.92	8.27
2000	95.9	99	25.2	220.1	43.57	44.98	11.45
2005	108.6	86.4	54.5	249.5	43.53	34.63	21.84
2010	107.9	77.0	62.7	247.6	43.57	31.11	25.32
2014	88.7	75.2	65.9	229.7	38.59	32.74	28.67

3）粗放式水资源利用导致的水资源浪费

根据珠江三角洲地区 1980～2014 年各项用水指标（表 2.10），整体上地区用水效率有大幅度的提高，粗放式水资源利用情况有所好转，但与国际发达国家的差距还是很大。在各项用水指标中万元 GDP 用水量的缩减比例最大，2014 年万元 GDP 用水量缩减为 1980 年的 1/63；除城镇居民生活用水定额呈现增加后减少的趋势外，其他指标的整体趋势都是减少的。珠江三角洲地区人口密集，虽然水资源总量丰富，但是人均占有量少，仅为全国平均水平的 2/3，世界平均水平的 1/6，这导致珠江三角洲地区人均

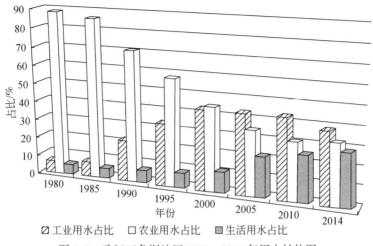

图 2.5　珠江三角洲地区 1980～2014 年用水结构图

用水总量、城镇居民生活用水量、农村居民生活用水量和牲畜用水量这几项指标的值
要比世界水平低。但在用水效率相关的指标上，我国的多项指标值却较高。2014 年我
国农业灌溉用水有效利用系数为 0.47～0.55，发达国家为 0.7～0.8，万元 GDP 用水量
为 64 m³，约为世界平均水平的 2 倍多；珠江三角洲地区工业万元产值用水量为 34 m³，
而美国和日本的工业万元产值用水量仅为 8 m³ 和 6 m³，珠江三角洲地区工业万元产值
是发达国家的 5～10 倍；工业用水的重复利用率为 60% 左右，而发达国家已达 85%，
因此珠江三角洲仍需不断提高水资源的利用效益。

表 2.10　珠江三角洲地区历年各项用水指标变化趋势

年份	人均总用水量 /(m³/人)	万元 GDP 用水量 /(m³/万元)	城镇居民生活用水量 /[L/(人·d)]	工业万元产值用水量 /(m³/万元)	农田灌溉用水量 /(m³/亩①)	农村居民生活用水量 /[L/(人·d)]	牲畜用水量 /[L/(头·d)]
1980	758	4058	147	251	837	98	54
1985	733	2101	164	160	848	96	59
1990	743	1226	194	215	862	110	60
1995	759	494	211	102	895	116	61
2000*	684	282	296	63	937	95	70
2005*	523	145	252	56	810	165	53
2010*	519	77	230	47	781	153	40
2014*	489	64	210	34	753	150	45

　　注：带 "＊" 的年份计算人口为新口径人口，其他年份均为原口径人口；2000 年以前一般工业用水指标按工
业总产值计算，2000 年后按工业增加值计算

　　① 1 亩 ≈ 666.67 m²

2. 水体污染严重

近十几年来，随着经济粗放增长、城市化进程加快、人口不断增加和水资源不合理开发利用，珠江三角洲地区污水排放量呈现增加的趋势（表2.11），河流水质达标率下降十分明显（表2.11和图2.6），使得区内各大城市基本上都面临着不同程度的水质型缺水。早前突出的点源污染逐渐向面源污染转变，污染区域从城市向农村不断蔓延（徐勇庆等，2011）。在高强度用水的作用下，水体污染问题激发越来越多的矛盾，如跨区水污染、上下游取用水矛盾等已严重影响到地区乃至广东省经济社会的可持续发展（杨代友，2011）。

表 2.11 珠江三角洲地区污水排放量与河流水质达标检测

指标	2000 年	2005 年	2010 年	2014 年
废污水排放量/亿 t	81.09	94.5	83.59	84.35
河流水质达标率/%	54.4	53.1	51.3	44.3

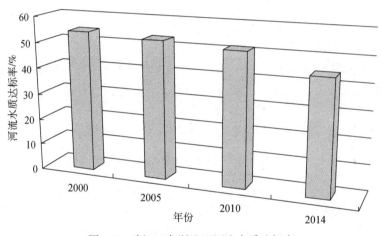

图 2.6 珠江三角洲地区河流水质达标率

除河流水质达标率较低外，水功能区的达标率也较低。参考省政府批复的《广东省水功能区划》，依据广东省水文水资源监测中心及珠江三角洲地区各地级市分中心对珠江三角洲各水功能区的监测数据，采用《地表水环境质量标准》（GB 3838—2002）全因子评价方法对水功能区水质达标进行评价，统计所得到珠江三角洲河流水功能区现状水质达标率见表2.12。2013年珠江三角洲地区水功能区有89个，达标的有34个，达标率为38.2%，评价河长为2540.5 m，达标河长为752.5 m，河长达标率仅为29.6%；2014年珠江三角洲地区水功能区有96个，达标的有41个，达标率为42.7%，评价河长为2773.5 m，达标河长为1281.7 m，河长达标率仅为46.2%。由此可知，珠江三角洲水功能区2014年的达标情况虽然比2013年有所改善，但是整体上水功能区的达标率仍然很低，未达到50%。

表 2.12　珠江三角洲各河流水功能区达标情况表

年份	达标个数评价			达标河长评价		
	评价个数	达标个数	达标率/%	评价河长/m	达标河长/m	达标率/%
2013	89	34	38.2	2540.5	752.5	29.6
2014	96	41	42.7	2773.5	1281.7	46.2

资源能源的粗放利用必然导致生态环境功能较大程度的退化。珠江三角洲地区水体污染严重，改变了河道水生生物的生存环境，使水产资源的质量和数量遭到了破坏和降低。水生生态环境的持续恶化，不仅使河道内外生物的多样性遭到破坏，同时造成一些对水环境有危害的水生生物（如蓝藻、绿藻等）疯长，加剧水体污染。水中植物大量减产，水面大面积被覆盖，导致水中溶氧量降低，特别是在河道下游段溶解氧含量较低，有些地方甚至无氧，广州等地一些河段出现黑臭现象，甚至出现寸草不生、人烟罕见、大型水生动物灭绝的现象。

3. 咸潮入侵日趋严重

珠江三角洲的咸潮一般出现在 10 月至次年 4 月。改革开放之后，随着经济发展、城镇化水平提高，大幅度的采砂引起河床急剧变异，珠江三角洲纳潮量迅速增大，潮汐动力加强，这种趋势逐渐抵消并超过了由于联围筑闸和河口自然淤积延伸导致的潮汐动力减弱趋势，咸潮强度逐渐由减弱转至增强。同时由于随着珠江三角洲城市化进程的加速发展，受咸潮影响的主要对象逐渐由农业转变为工业和生活。21 世纪之后，随着用水量的大幅度提高，2002 年后连续 6 年枯水期干旱和地形演变对潮汐动力增强的影响，咸潮强度急剧增强，咸潮上溯界线明显上移，危害越来越大，其中以生活用水影响最大。以磨刀门水道平岗泵站为例，咸潮上溯情况严重，呈现持续时间长、盐度浓度高、超标时段长，且发生时间前移的变化特点。

1）水体盐度超标

盐水入侵（咸潮）的最直接影响是引起河口区河道内水体盐度的升高，而根据我国《生活饮用水水源水质标准》规定，生活饮用水氯化物含量均应小于 250 mg/L，将咸潮入侵导致河道内水体含氯度超过此标准值的时间作为盐度超标历时。以磨刀门水道平岗泵站为示点，统计了该站点 2000～2012 年枯水期盐度超标时数，结果如表 2.13 和图 2.7 所示。数据显示 2000～2002 年枯水季超标时数不超过 250 h（约 10 天），2003～2005 年超过 700 h（接近 30 天），2005～2006 年枯水期高达 1500 h 以上（约 63 天），2009～2010 年及 2011～2012 年枯水期突破 1800 h（75 天）。可以看出平岗泵站取水口受磨刀门咸潮影响的程度随年份呈显著增加之势。此外，磨刀门水道盐水入侵发生时间明显前移，由表 2.13 可以看出，2004 年以前平岗泵站枯水期超标时段主要集中在 12 月至次年 3 月，此后超标时段明显前移，主要集中在 11 月至次年 2 月，尤其是 2009～2010 年和 2011～2012 年枯水期超标时段前移最突出，仅 10 月就分别统计到超过 300 h 和 100 h 的超标历时，盐度超标时间提前将近两个月。

表 2.13 磨刀门水道平岗泵站枯水期盐度超标时数统计表 单位：h

年份	10月	11月	12月	1月	2月	3月	总时间
2000～2001	0	0	46	90	84	0	220
2001～2002	0	0	5	121	14	0	140
2002～2003	0	0	0	0	1	0	1
2003～2004	0	0	131	307	214	115	767
2004～2005	0	5	219	349	88	43	704
2005～2006	4	133	471	472	502	0	1582
2006～2007	0	89	281	257	105	0	732
2007～2008	0	355	342	388	157	0	1242
2008～2009	0	0	49	93	85	0	227
2009～2010	303	341	436	322	297	103	1802
2010～2011	0	102	127	229	264	0	722
2011～2012	127	221	523	352	408	220	1851

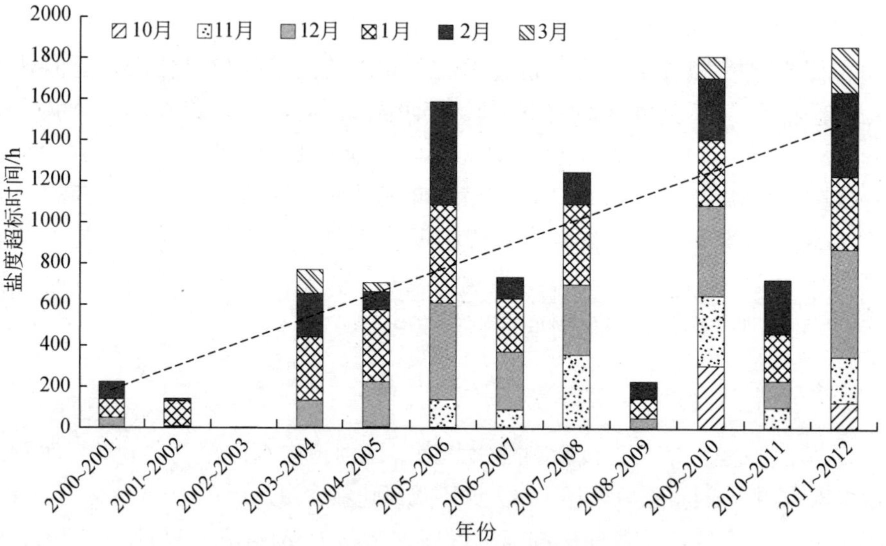

图 2.7 磨刀门水道平岗泵站枯水期盐度超标时数统计图

以磨刀门水道沿程的 10 个站点在咸潮危害较严重的 2005 年、2009 年及 2011 年枯水期为例，统计磨刀门水道在枯水期盐度超标时段的整体变化趋势，结果如图 2.8 所示。10 个站点的平均盐度在近年来整体上有增大的趋势，如平岗站 2005 年枯水期的平均盐度为 0.72‰，2009 年上升到 1.62‰，2011 年平均盐度上升到 1.89‰，其他站点的情况与此类似。同时，大约在口门往上 40 km 以上的河段，平均盐度几乎下降到 250 mg/L（0.5‰等盐度线）以下，基本不受咸潮的影响，即磨刀门咸潮的影响范围一般在 40 km 之内。

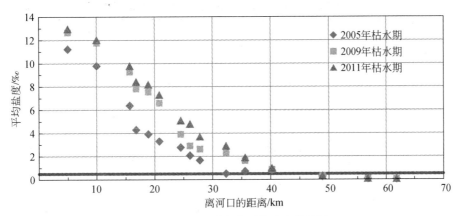

图 2.8　各站点枯水期平均盐度统计图

2）咸潮上溯界线位置上移

涨潮期间，大量的咸水随着潮流进入口门内，提升河道内水体的盐度。一般将
0.5‰等盐度线（250 mg/L，最低饮用水水质标准）与口门处的距离作为咸潮上溯距
离。在一次潮周期中，咸水随涨潮流不断向上游推进，在涨憩时，咸潮上溯距离达到
最大，而在退潮时，咸水随着落潮流向口门回落，并在落憩时，上溯距离达到最小。
近十几年来，珠江三角洲河口区咸潮上溯距离呈现波动上升趋势，咸潮上溯界线位置
上移。以磨刀门为例，统计了 2000～2012 年咸潮上溯距离的最小平均值、平均值、最
大平均值和年最大值，结果如图 2.9 和表 2.14 所示。2000～2003 年，咸潮上溯距离有
减小的趋势，并在 2002～2003 年上溯距离达到最小，年最大上溯距离仅为 20.2 km，
几乎没有影响到河道取水。但此后，咸潮上溯距离有不断增加的趋势，在 2005 年，年
最大上溯距离突破 60 km，咸潮上溯界线越过了中山市的稔益水厂，此后年最大咸潮上
溯均超过 50 km，2009 年以来，上溯距离均超过 60 km，2011～2012 年咸潮上溯距离突
破 70 km，最大咸潮上溯界线已达中山市的古镇水厂。

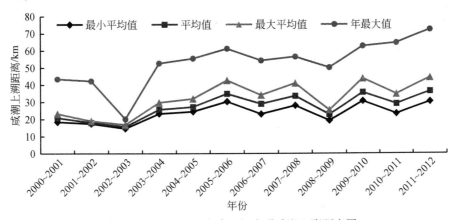

图 2.9　2000～2012 年磨刀门水道咸潮上溯距离图

表 2.14　2000～2012 年磨刀门水道咸潮上溯距离　　　　　单位：km

年份	最小平均值	平均值	最大平均值	年最大值
2000～2001	18.5	20.9	23.3	43.5
2001～2002	17.5	18.1	19.1	42.3
2002～2003	14.7	15.7	17.0	20.2
2003～2004	23.3	25.7	29.8	52.7
2004～2005	24.5	27.2	32.0	55.5
2005～2006	30.3	34.9	42.7	61.2
2006～2007	23.1	29.0	34.1	54.3
2007～2008	28.0	33.6	41.0	56.5
2008～2009	19.3	22.8	25.4	50.2
2009～2010	30.6	35.6	43.8	62.7
2010～2011	23.3	29.0	34.7	64.6
2011～2012	30.3	36.3	44.3	72.3

第3章　珠江三角洲网河区水文要素变异分析

近年来，在全球气温升高、海平面上升的大背景下，随着城市化规模扩展迅速，人类活动影响剧烈，使珠江三角洲地区的河网、下垫面的自然形态均发生了显著改变，水文水资源特征变异显著，极端气候情况频发。极端洪水、极端干旱等对当地经济社会发展产生了极大的影响。西江、北江干流为珠江三角洲主要的水源河流，其水文情势直接关系下游珠江三角洲地区的防洪、补枯、压咸、水资源利用和水灾害防治等问题。为了定量研究西江、北江干流径流非一致性情况，评估气候变化和人类活动对水文情势的影响程度，本章主要运用了 Mann-Kendall 法突变检验、差积曲线–秩检验联合识别法两种方法对西江、北江流量和水位进行突变点检测，综合两种方法的结果得到最佳突变点，并采用 IHA/RVA 方法评价流量、水位的变异程度。

3.1　水文要素变异识别方法

3.1.1　Mann-Kendall 法

Mann-Kendall 法是受到广泛应用的一种非参数检验方法（Mann，1945；Sneyers，1990）。"非参数"是指该方法不要求样本服从一定的分布，也不会受到个别异常值的影响。该方法在检测突变点的同时，可以显示序列的变化趋势。对于独立随机的时间序列 X（$x_1, x_2, \cdots, x_n$），构造统计量 S_k：

$$S_k = \sum_{i-1}^{k} r_i \quad k = 2, 3, \cdots, n \tag{3.1}$$

其中，

$$r_i = \begin{cases} 1 & x_i > x_j \\ 0 & x_i > x_j \end{cases} \quad j = 1, 2, \cdots, i$$

S_k 的均值和方差分别为

$$E(S_k) = \frac{n(n-1)}{4} \tag{3.2}$$

$$\mathrm{Var}(S_k) = \frac{n(n-1)(2n+5)}{72} \tag{3.3}$$

定义统计量 UF_k：

$$\mathrm{UF}_k = \frac{S_k - E(S_k)}{\sqrt{\mathrm{Var}(S_k)}} \quad k = 2, 3, \cdots, n \tag{3.4}$$

当 $k=1$ 时，

$$UF_1 = 0$$

UF_k 服从标准正态分布。$UF_k > 0$，表示序列有上升趋势。$UF_k < 0$，表示序列有下降趋势。在给定的显著性水平 α，由标准正态分布表查阅临界值 U_α。若 $|UF_k| > U_\alpha$，表示序列的变化趋势明显。若 $|UF_k| < U_\alpha$，则表示序列的变化趋势不明显。

对原时间序列的逆序列 X'（$x_n, x_{n-1}, \cdots, x_1$）用上述方法得到对应的统计量 UB_k。分别把 UF_k 值和 UB_k 值点绘连接成曲线。两条曲线在临界线 $\pm U_\alpha$ 之间的交点，即为序列在置信区间内显著的突变点。

3.1.2　差积曲线–秩检验联合识别法

差积曲线–秩检验联合识别法（于延胜和陈兴伟，2009）的计算原理如下：
对序列进行累积离差计算，做累积距平曲线，确定极值点为可能变异点。

$$P_t = \sum_{i=0}^{t}(P_i - \bar{P}) \tag{3.5}$$

式中，P_i 为各站点的径流量；$\bar{P}$ 为径流序列（$P_1, P_2, \cdots, P_n$）的均值，n 为序列长度；P_t 为前 t 项之和，$i \in (1, t)$，$t \in (1, n)$。

秩和检验通常是将一个序列（$P_1, P_2, \cdots, P_n$）分成了（$P_1, P_2, \cdots, P_t$）和（$P_{t+1}, P_{t+2}, \cdots, P_n$）两个序列，其中序列样本个数较小者为 n_1，较大者为 n_2，即 $n_1 < n_2$，得出统计量 U：

$$U = \frac{W - n_1(n_1 + n_2 + 1)/2}{\sqrt{n_1 n_2(n_1 + n_2 + 1)/12}} \tag{3.6}$$

式中，W 为 n_1 中各数值的秩之和，U 服从正态分布，取 $\alpha = 0.05$，若 $|U| \geqslant U_{0.05/2} = 1.96$，表明变异点显著，否则，变异点不显著。

3.1.3　IHA/RVA 法

水文变异指标（indicators of hydrologic alteration，IHA）是由 Richter 等（1996）建立的一套水文变异评价指标体系。该指标体系包含 5 组共 33 个具有生态意义的指标。其详细介绍见表 3.1。

变化范围法（range of variability approach，RVA）是在 IHA 的基础上评价水文情势改变程度的方法（Richter et al.，1998）。其步骤如下：

（1）利用受干扰前或天然条件下的时间序列计算出 33 个 IHA。

（2）以上述步骤得到的 IHA 的均值±标准差或者 IHA 的 75% 和 25% 分位数作为上下限，称为 RVA 目标。

（3）利用受干扰后的时间序列计算出受干扰后的 IHA。

（4）根据受到干扰以后 IHA 落入 RVA 目标范围的情况，可以了解两个阶段之间水文情势的变化情况。Richter 定义了水文改变度来量化水文情势的变化程度。水文改变度的计算式为

表 3.1　33 个 IHA 及其生态影响

组别	水文指标	生态影响
月平均指标	1 ~ 12 月流量均值或中值	(1) 水生生物栖息环境的宜居性 (2) 植物所需的土壤湿度 (3) 陆生生物的需水 (4) 毛皮动物的食物和栖息树丛 (5) 食肉动物到巢穴的路径 (6) 水温、氧气浓度和水中光合作用
年极值指标	年最大 1 日平均流量 年最大 3 日平均流量 年最大 7 日平均流量 年最大 30 日平均流量 年最大 90 日平均流量 年最小 1 日平均流量 年最小 3 日平均流量 年最小 7 日平均流量 年最小 30 日平均流量 年最小 90 日平均流量 零流天数 基流指数	(1) 平衡竞争生物、杂草和抗逆生物 (2) 为植被层创造生长场所 (3) 以生物因素和非生物因素构建水生生态系统 (4) 构造河道形态和栖息环境 (5) 使植物受到土壤水分胁迫 (6) 使动物脱水 (7) 使植物受到水涝胁迫 (8) 为河流和洪泛区之间的营养物质交换提供条件 (9) 造成水环境低氧、化学物浓度上升等不利情况 (10) 影响植物在湖泊、池塘、洪泛区的群落分布 (11) 维持污染自净和带有鱼卵的河床物质迁移所需的高流量
年极值发生时间	年最大流量日 年最小流量日	(1) 与生物生命周期的兼容性 (2) 生物不利因素的预见性和可避免性 (3) 生物到产卵地和逃避追猎的路径 (4) 影响洄游鱼类产卵 (5) 导致生物生存策略和行为机制变革
高、低脉冲次数和历时	高脉冲次数 高脉冲历时 低脉冲次数 低脉冲历时	(1) 植物受到土壤水分胁迫的频率和强度 (2) 植物受到水涝胁迫的频率和历时 (3) 洪泛区作为水生生物栖息地的可利用性 (4) 河流和洪泛区之间的营养物质交换 (5) 土壤矿物含量 (6) 水鸟到巢穴、栖息地和繁衍场所的路径 (7) 高脉冲状况下的河床泥沙迁移、河床质组成及河床扰动时间
变化改变率和逆转次数	上升率 下降率 逆转次数	(1) 流量减少时，植物受到干旱胁迫 (2) 流量增加时，生物滞留在洪泛区和岛屿 (3) 岸边低移动生物受到干燥胁迫

$$D_i = \frac{N_i - N_e}{N_e} \times 100\% \qquad (3.7)$$

式中，D_i 为第 i 个 IHA 的水文改变度；N_i 为受到干扰以后第 i 个 IHA 落入 RVA 目标的实际观测次数；N_e 为预期受到干扰以后，IHA 落入 RVA 目标的次数。如果选取受干扰前 IHA 的 75% 和 25% 分位数作为 RVA 目标，RVA 目标的长度就是序列长度的 50%，所以 N_e 应该等于受干扰以后序列长度的 50%。

33 个 IHA 的综合水文改变度 D_0 的计算式为

$$D_0 = \sqrt{\frac{1}{33}\sum_{i=1}^{33} D_i^2} \tag{3.8}$$

采用以下标准判断水文改变度的严重性：$0\% \leqslant |D_i| < 33\%$，为无或低度变化；$33\% \leqslant |D_i| < 67\%$，为中度变化；$67\% \leqslant |D_i| \leqslant 100\%$，为高度变化。

3.2 水文要素变异特征分析

运用 IHA/RVA 法评价某一时期内河流水文情势变化情况之前，首先需要把整个时间序列划分成受到干扰之前和受到干扰以后两个序列。突变点的选取一般有两种方法，一种是简单地以建坝时间划分（杜河清等，2011；曾娟，2012；陈昌春等，2014），以评价水利工程对河流水文情势的影响；另一种则是以一个特定水文指标（如年平均流量）的突变点划分（李翀等，2007；马晓超等，2011；武玮等，2012），以综合评价受到气候变化和人类活动影响以后河流水文情势的变化情况。第一种划分方法明确地指出水文情势的变化是由水利工程引起的，而第二种方法并没有明确指出变异的原因，只是综合评价各扰动因素对河流水文情势造成的影响。气候变化和人类活动对于河流的影响是复杂的，某一个指标只能从一个角度反映河流水文情势发生的变异。这些影响因素的累积效应致使不同水文指标发生突变的时间可能并不一致。以一个指标的突变点作为所有 IHA 突变点的做法可能导致计算结果不能充分反映实际情况。因此，本章尝试把关注点放在每个 IHA。首先对每一个 IHA 序列进行突变点分析，然后以各个 IHA 序列自身的突变点把该序列划分为变异前和变异后两个序列。突变点分析采用了 Mann-Kendall 检验法和 Pettitt 检验法，再结合累计距平曲线显示的丰枯转变节点综合分析，最终确定最优的突变点。

以三水站、马口站年径流序列的突变点检测为例（图 3.1），三水站年径流量 MK 统计值 UF 与 UB 在 1992 年相交，并且交点在临界直线之间，因此由 Mann-Kendall 检验法初步判断三水站年径流量的变异点为 1992 年；马口站年径流量 MK 统计值 UF 与 UB 在 1980~2000 年多次相交，并且交点都在临界直线之间，说明马口站年径流序列在该

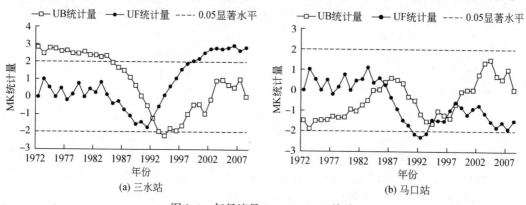

图 3.1　年径流量 Mann-Kendall 检验

时段内发生突变，但检测结果比较模糊，没有显示出最佳的突变点，因此由 Mann-Kendall 检验法初步判断马口站年径流量的变异点为 1987 年、1992 年和 1999 年。

利用差积曲线-秩检验联合识别法对马口站和三水站的径流量进行进一步的变异点分析。由图 3.2 可以看出，马口站的累计距平差积曲线的最小点和最高点分别在 1967年和 1986 年，三水站的累积距平曲线在 1992 年有一个明显的最小点。通过秩检验法对这些变异点进行检验，结果见表 3.2。马口站 1992 年统计量 $U<1.96$，变异不显著，而 1986 年统计量 $U=2.287>1.96$，认为该变异点变异显著，表明 1986 年为马口站年径流序列的变异点；三水站 1992 年的统计量 $U=4.967>1.96$，检验结果显著，表明 1992 年为三水站年径流序列的变异点。

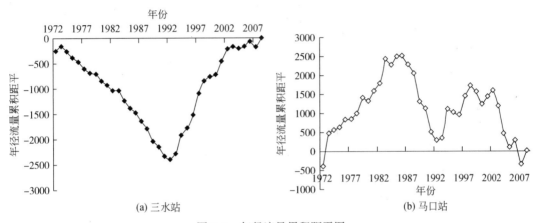

图 3.2 年径流量累积距平图

表 3.2 马口站、三水站变异点分析结果

站点	统计量 U	显著性	可能变异点	是否变异点
马口	0.688	不显著	1992 年	否
	2.287	显著	1986 年	是
三水	4.967	显著	1992 年	是

通过上述变异点的分析，分别对三水站 1992 年和马口站 1986 年前后的年径流量序列均值进行分析，结果如图 3.3 所示。三水站年径流量序列在 1992 年前后发生跳跃变异，且径流量在变异前后相差较大。1992 年前（包括 1992 年）年径流量均值为 393.66 亿 m^3，1992 年后年径流量均值为 657.90 亿 m^3，增幅高达 67.12%。马口站年径流量序列在 1986 年前后发生跳跃变异，径流量在变异前后相差较小。1986 年前（包括 1986 年）年径流量均值为 2449.26 亿 m^3，1986 年后年径流量均值为 2169.55 亿 m^3，降幅为 11.42%。这与 Mann-Kendall 检验法的结论是一致的，在 1992 年之后，三水站的 UF 值大于 0，说明三水站的年径流序列呈现跳跃上升趋势；而马口站的 UF 值在 1986 年之后小于 0，说明马口站的年径流序列呈现减小趋势。

IHA 序列突变点结果见表 3.3。三水站流量 IHA 的突变点相对比较集中，大部分发生在 20 世纪 90 年代初期。而三水站水位和马口站流量、水位的 IHA 突变点则比较分散。例如，三水站9月、11月、12月平均水位的突变点在80年代末，5月、6月、1月平均水位的突变点在90年代初，4月、8月、10月、2月、3月平均水位的突变点为1998年，7月平均水位的突变点为2000年。由此可见，如果要对所有指标选取一个综合的突变点，除了三水站流量可以以90年代初期某一年份作为综合突变点，三水站水位、马口站流量和水位都难以确定一个所有指标的综合突变点。此外，两个水文站流量和水位的突变时间不一致。三水站仅有年最大流量日和年最大水位日的突变时间完全一致，均为1985年；其他指标均不一致。而马口站突变时间一致的流量、水位指标有7月、9月、11月、12月平均值及年极大值发生的时间。流量、水位突变时间不一致是河床变化造成的。当河床比较稳定时，流量、水位之间的对应关系较好，两者的变异应表现为一致。但当河床不稳定时，水位流量关系发生变异，水位的变异除了受到流量变异的影响，还会受到河床变化的影响。因此，河床变化是流量、水位突变时间不一致的原因。

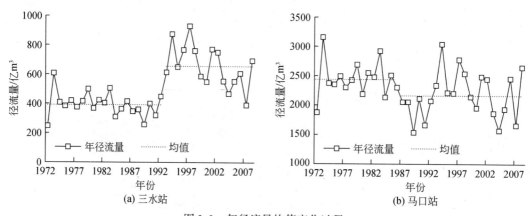

(a) 三水站   (b) 马口站

图3.3　年径流量均值变化过程

表3.3　三水站、马口站流量和水位 IHA 突变点

组别	水文指标	三水站		马口站	
		流量	水位	流量	水位
月平均指标	4月	1995年	1998年	2002年	1998年
	5月	1992年	1994年	1985年	1994年
	6月	1992年	1995年	1984年	1995年
	7月	1993年	2000年	1992年	1992年
	8月	1993年	1998年	1983年	1998年
	9月	1993年	1989年	1989年	1989年
	10月	1993年	1998年	1994年	1998年
	11月	1994年	1989年	1989年	1989年
	12月	1993年	1988年	1988年	1988年
	1月	1991年	1992年	1982年	1992年
	2月	1989年	1998年	1992年	1995年
	3月	1982年	1998年	1982年	1998年

续表

组别	水文指标	三水站		马口站	
		流量	水位	流量	水位
年极值指标	最大 1 日	1994 年	1984 年	1994 年	1984 年
	最大 3 日	1994 年	1984 年	1994 年	1984 年
	最大 7 日	1994 年	1984 年	1994 年	1984 年
	最大 30 日	1993 年	1999 年	1994 年	1999 年
	最大 90 日	1993 年	1999 年	1993 年	1999 年
	最小 1 日	1993 年	1991 年	1985 年	1991 年
	最小 3 日	1993 年	1991 年	1985 年	1991 年
	最小 7 日	1993 年	1991 年	1984 年	1991 年
	最小 30 日	1993 年	1995 年	1984 年	1992 年
	最小 90 日	1993 年	1995 年	1983 年	1992 年
	基流指数	1987 年	2003 年	2002 年	1991 年
年极值发生时间	最大	1985 年	1985 年	1985 年	1985 年
	最小	1987 年	1990 年	1989 年	1978 年
高、低脉冲次数和历时	低脉冲次数	1995 年	1990 年	2004 年	1986 年
	低脉冲历时	1990 年	1998 年	2000 年	1995 年
	高脉冲次数	1979 年	2003 年	1982 年	2003 年
	高脉冲历时	1993 年	1997 年	1982 年	1995 年
变化改变率和逆转次数	上升率	1994 年	2003 年	1994 年	2003 年
	下降率	1993 年	2003 年	1994 年	2003 年
	逆转次数	1992 年	1998 年	1988 年	1999 年

3.3　水文要素变异程度分析

3.3.1　流量变异程度分析

1. 三水站流量变异程度分析

1）月平均流量

从表 3.4 可知，12 个月的月平均流量中值均比变异前大，说明三水站月平均流量总体表现为增加。7 月增幅最大，达到 128%，10 月增幅最小，为 30%。12 月和 1 月的水文改变度属于高度水平，4 月、6 月、7 月、8 月、10 月、11 月、2 月、3 月属于中度水平，5 月和 9 月属于低度水平。

2）年极端流量

从表 3.4 可知，所有年极端流量指标中值均比变异前大，说明三水站年极端流量

总体表现为增加。年最小值流量指标及基流指数的中值偏离量增幅较大，均超过
100%，而年极大值指标的中值偏离量则相对较小。年最大 90 日平均流量、所有年最
小值流量指标及基流指数的水文改变度均达到高度水平，其余的年最大值流量指标属
于中度水平。

3）年极端流量发生时间

从表 3.4 可知，三水站最大流量日从第 65 日延迟到第 97 日，延迟了 32 日；最小
流量日从第 306 日提前到第 292 日，提前了 14 日。两个指标的水文改变度均为中度
水平。

4）高、低脉冲次数和历时

从表 3.4 可知，三水站低脉冲次数从 5 次增加到 11 次，增幅达到 120%；而低脉
冲历时则从 31 d 减小至 4 d，降幅为 89%。低脉冲次数和历时的水文改变度均达到高
度水平。高脉冲次数和历时均表现为增加，高脉冲次数从 4 次增加到 6 次；高脉冲历
时从 11 d 增加到 20 d。高脉冲次数和历时的水文改变度均为中度水平。

5）流量变化改变率和逆转次数

从表 3.4 可知，三水站流量上升率、下降率以及逆转次数的水文改变度均达到
高度水平。上升率从 181 $m^3/(s \cdot d)$ 增加到 258 $m^3/(s \cdot d)$，增幅为 43%。下降率
从 139 $m^3/(s \cdot d)$ 增加到 204 $m^3/(s \cdot d)$，变化幅度为 47%。逆转次数从 99 次增加
到 130 次，增幅为 31%。

表 3.4　三水站流量 IHA/RVA 统计分析

水文指标		变异前			变异后			中值偏离量		RVA 目标		水文改变度**
		中值	最小值	最大值	中值	最小值	最大值	绝对值	相对值*	下限	上限	
月平均流量 /(m³/s)	4 月	899	424	1846	1629	606	3348	730	81	761	1311	-43（中）
	5 月	2069	864	4804	2938	1012	3579	869	42	1461	2689	-29（低）
	6 月	2750	1013	4688	4630	2519	7585	1880	68	2378	3316	-65（中）
	7 月	2334	547	6656	5327	2273	9151	2993	128	1565	3472	-50（中）
	8 月	1908	678	3891	3377	1769	7560	1469	77	1258	2653	-38（中）
	9 月	1226	607	4147	2467	1160	3972	1240	101	854	1737	-25（低）
	10 月	737	319	1000	955	492	3059	218	30	532	812	-50（中）
	11 月	470	216	802	669	380	2515	199	42	302	581	-33（中）
	12 月	229	128	731	455	304	1059	226	99	162	274	-100（高）
	1 月	177	112	810	385	246	1182	209	118	134	246	-100（高）
	2 月	223	83	880	428	244	954	205	92	154	315	-60（中）
	3 月	305	77	548	604	182	3254	299	98	147	352	-63（中）

续表

水文指标		变异前			变异后			中值偏离量		RVA 目标		水文改变度**
		中值	最小值	最大值	中值	最小值	最大值	绝对值	相对值*	下限	上限	
年极端流量 /(m³/s)	最大 1 日	7665	4300	10600	11100	7070	16200	3435	45	5950	9430	−47（中）
	最大 3 日	7460	4193	10533	10833	6783	15867	3373	45	5547	8847	−33（中）
	最大 7 日	6821	3573	9956	9777	6100	14900	2956	43	5049	7534	−60（中）
	最大 30 日	4373	2462	6685	6898	4461	9584	2524	58	3244	5028	−63（中）
	最大 90 日	2831	1747	4186	4907	2722	7452	2076	73	2444	3356	−88（高）
	最小 1 日	100	35	289	241	77	511	141	141	73	124	−63（中）
	最小 3 日	105	36	318	284	136	528	178	169	81	142	−88（高）
	最小 7 日	118	37	346	323	173	556	205	175	96	178	−88（高）
	最小 30 日	142	73	474	367	234	606	225	159	115	215	−100（高）
	最小 90 日	181	110	705	406	253	911	225	124	148	281	−75（高）
	基流指数	0.078	0.028	0.216	0.159	0.088	0.271	0.081	105	0.056	0.107	−82（高）
年极端流量发生时间（儒略日）	最大流量日	65	39	149	97	53	178	32	49	49	108	58（中）
	最小流量日	306	263	356	292	258	342	−14	−5	293	329	−40（中）
高、低脉冲次数和历时	低脉冲次数/次	5	0	11	11	0	20	6	120	3	8	−71（高）
	低脉冲历时/d	31	3	87	4	0	20	−27	−87	15	51	−68（高）
	高脉冲次数/次	4	2	11	6	1	11	2	50	3	6	−33（中）
	高脉冲历时/d	11	5	28	20	9	129	9	82	9	12	−63（中）
流量变化改变率和逆转次数	上升率 /[m³/(s·d)]	181	140	281	258	155	378	77	43	163	197	−73（高）
	下降率 /[m³/(s·d)]	139	197	89	204	267	121	65	47	148	122	−100（高）
	逆转次数/次	99	81	115	130	106	149	31	31	91	107	−88（高）
综合改变度												67（高）

* 相对值单位为%

** 水文改变度单位为%

6）综合评价与成因分析

　　在 32 个水文指标当中，13 个指标的水文改变度达到高度水平，占 41%；17 个指标属于中度水平，占 53%；2 个指标属于低度水平，占 6%。三水站流量综合水文改变度为 67%，属于高度水平（图 3.4），说明三水站流量在 1972～2008 年发生了明显的

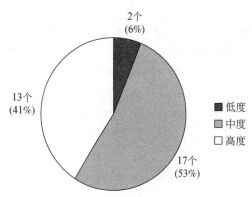

图 3.4　三水站流量 IHA 水文改变度等级分布

变异，总体表现为流量增加。流量增加说明北江获得更多的水资源，但是洪水风险也在增大。

三水站流量增加的原因主要有以下几点：第一，由于河床大幅度下切，三水站的分流比显著上升。1963～1992 年，三水站多年平均分流比为 14%，1993～2001 年上升至 23.2%（黄勇强，2004）。黄德治等（2008）的研究表明，河床下切是三水站径流发生变异的主要原因。第二，人类乱砍滥伐的行为导致植被覆盖面积减少，植物蒸散发减少和截留作用减弱也会导致径流量增加。李艳和张鹏飞（2014）利用降雨径流关系分离出 1972～2008 年人类活动对径流的影响，发现城市化发展造成的下垫面变化，特别是植被面积减少使北江径流量增大。第三，降水量增大也是三水站流量增大的原因。孙鹏等（2011）的研究表明，20 世纪 90 年代北江流域大部分水文站径流量增加是由降水量增大引起的。李艳等（2006）的研究发现，北江年降水量和年径流量的跃变时间一致，均为 1992 年。

特别地，对洪水流量，除了受到三水站整体流量呈现上升趋势的影响之外，还受到以下几个方面的因素的影响。第一，极端降雨强度增大，导致洪水流量增大。Wu 和 Huang（2014）的研究表明，1991～2011 年，北江流域 6 月、7 月的月平均和月极值降雨强度呈上升趋势，增加了洪水风险。第二，随着城市化进程的快速发展，下垫面条件发生巨大的变化。不透水面积增大，导致降雨下渗减少，地表径流和洪量增大；硬化的路面和密集的排水管网大大缩短了汇流时间，从而使洪峰流量增大。

2. 马口站流量变异程度分析

1）月平均流量

从表 3.5 可知，仅 7 月和 8 月的月平均流量中值均比变异前大，7 月增幅为 28%，8 月增幅仅为 6%。余下月份的月平均流量中值均比变异前小，其中 5 月降幅最大，达到 29%，6 月、8 月、9 月、12 月、1 月、2 月、3 月的降幅较小，不超过 6%。5 月和 12 月的水文改变度属于高度水平，4 月、7 月、10 月、11 月、1 月属于中度水平，其余 5 个月属于低度水平。

2）年极端流量

从表 3.5 可知，年极大值指标和基流指数中值比变异前大，而年极小值指标则比变异前小。基流指数的中值偏离度达到 32%。年极大值指标的中值偏离度为 10%～18%，而年极小值指标的中值偏离量则相对较小，为 3%～10%。基流指数、年最 1 日、最小 3 日平均流量的水文改变度达到高度水平，最大 30 日、最大 90 日、最小 7 日、最小 30 日平均流量属于中度水平，其余的年极端流量指标属于低度水平。

表 3.5　马口站流量 IHA/RVA 统计分析

水文指标		变异前			变异后			中值偏离量		RVA 目标		水文改变度 **
		中值	最小值	最大值	中值	最小值	最大值	绝对值	相对值 *	下限	上限	
月平均流量 /(m³/s)	4 月	6510	3261	10338	5323	2403	9461	−1187	−18	4610	7849	−43（中）
	5 月	11883	5327	19277	8468	5235	12865	−3415	−29	12019	15285	−83（高）
	6 月	13891	6708	18997	13463	7860	24655	−428	−3	12992	18787	4（低）
	7 月	12708	5489	25823	16283	8589	24765	3575	28	9710	15801	−41（中）
	8 月	11016	4654	17313	11686	7214	23455	670	6	9673	14331	−23（低）
	9 月	8574	3359	18165	8514	4464	12759	−60	−1	7776	13132	10（低）
	10 月	5855	2275	7250	4600	1930	9432	−1255	−21	4594	6665	−47（中）
	11 月	3980	1697	6254	3304	1693	9651	−676	−17	3377	5161	−60（中）
	12 月	2454	1206	5805	2364	1530	4749	−90	−4	2308	2815	−71（高）
	1 月	2039	1523	6606	1962	1458	4712	−77	−4	1979	2356	−63（中）
	2 月	2359	1680	6837	2345	1206	4078	−14	−1	2146	3336	−29（低）
	3 月	3065	1877	5130	2989	1796	14547	−76	−2	2221	3683	4（低）
年极端流量 /(m³/s)	最大 1 日	26500	18500	36600	31300	21800	52700	4800	18	21900	30900	−20（低）
	最大 3 日	25850	18100	36267	30167	21033	50467	4317	17	21133	29867	−20（低）
	最大 7 日	24429	16157	34700	26929	18114	43929	2500	10	19757	27500	−7（低）
	最大 30 日	17727	12576	25903	19750	13590	28640	2023	11	15470	21004	−33（中）
	最大 90 日	13730	10195	18307	15418	9999	23444	1688	12	12818	15373	−63（中）
	最小 1 日	1240	325	3090	1205	288	2510	−35	−3	1198	1553	−75（高）
	最小 3 日	1533	658	3800	1380	520	2737	−153	−10	1473	1694	−83（高）
	最小 7 日	1666	818	3984	1594	852	2907	−71	−4	1640	1964	−60（中）
	最小 30 日	1922	1127	5206	1798	1244	3345	−124	−6	1852	2126	−60（中）
	最小 90 日	2179	1286	5889	2018	1612	3979	−161	−7	2009	2720	−23（低）
	基流指数	0.226	0.138	0.423	0.297	0.141	0.349	0.071	32	0.207	0.257	−100（高）
年极端流量发生时间（儒略日）	最大流量日	65	39	149	99	72	162	34	52	50	107	50（中）
	最小流量日	280	239	365	316	241	354	36	13	270	308	−65（中）
高、低脉冲次数和历时	低脉冲次数/次	7	0	15	15	5	21	8	114	5	9	−60（中）
	低脉冲历时/d	13	0	28	7	2	26	−6	−46	7	21	−11（低）
	高脉冲次数/次	5	2	7	5	3	9	0	0	4	6	33（中）
	高脉冲历时/d	18	8	44	16	6	27	−2	−11	15	33	11（低）

续表

水文指标		变异前			变异后			中值偏离量		RVA 目标		水文改变度**
		中值	最小值	最大值	中值	最小值	最大值	绝对值	相对值*	下限	上限	
流量变化改变率和逆转次数	上升率 /[m³/(s·d)]	673	566	956	771	485	1070	98	15	642	707	-87（高）
	下降率 /[m³/(s·d)]	547	653	443	652	816	464	105	19	578	523	-87（高）
	逆转次数/次	115	75	128	129	112	139	14	12	107	120	-52（中）
综合改变度												54（中）

* 相对值单位为%

** 水文改变度单位为%

3）年极端流量发生时间

从表 3.5 可知，马口站最大流量日从第 65 日延后到第 99 日，延迟了 34 日；最小流量日从第 280 日延后到第 316 日，延迟了 36 日。两个指标的水文改变度均为中度水平。

4）高、低脉冲次数和历时

从表 3.5 可知，马口站低脉冲次数从 7 次增加到 15 次，水文改变度属于中度水平；而低脉冲历时则从 13 d 减小至 7 d，水文改变度属于低度水平。高脉冲次数没有变化，水文改变度属于中度水平；高脉冲历时从 18 d 减少到 16 d，水文改变度属于低度水平。

5）流量变化改变率和逆转次数

从表 3.5 可知，上升率从 673 m³/(s·d) 增加到 771 m³/(s·d)，增幅为 15%，水文改变度属于高度水平。下降率从 547 m³/(s·d) 增加到 652 m³/(s·d)，变化幅度为 19%，水文改变度属于高度水平。逆转次数从 115 次增加到 129 次，增幅为 12%，水文改变度属于中度水平。

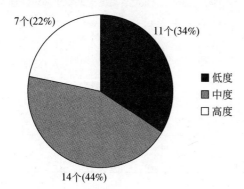

图 3.5　马口站流量 IHA 水文改变度等级分布

6）综合评价与成因分析

在 32 个水文指标当中，7 个指标的水文改变度达到高度水平，占 22%；14 个指标属于中度水平，占 44%；11 个指标属于低度水平，占 34%。马口站流量综合水文改变度为 54%，属于中度水平（图 3.5），说明马口站流量在 1972～2008 年发生了一定程度的变异。除了 7 月、8 月的月平均流量表现增加，其余月份的月平均流量均减小。洪水流量表现为增加，而枯水流量表现为减小。

西江径流变化主要受到降雨变化的影响（游大伟等，2005）。年降水量下降是西江年径流量减少的主要原因（赖天锃等，2015）。而 7 月、8 月平均流量及洪水流量呈上升趋势，主要是降雨集中度上升及年极端降雨强度增大所致（Zhang et al.，2009；顾西辉等，2014）。

3.3.2　水位变异程度分析

1. 三水站水位变异程度分析

1）月平均水位

从表 3.6 可知，12 个月的月平均水位中值均比变异前小，说明三水站月平均水位总体表现为下降。4 月降幅最大，达到 61%，7 月降幅最小，为 12%。6 月和 7 月的水文改变度属于低度水平，8 月和 9 月属于中度水平，余下月份平均水位水文改变度均达到高度水平。

2）年极端水位

从表 3.6 可知，所有年极端水位指标中值均比变异前小，说明三水站年极端水位总体表现为下降。年最小值水位指标及基流指数的中值偏离量降幅较大，其中年最小 1 日平均水位降幅最大，达到 350%。而年极大值指标的中值偏离量则相对较小，其中最大 90 日平均水位降幅最大，达到 22%。除了年最大 30 日和最小 7 日平均水位的水文改变度属于中度水平，其余年极端水位指标均达到高度水平。

表 3.6　三水站水位 IHA/RVA 统计分析

水文指标		变异前			变异后			中值偏离量		RVA 目标		水文改变度**
		中值	最小值	最大值	中值	最小值	最大值	绝对值*	相对值*	下限	上限	
月平均水位/m	4 月	1.60	0.70	2.67	0.62	0.37	1.89	-0.98	-61	1.15	1.89	-100（高）
	5 月	3.06	0.99	5.60	1.42	0.53	3.59	-1.64	-54	2.07	3.69	-87（高）
	6 月	3.62	1.44	5.61	2.68	0.91	5.85	-0.94	-26	3.26	4.59	-29（低）
	7 月	3.26	1.24	6.97	2.87	0.95	5.88	-0.39	-12	2.50	4.71	-11（低）
	8 月	2.70	1.44	4.80	2.08	0.65	6.20	-0.62	-23	2.08	3.87	-64（中）
	9 月	2.14	0.68	4.99	1.03	0.55	2.59	-1.11	-52	1.80	3.38	-60（中）
	10 月	1.42	0.65	1.80	0.68	0.40	2.11	-0.74	-52	1.02	1.62	-82（高）
	11 月	0.91	0.39	1.50	0.50	0.22	1.11	-0.41	-45	0.79	1.34	-70（高）
	12 月	0.47	0.22	1.27	0.29	0.11	0.69	-0.18	-38	0.47	0.60	-90（高）
	1 月	0.36	0.21	1.35	0.19	0.00	0.61	-0.17	-47	0.33	0.51	-76（高）
	2 月	0.41	0.22	1.48	0.22	0.02	0.92	-0.19	-47	0.32	0.65	-82（高）
	3 月	0.69	0.17	1.20	0.41	0.11	4.21	-0.27	-40	0.41	0.96	-82（高）

续表

水文指标		变异前			变异后			中值偏离量		RVA 目标		水文改变度**
		中值	最小值	最大值	中值	最小值	最大值	绝对值	相对值*	下限	上限	
年极端水位/m	最大1日	7.35	5.15	9.20	7.00	4.05	10.3	−0.35	−5	7.35	8.64	−76（高）
	最大3日	7.18	5.06	9.05	6.65	3.89	10.2	−0.53	−7	7.18	8.53	−76（高）
	最大7日	6.88	4.51	8.75	6.11	3.29	9.72	−0.78	−11	6.88	8.16	−76（高）
	最大30日	4.92	3.33	6.99	4.21	2.09	7.13	−0.71	−15	4.23	6.18	−40（中）
	最大90日	3.69	2.73	5.09	2.90	1.25	5.96	−0.80	−22	3.33	4.27	−80（高）
	最小1日	0.05	−0.27	0.33	−0.13	−0.29	0.06	−0.18	−350	−0.03	0.10	−67（高）
	最小3日	0.12	−0.09	0.45	−0.04	−0.23	0.13	−0.16	−131	0.06	0.16	−67（高）
	最小7日	0.18	0.02	0.57	0.01	−0.14	0.22	−0.16	−93	0.12	0.24	−56（中）
	最小30日	0.29	0.15	0.88	0.12	0.00	0.36	−0.17	−59	0.22	0.32	−71（高）
	最小90日	0.37	0.19	1.29	0.19	0.04	0.49	−0.18	−48	0.32	0.48	−71（高）
	基流指数	0.10	−0.04	0.275	−0.06	−0.20	0.00	−0.16	−165	0.046	0.121	−100（高）
年极端水位发生时间（儒略日）	最大水位日	65	39	149	99	72	178	34	52	50	108	50（中）
	最小水位日	309	270	365	294	252	341	−15	−5	297	329	−68（高）
高、低脉冲次数和历时	低脉冲次数/次	10	1	13	14	9	21	4	40	8	10	−68（高）
	低脉冲历时/d	6	1	15	10	6	19	4	67	5	8	−45（中）
	高脉冲次数/次	6	3	12	3	1	6	−3	−50	5	8	−33（中）
	高脉冲历时/d	18	7	61	9	5	18	−9	−50	15	24	−83（高）
水位变化改变率和逆转次数	上升率/(m/d)	0.22	0.18	0.29	0.16	0.13	0.20	−0.06	−27	0.21	0.25	−100（高）
	下降率/(m/d)	0.18	0.21	0.15	0.13	0.16	0.11	0.05	28	0.19	0.16	−100（高）
	逆转次数/次	104	80	126	133	118	138	29	28	99	116	−100（高）
综合改变度												74（高）

* 相对值单位为%

** 水文改变度单位为%

3）年极端水位发生时间

从表 3.6 可知，三水站最大水位日从第 65 日延迟到第 99 日，延迟了 34 日，水文改变度属于中度水平；最小水位日从第 309 日提前到第 294 日，提前了 15 日，水文改变度属于高度水平。

4）高、低脉冲次数和历时

从表 3.6 可知，三水站水位低脉冲次数和历时均表现为增加。低脉冲次数从 10 次增加到 14 次，水文改变度达到高度水平；低脉冲历时则从 6 d 增加至 10 d，水文改变度属于中度水平。而高脉冲次数和历时则均表现为减少，高脉冲次数从 6 次减少到 3 次，水文改变度属于中度水平；高脉冲历时从 18 d 减少到 9 d，水文改变度属于高度水平。

5）水位变化改变率和逆转次数

从表 3.6 可知，三水站水位上升率、下降率及逆转次数的水文改变度均达到高度水平。上升率从 0.22 m/d 下降至 0.16 m/d，降幅为 27%。下降率从 0.18 m/d 减小到 0.13 m/d，降幅为 28%。逆转次数从 104 次增加到 133 次，增幅为 28%。

6）综合评价与成因分析

在 32 个水文指标当中，23 个指标的水文改变度达到高度水平，占 72%；7 个指标属于中度水平，占 22%；2 个指标属于低度水平，占 6%。三水站水位综合水文改变度为 74%，属于高度水平（图 3.6），说明三水站水位在 1972～2008 年发生了明显的变异，总体表现为水位下降。

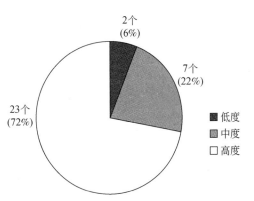

图 3.6　三水站水位 IHA 水文改变度等级分布

在三水站流量明显增加的同时，水位却大幅度下降，说明河床发生了大幅度的下切。20 世纪 80 年代中期至 90 年代末，在北江河道开展的大规模采砂活动是河床下切的主要原因。根据相关统计资料，1990～1997 年，北江大堤河段总采砂量达到 3100 万 m³；1992～1999 年，顺德水道总采砂量达到 3500 万 m³（谢平等，2010）。采砂量远远超过来砂量。与此同时，由于上游水土流失治理及飞来峡水库等水利工程拦截了部分推移质，床砂质补充减少，也在一定程度上影响河床下切。洪水对河床冲刷作用也是河床下切的重要原因。1994 年以后三水站洪水流量明显增大，大洪水频频发生。除此之外，在航道修建的丁坝等治理工程缩窄了河道，导致流速增大，加剧了河道的冲刷。在上述几种因素的综合作用下，1980～2000 年，三水站河段最大切深达到 8.07 m，中高水过水断面面积增幅达 40%，中低水过水断面面积增幅接近 100%（谢绍平，2004）。

2. 马口站水位变异程度分析

1）月平均水位

从表 3.7 可知，12 个月的月平均水位中值均比变异前小，说明马口站月平均水位总体表现为下降。4月降幅最大，达到57%，7月降幅最小，仅为2%。6月和7月的水文改变度属于低度水平，8月、9月、11月、3月属于中度水平，余下月份平均水位水文改变度均达到高度水平。

2）年极端水位

从表3.7可知，所有年极端水位指标中值均比变异前小，说明马口站年极端水位总体表现为下降。年最小值水位指标及基流指数的中值偏离量较大，其中年最小1日平均水位降幅最大，达到250%。而年极大值指标的中值偏离量则相对较小，其中最大90日平均水位降幅最大，达到19%。除了年最大30日和最小7日平均水位的水文改变度属于中度水平，其余年极端水位指标均达到高度水平。

表 3.7　马口站水位 IHA/RVA 统计分析

水文指标		变异前			变异后			中值偏离量		RVA 目标		水文改变度**
		中值	最小值	最大值	中值	最小值	最大值	绝对值	相对值*	下限	上限	
月平均水位/m	4 月	1.41	0.71	2.57	0.61	0.34	1.89	−0.80	−57	1.04	1.80	−100（高）
	5 月	3.01	0.93	5.47	1.41	0.58	3.44	−1.60	−53	1.96	3.58	−87（高）
	6 月	3.60	1.41	5.57	2.81	0.94	5.75	−0.79	−22	3.19	4.51	−29（低）
	7 月	3.06	1.27	7.01	2.99	1.04	5.82	−0.06	−2	2.40	4.37	−29（低）
	8 月	2.85	1.46	4.84	1.89	0.71	6.27	−0.95	−34	2.11	3.92	−64（中）
	9 月	2.16	0.66	5.02	1.08	0.60	2.72	−1.07	−50	1.81	3.43	−60（中）
	10 月	1.48	0.65	1.84	0.70	0.45	2.16	−0.79	−53	1.07	1.74	−100（高）
	11 月	0.93	0.40	1.54	0.52	0.25	1.28	−0.41	−44	0.81	1.34	−57（中）
	12 月	0.48	0.23	1.27	0.33	0.14	0.70	−0.15	−32	0.47	0.62	−87（高）
	1 月	0.38	0.22	1.31	0.23	0.04	0.62	−0.15	−38	0.35	0.44	−79（高）
	2 月	0.38	0.23	1.38	0.27	0.05	0.92	−0.11	−29	0.33	0.65	−82（高）
	3 月	0.62	0.19	0.99	0.42	0.11	4.02	−0.20	−32	0.42	0.76	−64（中）
年极端水位/m	最大 1 日	7.39	5.16	9.13	6.86	4.22	10.01	−0.53	−7	7.26	8.56	−68（高）
	最大 3 日	7.24	5.06	9.10	6.70	4.05	9.90	−0.54	−7	7.15	8.46	−76（高）
	最大 7 日	6.77	4.50	8.80	6.22	3.38	9.45	−0.55	−8	6.77	8.01	−76（高）
	最大 30 日	4.95	3.28	7.04	4.16	2.13	7.16	−0.79	−16	4.18	6.15	−40（中）
	最大 90 日	3.65	2.61	5.21	2.97	1.33	5.98	−0.68	−19	3.30	4.30	−80（高）
	最小 1 日	0.07	−0.25	0.35	−0.10	−0.25	0.07	−0.17	−250	−0.03	0.13	−67（高）
	最小 3 日	0.15	−0.08	0.48	−0.02	−0.16	0.15	−0.17	−114	0.08	0.18	−67（高）
	最小 7 日	0.19	0.04	0.60	0.06	−0.11	0.24	−0.13	−71	0.13	0.26	−56（中）
	最小 30 日	0.30	0.17	0.88	0.17	0.03	0.37	−0.13	−42	0.25	0.33	−88（高）
	最小 90 日	0.38	0.20	1.26	0.25	0.07	0.50	−0.13	−34	0.33	0.45	−88（高）
	基流指数	0.113	0.021	0.297	0.041	−0.153	0.172	−0.07	−64	0.080	0.138	−67（高）

续表

水文指标		变异前			变异后			中值偏离量		RVA 目标		水文改变度**
		中值	最小值	最大值	中值	最小值	最大值	绝对值	相对值*	下限	上限	
年极端水位发生时间（儒略日）	最大水位日	67	39	149	99	72	178	32	48	50	108	50（中）
	最小水位日	332	297	365	305	249	354	−27	−8	321	361	−68（高）
高、低脉冲次数和历时	低脉冲次数/次	9	1	15	14	8	22	5	56	7	11	−57（中）
	低脉冲历时/d	6	1	10	9	4	21	3	50	5	7	−57（中）
	高脉冲次数/次	6	3	11	3	1	6	−3	−50	5	7	−67（高）
	高脉冲历时/d	18	7	60	11	6	19	−7	−39	14	28	−29（低）
水位变化改变率和逆转次数	上升率/（m/d）	0.22	0.18	0.29	0.16	0.13	0.19	−0.06	−27	0.20	0.24	−100（高）
	下降率/（m/d）	0.17	0.21	0.14	0.13	0.16	0.11	0.04	24	0.19	0.16	−67（高）
	逆转次数/次	107	76	133	130	115	141	23	21	99	114	−100（高）
综合改变度												72（高）

* 相对值单位为%

** 水文改变度单位为%

3）年极端水位发生时间

从表 3.7 可知，马口站最大水位日从第 67 日延后到第 99 日，延迟了 32 日，水文改变度属于中等水平；最小水位日从第 332 日提前到第 305 日，提前了 27 日，水文改变度属于高等水平。

4）高、低脉冲次数和历时

从表 3.7 可知，马口站水位低脉冲次数和历时均表现为增加。低脉冲次数从 9 次增加到 14 次，水文改变度达到中度水平；低脉冲历时则从 6 d 增加至 9 d，水文改变度属于中度水平。而高脉冲次数和历时则均表现为减少，高脉冲次数从 6 次减少到 3 次，水文改变度属于高度水平；高脉冲历时从 18 d 减少到 11 d，水文改变度属于低度水平。

5）水位变化改变率和逆转次数

从表 3.7 可知，马口站水位上升率、下降率及逆转次数的水文改变度均达到高度水平。上升率从 0.22 m/d 下降至 0.16 m/d，降幅为 27%。下降率从 0.17 m/d 减小到

0.13 m/d，降幅为24%。逆转次数从107次增加到130次，增幅为21%。

6）综合评价与成因分析

在32个水文指标当中，20个指标的水文改变度达到高度水平，占63%；9个指标属于中度水平，占28%；3个指标属于低度水平，占9%。马口站水位综合水文改变度为72%，属于高度水平（图3.7），说明马口站水位在1972～2008年发生了明显的变异，总体表现为水位下降。

马口站水位下降受到两方面因素的影响。第一，根据前文分析可知，马口站流量呈现减少趋势。第二，河道大幅度下切。这也是马口站水位下降的主要原因。河道下切的原因与三水站类似。根据相关统计资料，1992～1999年，西江干流的三水、南海、顺德河段总采砂量达到2400万 m³；东海水道总采砂量达到1400万 m³（谢平等，2010）。1980～2003年，马口站河段最大切深为7.11 m，中高水和中低水过水断面面积增幅分别达到15.2%和19.3%（谢绍平，2004）。

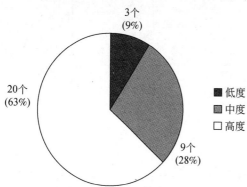

图3.7 马口站水位IHA水文改变度等级分布

3个
(9%)
20个
(63%)
9个
(28%)

■ 低度
▨ 中度
□ 高度

3.4 小　　结

变化环境下，区域水文要素一致性遭受破坏。为了定量评估气候变化和人类活动对珠江三角洲水文情势的影响程度，本章通过Mann-Kendall突变检验、Pettitt突变检验和IHA/RVA法等多种水文变异识别方法对对西、北江干流控制站点三水站、马口站的流量、水位等水文要素进行变异识别，结论如下：

（1）三水站流量IHA的突变点相对集中于20世纪90年代初期；三水站水位、马口站流量和水位的IHA突变点较为分散。两站均存在流量与水位的突变时间不一致的现象，主要由河床变化造成的。河床不稳定时，水位流量关系发生变异，水位的变异除了受到流量变异的影响，还会受到河床变化的影响。

（2）三水站、马口站的流量和水位变异程度均属于中度水平以上。三水站流量和水位综合改变度分别为67%和74%，总体表现为流量增加，水位下降；马口站流量和水位综合改变度分别为54%和72%，总体表现为流量减少，水位下降，但7月、8月平均流量和洪水流量增加。

第4章 珠江三角洲网河区水文要素特征量重构

由第3章的分析可知，珠江三角洲的水文情势发生了显著的变异，水文时间序列的一致性遭到破坏。若直接运用传统的频率分析方法计算水文特征值，会对水利工程设计及防洪抗旱工作带来风险。本章主要运用 Copula 函数、TVM 时变矩方法对西江和北江流量、水位单要素的特征值（年极大值和年极小值）和流量-水位组合要素的特征值进行重构，并将 TVM 方法的结果与传统频率分析方法进行对比。

4.1 Copula 函数基本原理

4.1.1 Copula 函数定义与性质

1. 定义

1959 年，Sklar 将 Copula 函数概念引入统计学理论领域，Sklar（1959）用此概念来描述多元变量的一维边缘分布与多元变量联合分布之间的函数关系，将这种函数称为 Copula 函数。1990 年之后，Copula 函数发展迅速，"Advance in Probability Distributions with Given Marginals"（1990 年，罗马）、"Distributions with Fixed Marginals and Related Topics"（1993 年，西雅图）和 "Distributions with Given Marginals and Moment Problems"（1996 年，布拉格）三次国际会议奠定了 Copula 函数在现代统计学领域中的重要地位。Schweizer（1991）、Nelsen（1999）及 Dall'Aglio 等（1991）著名学者对 Copula 函数进行了深入研究，丰富了 Copula 函数的内涵，Copula 函数的理论体系得到了不断发展和完善，应用领域得到了不断拓展。

1959 年 Sklar 提出了 Copula 理论，即任意一个 N 维联合累积分布函数可以分解为 N 个边缘累积分布函数和 1 个连接函数，边缘分布用于描述单变量的分布，Copula 连接函数用于描述变量之间的相关性。Copula 函数本质是将多维变量联合累积分布函数与多个单变量边缘累积分布函数连接起来，故 Copula 函数也被称为连接函数。Copula 函数是将多个随机变量的边缘分布相连接得到其联合分布的多维联合分布函数，定义域为 $[0,1]$，在定义域内均匀分布。

Sklar 定理　定理1

令 F 为 $x_1, x_2, \cdots, x_n$ 的联合分布函数，对应边缘分布函数分别为 $F_1, F_2, \cdots, F_n$，则存在一个 N 元 Copula 函数 C，使得对一切 $x \in R^2$，均存在：

$$F(x_1, x_2, \cdots, x_n) = C(F_1(x_1), F_2(x_2), \cdots, F_n(x_n)) \tag{4.1}$$

假定边缘分布函数 $F_i(x_i)$ 为连续函数，则 Copula 函数 C 为唯一确定。假定边缘分布函数 $F_i(x_i)$ 为非连续函数，则 Copula 函数 C 仅在各边缘分布函数值域内唯一确定。

假定 C 为 N 维 Copula 函数，$F_1,F_2,\cdots,F_n$ 为边缘分布函数，则式（4.1）的函数 F 为边缘分布 $F_1,F_2,\cdots,F_n$ 的 N 维联合分布函数。

Sklar 定理　定理 2

假定 $F,C,F_1,F_2,\cdots,F_n$ 分别如上述定义，$F_1^{-1},F_2^{-1},\cdots,F_n^{-1}$ 分别为 $F_1,F_2,\cdots,F_n$ 的反函数，则任意 $u \in [0,1]^n$，存在

$$C(u) = F(F_1^{-1}(u_1),F_2^{-1}(u_2),\cdots,F_n^{-1}(u_n)) \tag{4.2}$$

由 Sklar 定理看出，Copula 函数能不依赖于随机变量的边缘分布函数而反映出随机变量的相关性关系，所以联合分布可以分为两个独立的部分分别进行处理，包括随机变量的边缘分布及随机变量间的相关性关系，相关性关系可以用 Copula 函数来表示。Copula 函数突出的优越性表现在联合分布中不同的随机变量不要求相同的边缘分布，随机变量任意不同的边缘分布在经过 Copula 函数相关性关系连接之后，均可构造成联合分布，而又由于边缘分布包含相应随机变量的信息，故在联合分布转换过程中不会造成信息失真。

2. 性质

假定 N 维 Copula 函数 $C, u = (u_1,u_2,\cdots,u_n) \in [0,1]^n$，$[0,1]^n \in [0,1]$，则 Copula 函数 C 具有以下性质：

（1）Copula 函数 C 的定义域为 $[0,1]^n$。

（2）Copula 函数 C 为有界函数，值域为 $[0,1]$。

（3）对任意 u，如果至少存在一个 $u_k = 0$，$k = 1,2,\cdots,n$，那么 $C(u) = 0$。

（4）对任意 u，若 $i \in [1,n]$，Copula 函数 C 边缘分布 C_i：

$$C_i(u_i) = C(1,\cdots,1,u_i,1,\cdots,1) = u_i \tag{4.3}$$

（5）对任意 u_a，$u_b \in [0,1]^n$，若满足 $u_{a_i} \leqslant u_{b_i}$，则 $V_c([u_a,u_b]) \geqslant 0$：

$$V_c([u_a,u_b]) = \sum_{i_1=1}^{2}\sum_{i_2=1}^{2}\cdots\sum_{i_n=1}^{2}(-1)^{i_1+i_2+\cdots+i_n}C(x_{1i_1},x_{2i_2},\cdots,x_{ji_j},\cdots,x_{ni_n}) \tag{4.4}$$

式中，$x_{j1} = u_{a_j}$；$x_{j2} = u_{b_j}$；$j = 1,2,\cdots,n$。

（6）Copula 函数 C 的 Frechét-Hoeffding 边界指 Copula 可能达到的边界：

$$\max(u_1 + u_2 + \cdots + u_n - n + 1, 0) \leqslant C(u_1,u_2,\cdots,u_n)$$
$$\leqslant \min(u_1,u_2,\cdots,u_n) \quad n \geqslant 2 \tag{4.5}$$

（7）假定 $X_1,X_2,\cdots,X_n$ 相互独立，联合分布函数唯一：

$$F(x_1,x_2,\cdots,x_n) = \prod_{i=1}^{n}F_i(x_i) \tag{4.6}$$

则 Copula 函数为独立 Copula：

$$C(u_1,u_2,\cdots,u_n) = \prod_{i=1}^{n}u_i \tag{4.7}$$

3. Archimedean Copula 函数

采用不同的构造方法可以构造不同类型的 Copula 函数。Copula 函数类型众多，比

较常见的类型有 Archimedean Copula 函数、Plackett Copula 函数及椭圆 Copula 函数。

Archimedean Copula 函数是 Copula 函数中一种重要的类型，又可以分为对称型和非对称型两种，在水文分析领域广泛应用的是对称型 Archimedean Copula 函数，其表达式为

$$C(u) = \varphi^{-1}\left[\sum_{i=1}^{n}\varphi(u_i)\right] \quad i = 1,2,\cdots,n \tag{4.8}$$

式中，生成元 φ 在 $[0,\infty]$ 域内为连续严格递减函数。

水文统计中最常应用的是四种二维 Archimedean Copula 函数，分别为 Clayton Copula 函数、Gumbel-Hougaard（GH）Copula 函数、Frank Copula 函数和 Ali-Mikhail-Haq（AMH）Copula 函数。

（1）Clayton Copula 函数：Clayton Copula 函数仅适用于随机变量存在正相关关系的时候，其表达式及生成元分别为

$$C(u,v;\theta) = \left[u^{(-\theta)} + v^{(-\theta)} - 1\right]^{(-1/\theta)} \quad \theta > 0 \tag{4.9}$$

$$\varphi(t;\theta) = \frac{1}{\theta}(t^{-\theta} + 1) \tag{4.10}$$

（2）Gumbel-Hougaard（GH）Copula 函数：Gumbel-Hougaard（GH）Copula 函数仅适用于随机变量存在正相关关系的时候，其表达式和生成元分别为

$$C(u,v;\theta) = \exp\left\{-\left[(-\ln u)^{\theta} + (-\ln v)^{\theta}\right]^{(1/\theta)}\right\} \quad \theta \geqslant 1 \tag{4.11}$$

$$\psi(t;\theta) = (-\ln t)^{\theta} \tag{4.12}$$

（3）Frank Copula 函数：Frank Copula 函数既适用于随机变量存在正相关关系的时候，也适用于随机变量存在负相关关系的时候，且不限相关性程度，其表达式和生成元分别为

$$C(u,v;\theta) = -\frac{1}{\theta}\ln\left\{1 + \frac{\left[e^{(-\theta u)} - 1\right]\left[e^{(-\theta v)} - 1\right]}{e^{(-\theta)} - 1}\right\} \tag{4.13}$$

$$\varphi(t;\theta) = -\ln\left(\frac{e^{-\theta t} - 1}{e^{-\theta} - 1}\right) \tag{4.14}$$

（4）Ali-Mikhail-Haq（AMH）Copula 函数：Ali-Mikhail-Haq（AMH）Copula 函数既适用于随机变量存在正相关关系的时候，也适用于随机变量存在负相关关系的时候，但仅限于随机变量间相关性程度不高的时候，其表达式和生成元分别为

$$C(u,v;\theta) = \frac{uv}{1 - \theta(1 - u)(1 - v)} \quad \theta \in [-1,1) \tag{4.15}$$

$$\varphi(t;\theta) = \ln\frac{1 - \theta(1 - t)}{t} \tag{4.16}$$

4.1.2　Copula 函数边缘分布计算和 TVM 模型构造

本次 Copula 函数随机变量为三水站、马口站流量序列过程，考虑流量序列过程随时间变化剧烈，在本次边缘分布中采用基于 TVM 的非一致性水文频率分析方法。

变化环境下，流域水文要素一致性遭受破坏，表征水文要素的特征值亦发生改变，

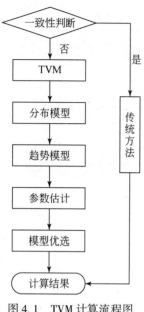

图 4.1　TVM 计算流程图

水文频率重现期不再固定不变。时变矩方法主要分析水文频率曲线特征参数随时间变化的影响，如认为均值（m）和标准差（σ）随时间具有线性或抛物线性趋势特征，水文频率曲线可表示成含时间的函数式，由此揭示水文特征值随时间的演变特征。

时变矩分析方法的具体计算思路是：首先进行水文序列一致性判断，若水文序列发生显著变异，则选择 TVM 方法进行分析。TVM 分析时，选取合适的分布模型作为水文频率拟合线型，常用的分布模型有皮尔逊 Ⅲ 型分布（P Ⅲ 分布）、广义极值分布（GEV 分布）、耿贝尔分布（Gumbel 分布）等；选取合适的趋势模型（如线性或抛物线性趋势）嵌入分布模型，表征均值和标准差随时间的变化特征；最后对分布模型进行参数估算和模型优选（本文选用极大似然法进行参数估计，采用 AIC 最小值法模型优选），提出水文要素非一致性分析的最优拟合模型。具体计算流程如图 4.1 所示。

1. 概率分布选择

为分析水文序列适宜分布函数，本章选取了 10 种概率分布函数模型，包括 5 种二参数概率分布模型和 5 种三参数概率分布模型。5 种二参数概率分布包括伽马分布（Gamma 分布）、耿贝尔分布（Gumbel 分布）、两参数对数正态分布（LN2）、逻辑斯谛分布（Logistic 分布）和正态分布（N 分布）；5 种三参数概率分布包括皮尔逊 Ⅲ 分布（P Ⅲ 分布）、广义极值分布（GEV 分布）、广义逻辑斯谛分布（GLO 分布）、韦布尔分布（Weibull 分布）和三参数对数正态分布（LN3 分布）。各种分布的密度函数及参数见表 4.1。

表 4.1　常用水文概率分布

分布名称	概率密度	分布参数和矩的关系
Gamma 分布	$f(x)=\dfrac{1}{\alpha^{\beta}\Gamma(\alpha)}x^{\beta-1}\mathrm{e}^{-\left(\frac{x}{\alpha}\right)}\quad x>0$	$m=\alpha\cdot\beta;\ \sigma=\mid\alpha\mid\cdot\sqrt{\beta}$
P Ⅲ 分布	$f(x)=\dfrac{\beta^{\alpha}}{\Gamma(\alpha)}(x-\xi)^{\alpha-1}\exp\left[-\beta(x-\xi)\right]\quad x>\zeta$	$m=\dfrac{\alpha}{\beta}+\zeta;\ \sigma=\dfrac{\sqrt{\alpha}}{\beta}$
N 分布	$f(x)=\dfrac{1}{\sigma\sqrt{2\pi}}\exp\left[-\dfrac{1}{2\sigma^{2}}(x-\mu)^{2}\right]$	$m=\mu;\ \sigma=\sigma$
LN2 分布	$f(x)=\dfrac{1}{x\sigma_{y}\sqrt{2\pi}}\exp\left[\dfrac{-(y-\mu_{y})^{2}}{2\sigma_{y}^{2}}\right];$ $y=\ln x\quad x>0$	$m=\exp\left(\mu_{y}+\dfrac{\sigma_{y}^{2}}{2}\right);$ $\sigma=m\sqrt{\exp(\sigma_{y}^{2})-1}$

续表

分布名称	概率密度	分布参数和矩的关系
LN3 分布	$f(x) = \dfrac{1}{(x-\xi)c\,\sqrt{2\pi}} \exp\left\{ \dfrac{-[\ln(x-\zeta)-\mu]^2}{2\,c^2} \right\}$; $\quad x > \xi > 0$	$m = \exp\left(\mu + \dfrac{c^2}{2}\right) + \zeta$; $\sigma = \sqrt{\exp(2\mu+c^2)}\ \sqrt{\exp(c^2)-1}$
Gumbel 分布	$f(x) = \dfrac{1}{\alpha} \exp\left[-\dfrac{x-\xi}{\alpha} - \exp\left(-\dfrac{x-\xi}{\alpha}\right) \right]$	$m = \zeta + \gamma\alpha$; $\sigma = \dfrac{\alpha\pi}{\sqrt{6}}(\gamma \approx 0.5772)$
GEV 分布	$f(x) = \dfrac{1}{\alpha} \left[1 - \dfrac{k(x-\xi)}{\alpha} \right]^{\frac{1}{k}-1} \exp\left\{ -\left[1 - \dfrac{k(x-\xi)}{\alpha} \right]^{\frac{1}{k}} \right\}\quad x>0$	$m = \xi + \dfrac{\alpha}{k}\left[1 - \Gamma(1+k) \right]$; $\sigma = \dfrac{\alpha}{\mid k \mid}\left\{ \Gamma(1+2k) - [\Gamma(1+k)]^2 \right\}^{\frac{1}{2}}$
Weibull 分布	$f(x) = \dfrac{k}{\alpha}\left(\dfrac{x-\xi}{\alpha}\right)^{k-1} \exp\left[-\left(\dfrac{x-\xi}{\alpha}\right)^k \right]\quad x>0$	$m = \zeta + \alpha\Gamma\left(1+\dfrac{1}{k}\right)$; $\sigma = \alpha\,\sqrt{\Gamma(1+2/k) - \Gamma^2(1+1/k)}$
Logistic 分布	$f(x) = \dfrac{1}{\alpha} \exp\left(-\dfrac{x-\xi}{\alpha}\right)\left[1 + \exp\left(-\dfrac{x-\xi}{\alpha}\right) \right]^{-2}$ $x > 0$	$m = \zeta$; $\sigma = \dfrac{\alpha\pi}{\sqrt{3}}$
GLO 分布	$f(x) = \dfrac{1}{\alpha}\left[1 - \dfrac{k(x-\xi)}{\alpha} \right]^{\frac{1}{k}-1}\left\{ 1 + \left[1 - \dfrac{k(x-\xi)}{\alpha} \right]^{\frac{1}{k}} \right\}^{-2}$	$m = \xi + \dfrac{\alpha}{k}(1-g_1)$; $\sigma = \dfrac{\alpha}{\mid k \mid}(g_2 - g_1{}^2)$; $g_\gamma = \Gamma(1+\gamma k)\Gamma(1-\gamma k)$

其中，三参数概率分布函数需分别选取一个参数作为不变值（Krstanovic and Singh，1987），有两种假设，分别是假设偏态系数 C_s 和下界参数 ξ 不随时间变化。本文计算假设 PⅢ分布和 LN3 分布不变参数为下界参数 ξ，GEV 分布、GLO 分布、Weibull 分布不变参数为形状参数 k，考虑偏态系数 C_s 与形状参数 k 有固定关系（Yue and Wang，2002）。

2. 趋势模型确定

为分析均值（m）和标准差（σ）的时间变化特征，本章采用 Strupczewski 等（2001）提出的 TVM 模型，考虑做以下 5 种假设：均值具有趋势，记为 A；标准差具有趋势，记为 B；均值和标准差均具有趋势，且与固定 C_v 值相关，记为 C；均值和标准差均具有趋势，两者无相关，记为 D；均值和标准差均无趋势，记为 S。对于均值和标准差具有的趋势，均可做线性趋势（L）和抛物线趋势（P）两种假设。各类概率分布模型均值和标准差趋势分类以及参数个数见表 4.2。

3. 参数估计

本次 TVM 模型选用极大似然法对概率密度函数进行参数估计，TVM 极大似然估计引入了时间 t，表达式为

表4.2　各类概率分布模型 m 和 σ 趋势分类表

趋势 模型	均值 (m)	标准差 (σ)	参数个数 （假设原始参数为 N）
AL	$m = m_0 + a_t t$	$\sigma = \sigma_0$	$N+1$
AP	$m = m_0 + a_t t + b_t t^2$	$\sigma = \sigma_0$	$N+2$
BL	$m = m_0$	$\sigma = \sigma_0 + a_\sigma t$	$N+1$
BP	$m = m_0$	$\sigma = \sigma_0 + a_\sigma t + b_\sigma t^2$	$N+2$
CL	$m = m_0 + a_t t$	$\sigma = m\, C_v$	$N+1$
CP	$m = m_0 + a_t t + b_t t^2$	$\sigma = m\, C_v$	$N+2$
DL	$m = m_0 + a_t t$	$\sigma = \sigma_0 + a_\sigma t$	$N+2$

$$\ln \mathrm{ML} = \max \sum_{t=1}^{n} \ln\left[f(x,t;\theta)\right] \tag{4.17}$$

式中，n 为序列样本个数。

　　求解过程即是寻找使似然函数达到最大值的 θ。由于求解模型参数的偏微分方程比较困难，可以运用最速下降法搜寻对数似然函数的最大值。极大似然估计法对均值和标准差趋势的拟合必须依附于特定的概率分布，造成参数估计结果的不确定性。Strupczewski 和 Kaczmarek（2001）提出了参数估计的加权最小二乘法（weighted least squares，WLS）。该方法不需要依附于特定的概率分布。求解均值和标准差的最小平方方程 [式（4.18），式（4.19）]，即可得到趋势模型的参数。

$$\sum_{t=1}^{n} \frac{1}{\sigma_t^2}(X_t - m_t)\frac{\mathrm{d}m_t}{\mathrm{d}g} \tag{4.18}$$

$$\sum_{t=1}^{n} \frac{1}{\sigma_t^2}(X_t - m_t)\frac{\mathrm{d}m_t}{\mathrm{d}g} \tag{4.19}$$

式中，g 和 h 分别为均值 m_t 和标准差 σ_t 的趋势模型参数矩阵，即 $m_t = m(g,t)$，$\sigma_t = \sigma(h,t)$。

4. 模型优选

　　本章在考虑水文序列长度和视觉直观判断的基础上，选择 AIC 准则（池田信息准则）对最佳模型做出选择（Pons，1992），考虑了似然函数的最大和模型参数的最小综合判定准则，若 AIC 值最小，则模型最佳。AIC 表达式为

$$\mathrm{AIC} = -2\ln \mathrm{ML} + 2k \tag{4.20}$$

式中，ML 为似然函数极大值；k 为模型参数。

　　参数估算完成后，可以选择任意年（$t = t_0$）基准年，根据 t_0 确定概率分布线型的参数，进而确定概率分布函数，计算重现期。

4.2 水文单要素特征量重构

4.2.1 洪水特征量重构

1. 三水站洪水特征量重构

1) 流量极值重构

对三水站年最大 1 日流量序列，采用 Gamma 分布等 10 种概率线型，对假设的 8 种趋势，用极大似然法进行参数估算，用 AIC 方法进行优选，结果见表 4.3。根据 AIC 最小准则，表 4.3 中最小的 AIC 值为 690.39，其对应的概率分布为 Gumbel，趋势模型为 CP，即三水站年最大 1 日平均流量的最优 TVM 模型为 GumbelCP。根据模型参数计算出逐年均值和标准差，如图 4.2 所示。均值和标准差均呈抛物线形变化，先减小后增大。

表 4.3 三水站年最大 1 日平均流量 TVM 模型 AIC 值

TVM 模型	AL	AP	BL	BP	CL	CP	DL	DP
Gamma	704.06	706.06	700.78	702.43	696.18	691.88	697.71	697.69
PⅢ	708.33	710.33	701.96	706.37	698.12	692.19	699.64	698.88
N	699.67	697.59	700.73	702.50	697.79	695.93	699.08	697.01
LN2	697.86	692.06	701.83	703.26	696.71	691.84	698.29	697.69
LN3	710.27	693.41	702.35	704.91	698.42	692.64	699.98	697.59
Gumbel	698.18	691.87	701.27	703.83	697.19	**690.39**	698.83	698.26
GEV	699.57	693.55	701.86	703.68	698.16	692.33	699.62	695.45
Weibull	709.29	711.29	700.18	705.74	697.00	691.06	698.22	699.53
Logistic	701.02	696.41	702.55	709.90	699.65	698.84	701.30	702.10
GLO	701.26	694.10	704.53	703.96	700.36	692.83	702.19	696.24

注：加粗数字表示最小的 AIC 值

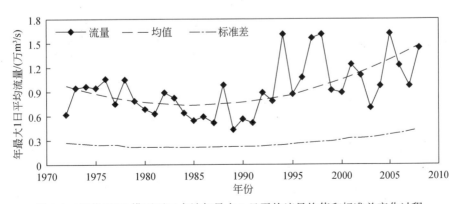

图 4.2 最优 TVM 模型下三水站年最大 1 日平均流量均值和标准差变化过程

指定重现期为 100 a，以 TVM 最优模型推求逐年设计流量。如图 4.3 所示，设计值呈抛物线变化，先下降后上升。1972 年设计值为 18672 m^3/s，2008 年已上升到 28298 m^3/s。而按照传统方法，即不考虑水文序列的非一致性，以矩法推求分布参数，得到全系列的 T=100 a设计流量为 19527 m^3/s，远小于 TVM 方法 2008 年的设计值。

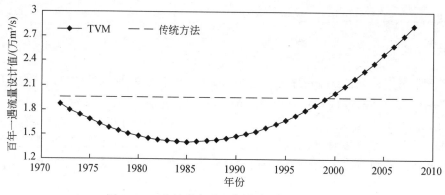

图 4.3   三水站指定重现期设计流量变化过程

指定流量为 TVM 最优模型下 1972 年 T=100 a 设计流量。如图 4.4 所示，其重现期呈抛物线变化，先增大，在 1985 年达到最大值 1547 a，然后减少，到 2008 年已减小为 6 a，而传统方法得到的重现期为 28 a，比 TVM 方法 2008 年的重现期大。

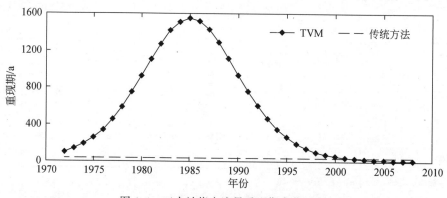

图 4.4   三水站指定流量重现期变化过程

通过上述分析可知，三水站洪水流量经历了先减少后增多的变化过程。特别是 1994 年发生突变以后，洪水流量明显增大。仅在 1994～1998 年，西北江三角洲就先后经历了"94·6""94·7""97·7"和"98·6"四场大洪水。

2）水位极值重构

对三水站年最大 1 日水位序列，采用 Gamma 分布等 10 种概率线型，对假设的 8 种趋势，用极大似然法进行参数估算，用 AIC 方法进行优选，结果见表 4.4。根据 AIC 最小准则，表 4.4 中最小的 AIC 值为 135.06，其对应的概率分布为 Gamma，趋势模型为 DL，即三水站年最大 1 日平均水位的最优 TVM 模型为 GammaDL。根据模型参数计算出逐年均值和标准差，如图 4.5 所示。均值呈线性下降，而标准差呈线性上升。

表 4.4　三水站年最大 1 日平均水位 TVM 模型 AIC 值

TVM 模型	AL	AP	BL	BP	CL	CP	DL	DP
Gamma	139.35	141.35	135.23	137.16	136.75	138.39	**135.06**	136.55
PⅢ	140.86	143.05	137.06	138.96	138.74	141.83	135.38	138.71
N	135.85	137.45	136.09	138.07	137.26	139.02	135.57	137.55
LN2	135.15	136.21	135.19	137.06	136.89	138.48	135.12	141.06
LN3	138.69	138.11	137.55	139.48	140.71	140.42	136.69	138.92
Gumbel	136.85	136.69	136.22	138.14	137.83	139.39	136.52	142.14
GEV	142.87	144.87	136.81	138.80	139.69	140.16	136.05	138.57
Weibull	140.19	142.19	135.51	137.39	139.99	140.33	135.12	137.37
Logistic	137.68	138.67	139.36	141.32	139.11	140.24	136.53	145.32
GLO	144.35	146.35	140.10	142.04	143.09	141.36	138.17	146.80

注：加粗数字表示最小的 AIC 值

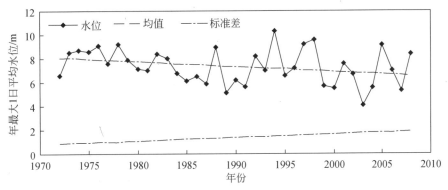

图 4.5　最优 TVM 模型下三水站年最大 1 日平均水位均值和标准差变化过程

指定重现期为 100 a，以 TVM 最优模型推求逐年设计水位。如图 4.6 所示，设计值呈线性下降。1972 年设计值为 10.68 m，2008 年已下降至 10.25 m。而按照传统方法，得到全系列的 $T=100$ a 设计水位为 11.17 m，大于 TVM 方法 2008 年的设计值。

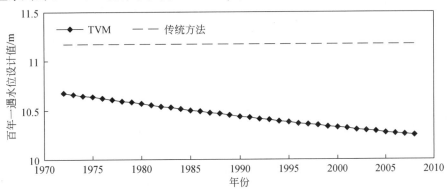

图 4.6　三水站指定重现期设计水位变化过程

指定水位为 TVM 最优模型下 1972 年 T=100 a 设计水位。如图 4.7 所示，其重现期逐渐增大，到 2008 年已增大到 182 a。而传统方法得到的重现期为 52 a，比 TVM 方法 2008 年的重现期大。

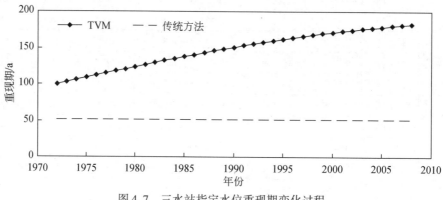

图 4.7　三水站指定水位重现期变化过程

通过上述分析可知，虽然三水站洪水流量明显增加，但河床下切对三水站洪水水位的降低作用大于洪水流量增加对水位的提升作用，导致洪水水位呈现不断下降的趋势。

2. 马口站洪水特征量重构

1）流量极值重构

对马口站年最大 1 日流量序列，采用 Gamma 分布等 10 种概率线型，对假设的 8 种趋势，用极大似然法进行参数估算，用 AIC 方法进行优选，结果见表 4.5。根据 AIC 最小准则，表 4.5 中最小的 AIC 值为 764.48，其对应的概率分布为 Weibull，趋势模型为 CP，即马口站年最大 1 日平均流量的最优 TVM 模型为 WeibullCP。根据模型参数计算出逐年均值和标准差，如图 4.8 所示。均值和标准差呈抛物线形变化，先减小，后增大。

表 4.5　马口站年最大 1 日平均流量 TVM 模型 AIC 值

TVM 模型	AL	AP	BL	BP	CL	CP	DL	DP
Gamma	771.36	768.80	770.25	772.25	770.10	767.39	770.84	773.23
PⅢ	819.82	766.71	769.73	770.60	782.47	765.33	770.09	784.49
N	774.98	772.99	772.65	774.30	773.29	771.30	773.67	776.30
LN2	770.15	768.28	769.68	771.64	769.18	767.27	770.12	772.36
LN3	776.89	767.75	770.95	772.26	769.75	766.16	771.32	769.07
Gumbel	769.19	766.36	769.58	771.53	768.55	764.69	770.01	772.13
GEV	770.93	768.13	771.56	773.21	770.44	766.47	772.00	769.36
Weibull	768.64	765.81	768.73	770.06	767.87	**764.48**	769.09	767.34
Logistic	776.21	772.44	774.42	776.26	775.26	771.44	776.04	778.85
GLO	772.09	768.82	772.88	773.40	771.83	766.97	773.67	772.37

注：加粗数字表示最小的 AIC 值

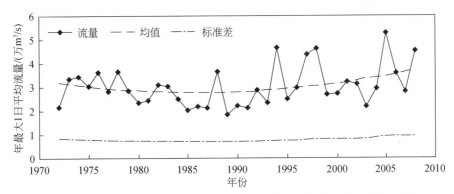

图 4.8 最优 TVM 模型下马口站年最大 1 日平均流量均值和标准差变化过程

指定重现期为 100 a，以 TVM 最优模型推求逐年设计水位。如图 4.9 所示，设计值呈抛物线变化，先下降后上升。1972 年设计值为 57550 m^3/s，到 2008 年上升到 67377 m^3/s。而按照传统方法得到全系列的设计值为 55789 m^3/s，远小于 TVM 方法 2008 年的设计值。

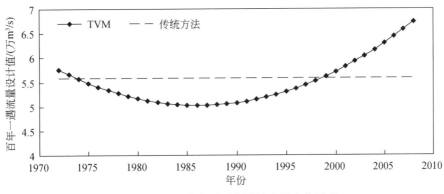

图 4.9 马口站指定重现期设计流量变化过程

指定流量为 TVM 最优模型下 1972 年 $T = 100$ a 设计流量。如图 4.10 所示，其重现期先增后减，到 2008 年已减小为 25 a。传统方法重现期为 138 a，远大于 TVM 模型 2008 年的重现期。

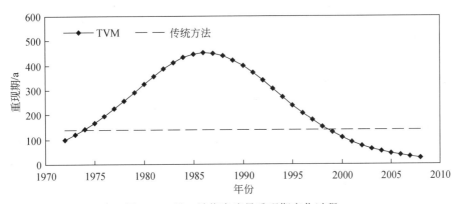

图 4.10 马口站指定流量重现期变化过程

通过上述分析可知,马口站洪水流量经历了先减后增的变化过程。1994 年发生突变以后,马口站洪水流量明显增大,1972 年百年一遇洪水已退化为一般洪水。

2) 水位极值重构

对马口站年最大 1 日水位序列,采用 Gamma 分布等 10 种概率线型,对假设的 8 种趋势,用极大似然法进行参数估算,用 AIC 方法进行优选,结果见表 4.6。根据 AIC 最小准则,表 4.6 中最小的 AIC 值为 132.33,其对应的概率分布为 LN2,趋势模型为 AL,即马口站年最大 1 日平均水位的最优 TVM 模型为 LN2AL。根据模型参数计算出逐年均值和标准差,如图 4.11 所示。均值呈线性下降,而标准差保持不变。

表 4.6 马口站年最大 1 日平均水位 TVM 模型 AIC 值

TVM 模型	AL	AP	BL	BP	CL	CP	DL	DP
Gamma	135.60	137.60	133.51	135.35	133.36	135.21	132.68	139.35
PⅢ	137.39	139.39	135.67	137.50	135.36	137.21	134.88	139.03
N	132.70	134.52	133.85	135.78	133.67	135.57	132.99	136.71
LN2	**132.33**	134.15	133.75	135.52	133.63	135.46	133.00	139.52
LN3	134.22	136.05	135.76	137.63	137.08	137.26	134.92	138.56
Gumbel	133.66	135.61	135.37	137.08	135.09	136.95	135.04	141.08
GEV	139.02	141.02	134.51	136.50	135.90	136.79	134.01	137.91
Weibull	136.42	138.42	134.09	135.80	136.29	136.64	133.49	137.18
Logistic	134.76	136.12	136.98	138.90	135.71	137.20	135.33	142.90
GLO	141.00	143.00	138.74	145.94	139.70	138.74	137.28	140.26

注:加粗数字表示最小的 AIC 值

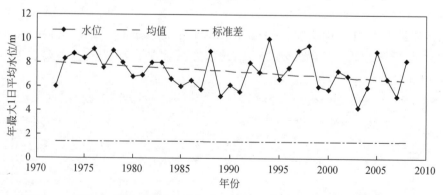

图 4.11 最优 TVM 模型下马口站年最大 1 日平均水位均值和标准差变化过程

指定重现期为 100 a,以 TVM 最优模型推求逐年设计水位。如图 4.12 所示,设计值呈线性减小。1972 年设计值为 11.70 m,到 2008 年减小为 10.33 m。而按照传统方法得到全序列的设计值为 11.12 m,大于 TVM 方法 2008 年的设计值。

指定水位为 TVM 最优模型下 1972 年 $T=100$ a 设计水位。如图 4.13 所示,其重现

期不断增大，到 2008 年已增大至 581 a。传统方法重现期为 207 a，小于 TVM 方法 2008
年的重现期。

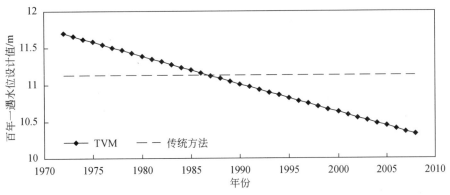

图 4.12　马口站指定重现期设计水位变化过程

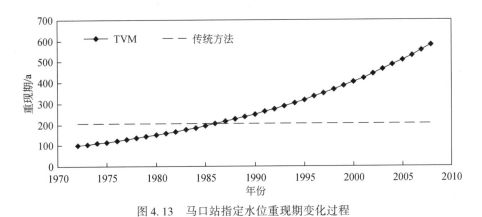

图 4.13　马口站指定水位重现期变化过程

通过上述分析可知，虽然马口站洪水流量增加，但河床下切对洪水水位的降低作
用大于洪水流量增加对水位的提升作用，导致洪水水位呈现不断下降的趋势。

4.2.2　枯水特征量重构

1. 三水站枯水特征量重构

1）流量极值重构

对三水站年最大 1 日流量序列，采用 Gamma 分布等 10 种概率线型，对假设的 8 种
趋势，用极大似然法进行参数估算，用 AIC 方法进行优选，结果见表 4.7。根据 AIC 最
小准则，表 4.7 中最小的 AIC 值为 425.10，其对应的概率分布为 LN2；趋势模型为 CL，
即三水站年最小 1 日平均流量的最优 TVM 模型为 LN2CL。根据模型参数计算出逐年均
值和标准差，如图 4.14 所示。均值和标准差均呈线性上升。

表 4.7 三水站年最小 1 日平均流量 TVM 模型 AIC 值

TVM 模型	AL	AP	BL	BP	CL	CP	DL	DP
Gamma	437.91	439.60	447.63	447.69	426.69	428.13	428.45	430.85
P Ⅲ	462.98	453.37	461.71	518.83	435.77	425.83	471.60	476.71
N	451.08	452.81	452.98	454.98	437.38	438.63	439.30	442.12
LN2	432.72	433.94	442.21	440.82	**425.10**	426.94	426.75	428.83
LN3	453.80	430.32	440.90	432.49	426.87	428.86	428.14	449.20
Gumbel	441.84	442.84	451.62	451.10	427.06	428.17	428.81	429.83
GEV	438.80	435.16	443.13	439.74	427.51	429.28	429.02	459.40
Weibull	466.28	468.28	439.31	434.15	441.10	436.60	434.51	428.70
Logistic	449.03	451.00	452.29	453.96	436.41	435.41	438.32	438.59
GLO	438.71	436.05	443.99	455.87	427.91	429.59	429.37	430.23

注：加粗数字表示最小的 AIC 值

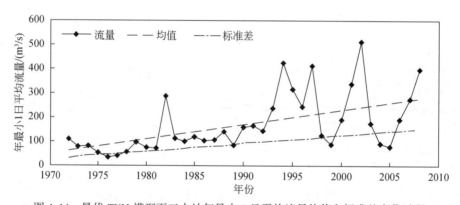

图 4.14 最优 TVM 模型下三水站年最小 1 日平均流量均值和标准差变化过程

指定重现期为 100 a，以 TVM 最优模型推求逐年设计流量。如图 4.15 所示，设计值呈线性上升。1972 年设计值为 17 m³/s，到 2008 年已上升至 73 m³/s。而按照传统方法得到全系列的设计值为 31 m³/s，远小于 TVM 方法 2008 年的设计值。

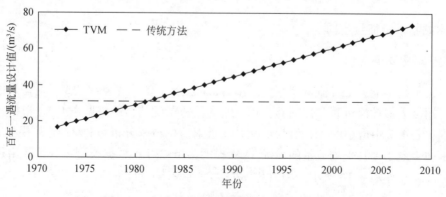

图 4.15 三水站指定重现期设计流量变化过程

指定流量为 TVM 最优模型下 2008 年 $T=100$ a 设计流量。如图 4.16 所示，其重现期不断增大，在 1972 年仅为 1.4 a，属于一般流量，随后不断增大至 100 a。而传统方法的重现期仅为 6 a，远小于 TVM 模型 2008 年的重现期。

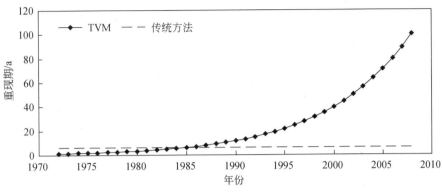

图 4.16　三水站指定流量重现期变化过程

通过上述分析可知，三水站枯水流量大幅度增加。其主要原因是三水站分流比增大。

2）水位极值重构

对三水站年最大 1 日水位序列，采用 Gamma 分布等 10 种概率线型，对假设的 8 种趋势，用极大似然法进行参数估算，用 AIC 方法进行优选，结果见表 4.8。根据 AIC 最小准则，表 4.8 中最小的 AIC 值为 110.41，其对应的概率分布为 Logistic，趋势模型为 CL，即三水站年最小 1 日平均水位的最优 TVM 模型为 LogisticCL。根据模型参数计算出逐年均值和标准差，如图 4.17 所示。均值和标准差均呈线性下降。

表 4.8　三水站年最小 1 日平均水位 TVM 模型 AIC 值

TVM 模型	AL	AP	BL	BP	CL	CP	DL	DP
Gamma	136.60	138.60	136.47	135.02	111.56	113.56	112.60	142.46
PⅢ	140.30	142.30	137.96	136.89	113.33	115.43	114.38	129.82
N	113.53	115.53	136.17	134.70	110.97	112.97	112.15	115.95
LN2	114.58	116.55	136.36	134.91	112.09	114.08	113.06	141.84
LN3	116.66	117.53	138.22	136.74	138.34	114.97	114.15	117.95
Gumbel	120.96	122.81	136.49	136.78	118.37	120.32	118.36	141.66
GEV	138.44	140.44	134.94	136.12	138.27	115.20	114.03	117.89
Weibull	137.37	139.37	137.12	136.07	137.28	115.32	114.20	118.08
Logistic	111.98	113.96	137.62	136.26	**110.41**	112.41	112.12	144.38
GLO	143.67	145.67	138.93	145.15	139.72	114.41	114.11	117.74

注：加粗数字表示最小的 AIC 值

指定重现期为 100 a，以 TVM 最优模型推求逐年设计水位。如图 4.18 所示，设计值呈线性减小。1972 年设计值为-0.17 m，到 2008 年下降至-0.42 m。而按照传统方法得到全系列的设计值为-0.41 m，与 TVM 方法 2008 年的设计值接近。

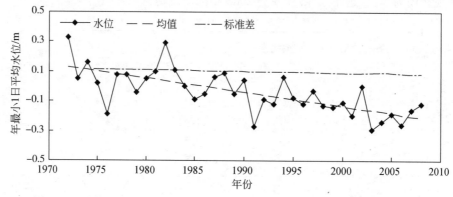

图 4.17　最优 TVM 模型下三水站年最小 1 日平均水位均值和标准差变化过程

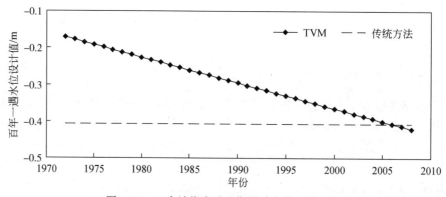

图 4.18　三水站指定重现期设计水位变化过程

指定水位为 TVM 最优模型下 1972 年 $T=100$ a 设计水位。如图 4.19 所示，其重现期不断减小，从 100 a 下降至 1.4 a。而传统方法重现期为 6 a，大于 TVM 方法的结果。

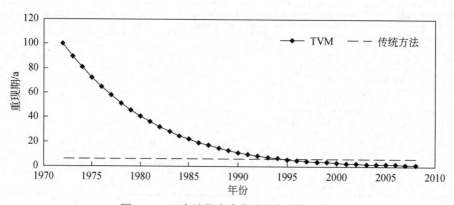

图 4.19　三水站指定水位重现期变化过程

通过上述分析可知，河床下切对三水站枯水水位的降低作用大于枯水流量增加对水位的提升作用，导致枯水水位呈现不断下降的趋势。

2. 马口站枯水特征量重构

1) 流量极值重构

对马口站年最大 1 日流量序列，采用 Gamma 分布等 10 种概率线型，对假设的 8 种趋势，用极大似然法进行参数估算，用 AIC 方法进行优选，结果见表 4.9。根据 AIC 最小准则，表 4.9 中最小的 AIC 值为 569.99，其对应的概率分布为 Gumbel，趋势模型为 BP，即马口站年最小 1 日平均流量的最优 TVM 模型为 GumbelBP。根据模型参数计算出逐年均值和标准差，如图 4.20 所示。均值保持稳定，标准差呈抛物线先增大后减小。

表 4.9 马口站年最小 1 日平均流量 TVM 模型 AIC 值

TVM 模型	AL	AP	BL	BP	CL	CP	DL	DP
Gamma	574.77	575.79	571.19	570.02	575.96	577.92	573.19	571.06
PⅢ	626.86	574.61	571.57	570.88	577.68	579.68	573.33	570.80
N	579.76	581.73	579.11	573.94	579.99	581.31	580.82	575.42
LN2	576.67	577.15	570.88	570.15	578.42	579.97	571.66	575.25
LN3	583.47	576.81	571.95	570.71	577.60	579.48	573.72	572.40
Gumbel	574.27	574.76	570.21	**569.99**	575.82	577.65	571.95	576.21
GEV	576.22	576.73	572.09	570.75	577.62	579.43	573.87	572.37
Weibull	576.03	574.52	570.85	570.01	578.30	580.06	572.55	571.74
Logistic	576.28	578.10	574.16	571.97	576.61	578.44	575.58	580.16
GLO	575.39	576.15	571.74	570.37	576.31	578.12	573.54	571.65

注：加粗数字表示最小的 AIC 值

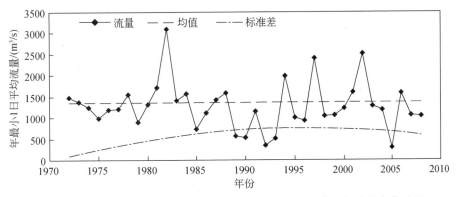

图 4.20 最优 TVM 模型下马口站年最小 1 日平均流量均值和标准差变化过程

指定重现期为 100 a，以 TVM 最优模型推求逐年设计流量。如图 4.21 所示，设计值先下降后上升。1972 年设计值为 932 m³/s，2008 年为 311 m³/s。而按照传统方法得到全系列的设计值为 299 m³/s，略小于 TVM 方法 2008 年的设计值。

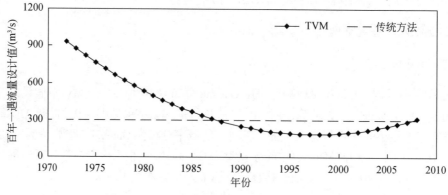

图 4.21　马口站指定重现期设计流量变化过程

指定流量为 TVM 最优模型下 1972 年 $T=100$ a 设计流量。如图 4.22 所示，其重现期先急剧减小（1985 年已减小为 3 a），随后比较稳定。由于流量序列前端数据在 1000 m³/s 左右，波动较小，前端的设计值较大，而 20 世纪 80 年代以后，流量序列波动性明显增大，高流量和低流量均有出现。所以，指定流量的重现期急剧下降。传统方法重现期为 3 a，与 TVM 方法重现期一致。

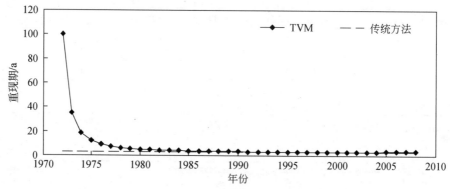

图 4.22　马口站指定重现期设计流量变化过程

2）水位极值重构

对马口站年最大 1 日水位序列，采用 Gamma 分布等 10 种概率线型，对假设的 8 种趋势，用极大似然法进行参数估算，用 AIC 方法进行优选，结果见表 4.10。根据 AIC 最小准则，表 4.10 中最小的 AIC 值为 110.72，其对应的概率分布为 Logistic；趋势模型为 CL，即马口站年最小 1 日平均水位的最优 TVM 模型为 LogisticCL。根据模型参数计算出逐年均值和标准差，如图 4.23 所示。均值和标准差均呈线性下降。

指定重现期为 100 a，以 TVM 最优模型推求逐年设计水位。如图 4.24 所示，设计值呈线性减小。1972 年设计值为 -0.16 m，2008 年减小到 -0.38 m。而按照传统方法得到的设计值为 -0.36 m，略大于 TVM 方法 2008 年的设计值。

表 4.10　马口站年最小 1 日平均水位 TVM 模型 AIC 值

TVM 模型	AL	AP	BL	BP	CL	CP	DL	DP
Gamma	132.48	134.48	131.68	130.44	111.30	113.15	112.25	138.42
PⅢ	134.70	136.70	133.31	131.97	113.21	115.35	114.16	117.15
N	113.54	115.44	131.14	129.74	111.17	112.91	112.20	115.09
LN2	113.83	115.81	131.75	130.63	111.57	113.45	112.47	137.96
LN3	117.63	117.42	133.58	131.74	133.60	114.91	114.15	117.08
Gumbel	118.58	120.53	131.80	131.88	116.41	118.41	116.57	137.19
GEV	133.62	135.62	132.36	131.71	133.61	115.38	114.08	117.05
Weibull	132.86	134.86	132.63	131.22	132.85	115.30	113.97	116.97
Logistic	112.05	113.98	131.98	130.99	**110.72**	112.50	112.41	140.04
GLO	140.34	142.34	134.46	130.14	134.69	114.50	114.37	117.37

注：加粗数字表示最小的 AIC 值

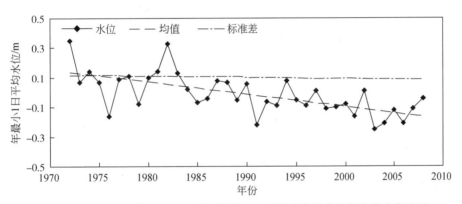

图 4.23　最优 TVM 模型下马口站年最小 1 日平均水位均值和标准差变化过程

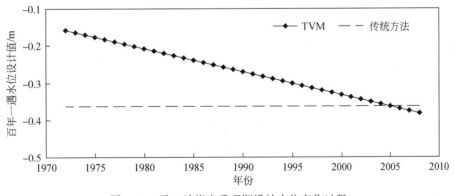

图 4.24　马口站指定重现期设计水位变化过程

　　指定水位为 TVM 最优模型下 1972 年 $T=100$ a 设计水位。如图 4.25 所示，其重现期不断减小，到 2008 年已减小至 2 a。而按传统方法得到的重现期为 8 a，大于 TVM 方法 2008 年的重现期。

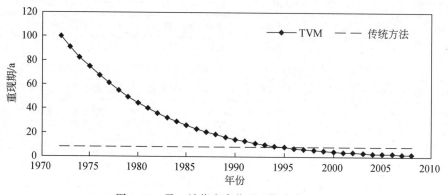

图 4.25　马口站指定水位重现期变化过程

通过上述分析可知，由于河道大幅度下切，马口站枯水水位明显下降。

由于序列长度、趋势模型及概率分布的选取会给极大似然估计的结果带来不确定性。以抛物线形趋势的马口站年最大 1 日平均流量和线性趋势的马口站年最小 1 日平均水位为例，对模型结果进行合理性和不确定性分析。

从表 4.5 可知，马口站年最大 1 日平均流量在 10 种概率分布下最优的趋势模型都是 CP，说明趋势模型的选择是稳定的。选取 CP 模型下，拟合效果次优的 Gumbel 分布、PⅢ型分布及 WLS 方法的参数估计结果与最优的 Weibull 分布进行对比。如图 4.26 所示，不同模型对于均值和标准差的拟合结果比较接近，与实测点据的变化情况吻合。以上述几种模型推求各年 $T = 100$ a 设计流量值，如图 4.27 所示。以最优的 Weibull 模型为基准，Gumbel、PⅢ和 WLS 模型下各年设计值与 Weibull 模型结果的平均差值分别为 3842 m^3/s（7.1%）、808 m^3/s（1.5%）和 2088 m^3/s（3.9%）。虽然不同模型的设计值存在差异，但差异较小。

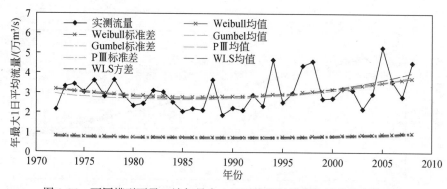

图 4.26　不同模型下马口站年最大 1 日平均流量均值和标准差变化过程

从表 4.10 可知，马口站年最小 1 日平均水位在两参数概率分布下的最优趋势模型都是 CL，但在三参数概率分布下的最优趋势模型都是 DL。除了 GumbelCL，其他两参数分布的 CL 模型拟合效果均优于三参数分布的 DL 模型。因此，CL 应为首选的趋势模

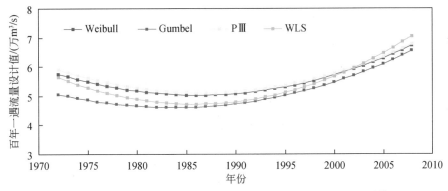

图 4.27　不同模型下马口站年最大 1 日平均流量 $T=100$ a 设计值

型。选取 DL 模型下最优的 Weibull 分布和全局最优模型 LogisticCL 的结果进行对比。如图 4.28 所示，在相同的趋势模型下，ML 法和 WLS 法的结果都非常接近。两种不同趋势模型对均值的拟合效果也非常接近，但 DL 模型标准差的斜率小于 CL 模型。以 WeibullDL 和 LogisticCL 推求各年设计值（图 4.29），两者的平均差值为 0.03 m。

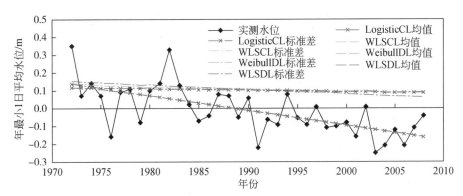

图 4.28　不同模型下马口站最小 1 日平均水位均值和标准差变化过程

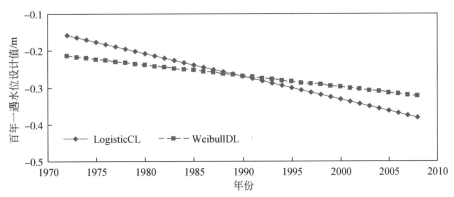

图 4.29　不同模型下马口站年最小 1 日平均水位 $T=100$ a 设计值

通过上述分析可知：①趋势模型的优选相对比较稳定；②基于不同概率分布的 ML 法和 WLS 法对于均值和标准差的拟合结果比较接近；③均值和标准差的拟合结果与实测点据的变化趋势吻合，而且前文已对各个指标的变化趋势作出相应的成因分析；④不同概率分布推求的设计值存在差异，但差异较小。综上，本章基于 10 种概率分布和 8 种趋势形式的 TVM 模型对于各年极值指标的拟合结果应是合理稳定的。

4.3　多要素特征量组合重构

4.3.1　洪水流量–水位组合要素重构

1. 三水站洪水流量–水位组合要素重构

通过绘制三水站逐日水位、流量散点图（图 4.30）可以发现，水位流量曲线变化大致可以分为三个阶段。1972～1989 年，水位流量曲线比较稳定。1990～2004 年为水位流量曲线剧烈变化的时期，曲线大幅度向下移动。2005 年以后，曲线又恢复相对稳定。

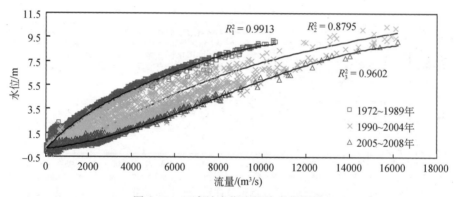

图 4.30　三水站水位流量关系曲线图

第一阶段水位流量关系曲线的表达式为

$$Q = 1.0298 \times Z^4 - 15.317 \times Z^3 + 150.69 \times Z^2 + 268.64 \times Z + 62.415 \quad (4.21)$$

式中，Q 为流量值；Z 为水位值。以下各式中字母含义相同。

第二阶段以一条曲线模糊地表征水位流量关系，其表达式为

$$Q = 14.962 \times Z^3 - 145.16 \times Z^2 + 1593.7 \times Z + 103.86 \quad (4.22)$$

第三阶段水位流量关系曲线的表达式为

$$Q = 2.4752 \times Z^4 - 21.204 \times Z^3 - 59.712 \times Z^2 + 2256 \times Z + 63.627 \quad (4.23)$$

指定最优 TVM 模型下每个阶段内各年 $T = 100\,a$ 设计流量（水位）的平均值，通过式（4.21）～式（4.23），分析其对应水位（流量）的变化。

如图 4.31 所示，指定流量对应的水位随着时间的推移大幅度下降。

1972～1989 年 $T = 100\,a$ 设计流量的均值为 15731 m^3/s，其在第一阶段对应的水位为 10.83 m，第二阶段下降至 10.13 m，到第三阶段已下降至 8.69 m，总降幅达到

2.14 m。

1990~2004 年 $T=100$ a 设计流量的均值为 18449 m^3/s，其在第一阶段对应的水位为 11.66 m，第二阶段下降至 11.10 m，到第三阶段已下降至 9.59 m，总降幅达到 2.07 m。

2005~2008 年 $T=100$ a 设计流量的均值为 26536 m^3/s，其在第一阶段对应的水位为 13.31 m，第二阶段下降至 13.12 m，到第三阶段已下降至 11.13 m，总降幅达到 2.18 m。

如图 4.32 所示，指定水位对应的流量随着时间的推移大幅度增加。

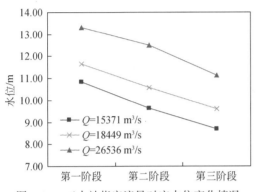 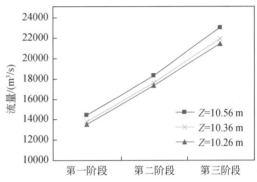

图 4.31　三水站指定流量对应水位变化情况　　　图 4.32　三水站指定水位对应流量变化情况

1972~1989 年 $T=100$ a 设计水位的均值为 10.56 m，其在第一阶段对应的流量为 14472 m^3/s，第二阶段增加至 16672 m^3/s，到第三阶段已增加至 23039 m^3/s，总增幅达到 8567 m^3/s。

1990~2004 年 $T=100$ a 设计水位的均值为 10.36 m，其在第一阶段对应的流量为 13850 m^3/s，第二阶段增加至 16052 m^3/s，到第三阶段已增加至 21963 m^3/s，总增幅达到 8113 m^3/s。

2005~2008 年 $T=100$ a 设计水位的均值为 10.26 m，其在第一阶段对应的流量为 13550 m^3/s，第二阶段增加至 15749 m^3/s，到第三阶段已增加至 21452 m^3/s，总增幅达到 7902 m^3/s。

通过上述分析可知，1972~2008 年，三水站水位流量关系发生显著的变化。由于河道大幅度下切，同一流量对应的水位明显下降；同一水位对应的流量明显增加。水位流量曲线的变化时间与人类活动对河床造成影响的时间一致。20 世纪 80 年代以前，河床比较稳定，以轻微淤积为主。80 年代中期至 90 年代末，在北江河道开展的大规模采砂活动是河床下降的主要原因。2000 年以后，采砂活动基本得到控制，水位流量关系才逐渐恢复稳定。2005 年，河道进入新的平衡稳定期。

2. 马口站洪水流量-水位组合要素重构

通过绘制马口站逐日水位、流量散点图（图 4.33）可以发现，水位流量曲线变化大致可以分为三个阶段。1972~1989 年，水位流量曲线比较稳定。1990~2004 年为水位流量曲线剧烈变化的时期，曲线大幅度向下移动。2005 年以后，曲线又恢复相对稳定。

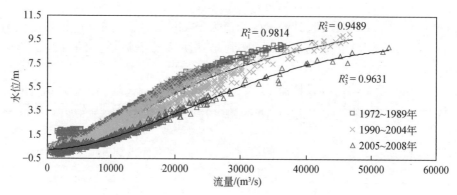

图 4.33 马口站水位流量关系曲线图

第一阶段水位流量关系曲线的表达式为

$$Q = 5.9303 \times Z^4 - 59.208 \times Z^3 + 89.012 \times Z^2 + 3631 \times Z + 859.49 \quad (4.24)$$

第二阶段以一条曲线模糊地表征水位流量关系，其表达式为

$$Q = 58.686 \times Z^3 - 598.79 \times Z^2 + 5286.3 \times Z + 1003.3 \quad (4.25)$$

第三阶段水位流量关系曲线的表达式为

$$Q = 4.91053 \times Z^4 + 11.394 \times Z^3 - 716.35 \times Z^2 + 7949.7 \times Z + 788.44 \quad (4.26)$$

指定最优 TVM 模型下每个阶段内各年 $T = 100$ a 设计流量（水位）的平均值，通过式（4.24）~式（4.26），分析其对应水位（流量）的变化。

如图 4.34 所示，指定流量对应的水位随着时间的推移大幅度下降。

1972 ~ 1989 年 $T = 100$ a 设计流量的均值为 52392 m³/s，其在第一阶段对应的水位为 10.50 m，第二阶段下降至 9.97 m，到第三阶段已下降至 8.79 m，总降幅达到 1.71 m。

1990 ~ 2004 年 $T = 100$ a 设计流量的均值为 55106 m³/s，其在第一阶段对应的水位为 10.70 m，第二阶段下降至 10.22 m，到第三阶段已下降至 9.02 m，总降幅达到 1.68 m。

2005 ~ 2008 年 $T = 100$ a 设计流量的均值为 65142 m³/s，其在第一阶段对应的水位为 11.34 m，第二阶段下降至 11.02 m，到第三阶段已下降至 9.75 m，总降幅达到 1.59 m。

如图 4.35 所示，指定水位对应的流量随着时间的推移大幅度增加。

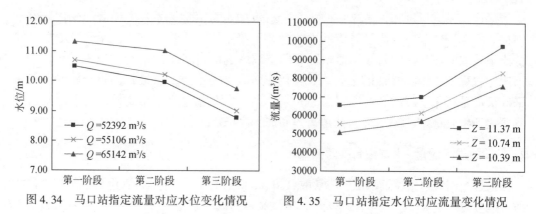

图 4.34 马口站指定流量对应水位变化情况 图 4.35 马口站指定水位对应流量变化情况

1972 ~ 1989 年 $T = 100$ a 设计水位的均值为 11.37 m，其在第一阶段对应的流量为

65733 m^3/s，第二阶段增加至 69960 m^3/s，到第三阶段已增加至 97384 m^3/s，总增幅达到 31651 m^3/s。

1990~2004 年 $T=100$ a 设计水位的均值为 10.74 m，其在第一阶段对应的流量为 55678 m^3/s，第二阶段增加至 61411 m^3/s，到第三阶段已增加至 82989 m^3/s，总增幅达到 27311 m^3/s。

2005~2008 年 $T=100$ a 设计水位的均值为 10.39 m，其在第一阶段对应的流量为 50895 m^3/s，第二阶段增加至 57111 m^3/s，到第三阶段已增加至 76059 m^3/s，总增幅达到 25164 m^3/s。

通过上述分析可知，1972~2008 年，马口站水位流量关系发生显著的变化。由于河道大幅度下切，同一流量对应的水位明显下降；同一水位对应的流量明显增加。马口站水位流量关系曲线的变化情况和原因与三水站类似。

4.3.2　枯水流量-水位组合要素重构

1. 三水站枯水流量-水位组合要素重构

由于全系列的水位流量关系曲线图不能很好地反映低流量及其对应水位的关系，特别选取全系列 300 m^3/s 以下的流量及其对应水位作三水站枯水流量-水位组合要素重构。如图 4.36 所示，三水站枯水水位流量关系大致可以分为 1972~1989 年和 1990~2008 年两个阶段。

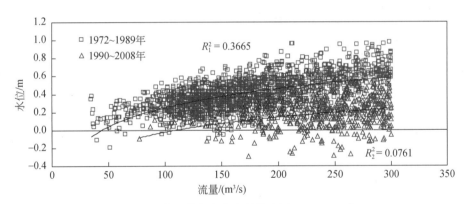

图 4.36　三水站枯水水位流量散点图（$Q \leqslant 300 m^3/s$）

第一阶段水位流量关系曲线的表达式为

$$Q = e^{\frac{Z+1.147}{0.3038}} \tag{4.27}$$

第二阶段水位流量关系曲线的表达式为

$$Q = e^{\frac{Z+1.1165}{0.2379}} \tag{4.28}$$

指定最优 TVM 模型下每个阶段内各年 $T=100$ a 设计流量（水位）的平均值，通过通过式（4.27）和式（4.28），分析其对应水位（流量）的变化。

如图 4.37 所示，指定流量对应的流水位随着时间的推移大幅度下降。

1972～1989 年 $T=100$ a 设计流量的均值为 30 m³/s，其在第一阶段对应的水位为 −0.11 m，第二阶段下降至−0.31 m，降幅为 0.20 m。

1990～2008 年 $T=100$ a 设计流量的均值为 59 m³/s，其在第一阶段对应的水位为 0.09 m，第二阶段下降至−0.15 m，降幅为 0.24 m。

如图 4.38 所示，指定水位对应的流量随着时间推移大幅度增加。

1972～1989 年 $T=100$ a 设计水位的均值为−0.23 m，其在第一阶段对应的流量为 20 m³/s，第二阶段增加至 42 m³/s，增幅为 22 m³/s。

1990～2008 年 $T=100$ a 设计水位的均值为−0.36 m，其在第一阶段对应的流量为 13 m³/s，第二阶段增加至 24 m³/s，增幅为 11 m³/s。

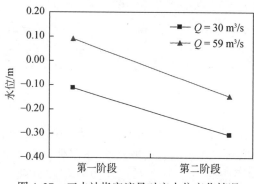 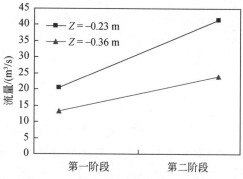

图 4.37　三水站指定流量对应水位变化情况　　图 4.38　三水站指定水位对应流量变化情况

2. 马口站枯水流量−水位组合要素重构

选取全系列 3000 m³/s 以下的流量及其对应水位对马口站枯水流量−水位组合要素进行重构。如图 4.39 所示，马口站不同时期枯水流量水位点据的界限比较模糊。1990～2004 年的流量水位点据与其前后两个时期点据均有大面积的重叠，但可以看出 1972～1989 年点据位于 2005～2008 年点据的上方。因此，仅对 1972～1989 年和 2005～2008 年两个阶段的流量−水位组合要素进行分析。

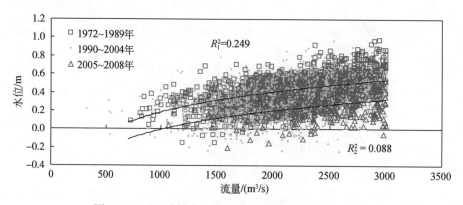

图 4.39　马口站枯水水位流量散点图（$Q \leqslant 3000$ m³/s）

1972～1989 年水位流量关系曲线的表达式为

$$Q = \mathrm{e}^{\frac{Z + 2.0406}{0.3221}} \tag{4.29}$$

2005～2008 年水位流量关系曲线的表达式为

$$Q = \mathrm{e}^{\frac{Z + 2.0824}{0.3006}} \tag{4.30}$$

指定最优 TVM 模型下 1972～1989 年和 2005～2008 年两个阶段内各年 $T = 100$ a 设计流量（水位）的平均值，通过式（4.29）和式（4.30），分析其对应水位（流量）的变化。

如图 4.40 所示，指定流量对应的流水位随着时间的推移大幅度下降。

1972～1989 年 $T = 100$ a 设计流量的均值为 548 $\mathrm{m^3/s}$，其对应的水位从 -0.01 m 下降至 -0.19 m，降幅为 0.18 m。

2005～2008 年 $T = 100$ a 设计流量的均值为 279 $\mathrm{m^3/s}$，其对应的水位从 -0.23 m 下降至 -0.39 m，降幅为 0.16 m。

如图 4.41 所示，指定水位对应的流量随着时间的推移大幅度增加。

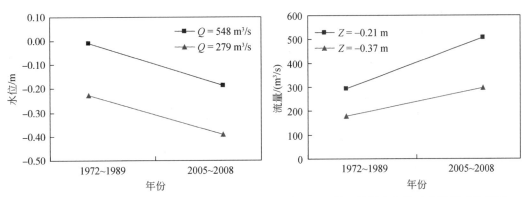

图 4.40　马口站指定流量对应水位变化情况　　图 4.41　马口站指定水位对应流量变化情况

1972～1989 年 $T = 100$ a 设计水位的均值为 -0.21 m，其对应的流量从 294 $\mathrm{m^3/s}$ 增加至 507 $\mathrm{m^3/s}$，增幅为 213 $\mathrm{m^3/s}$。

1990～2008 年 $T = 100$ a 设计水位的均值为 -0.37 m，其对应的流量从 179 $\mathrm{m^3/s}$ 增加至 298 $\mathrm{m^3/s}$，增幅为 119 $\mathrm{m^3/s}$。

4.4　小　　结

变化环境下，流域水文要素一致性遭受破坏，表征水文要素的特征值亦发生改变，水文频率重现期不再固定不变。本章在 TVM 模型的基础上，应用 Copula 函数对西、北江干流控制站点三水站、马口站的流量、水位单一水文要素和流量-水位组合要素进行特征值重构。结论如下：

（1）变化环境下，水文序列一致性遭到破坏，三水站、马口站流量序列现象发生变异，对三水站、马口站进行基于 TVM 的单站水文频率分析，对两站点年最大 1 日流量序列、年最大 1 日水位序列的洪水序列和年最小 1 日流量序列、年最小 1 日水位序列的枯水序列分别进行基于 TVM 的水文特征值重构。三水站、马口站年最大 1 日流量序列最优 TVM 模型分别为 GumbelCP 模型和 WeibullCP 模型，年最大 1 日水位序列最优 TVM 模型分别为 GammaDL 模型和 LN2AL 模型；年最小 1 日流量序列最优 TVM 模型分别为 LN2CL 模型和 GumbelBP 模型；年最小 1 日水位序列最优 TVM 模型分别为 LogisticCL 模型和 LogisticCL 模型。

（2）三水站、马口站的年最大 1 日流量序列呈现出随着时间的变化，同设计重现期条件下设计流量增大，同设计流量条件下设计重现期缩短的趋势；两站年最大 1 日平均水位序列呈现出随着时间的变化，同设计重现期条件下设计水位降低，同设计水位条件下设计重现期增大的趋势。

（3）三水站、马口站的年最小 1 日平均水位序列呈现出随着时间的变化，同设计重现期条件下设计水位降低，同设计水位条件下设计重现期减小的趋势；但两站年最小 1 日流量序列变化不一致，三水站年最小 1 日流量序列呈现出随着时间的变化，同设计重现期条件下设计流量增大，同设计流量条件下设计重现期增大的趋势；马口站年最小 1 日流量序列呈现出随着时间的变化，同设计重现期条件下设计流量减小，同设计流量条件下设计重现期缩短的趋势。

（4）三水站和马口站的水位流量关系曲线变化情况相似，经历了三个变化阶段。第一个阶段为 1972～1989 年，曲线比较稳定；第二阶段为 1990～2004 年，曲线大幅度下移，其主要原因是大规模的采砂活动导致河床大幅度下切；第三阶段为 2005～2008 年，曲线恢复稳定。由于河床大幅度下降，同一流量对应的水位明显下降；同一水位对应的流量明显增加。

第5章　珠江三角洲河口区盐水入侵基本规律

河口是河流与海洋交汇过渡地区，其最根本的特点是受海洋（潮汐）和陆地（河流）的双向作用。盐水入侵现象普遍发生在世界各大重要河口区，这些地区承载着社会经济发展的重担，对环境资源的需求非常旺盛，通常存在水资源短缺的难题。珠江三角洲河口地区河网纵横，水动力条件存在多种不确定性，盐水入侵规律十分复杂。近十几年，随着快速城市化、河口挖砂与河道整治、海平面上升等多重复杂、不确定性因素影响，珠江三角洲河口区频繁遭受盐水入侵，具体表现为上溯距离增大，盐度浓度高，超标时段长，且发生时间前移的特点。

珠江三角洲网河区八大出海口门咸潮上溯严重的年份均有不同程度的受灾现象，往往以磨刀门河口区受灾程度最重。咸潮肆虐期间，磨刀门水道沿程的挂定角、广昌、平岗、南镇和全禄等水厂均受到较大影响，被迫停产或降压、降质供水，对珠海、中山和澳门等城市供水和农业生产造成严重影响。相比其他口门，磨刀门水道上布设的取水泵站最为密集，是三角洲咸潮防治的重点区域，同时磨刀门也是咸潮监测力度最大的地区，积累了较完整的盐度资料。本章选取珠江三角洲地区的磨刀门水道为研究区，深入研究盐水入侵的空间、周期和滞时特征等规律，以期为盐水入侵模拟和预测、河口区供水安全等提供重要理论和实践依据。本章主要从以下三方面开展研究：

（1）利用水文调查数据和数理统计等方法，分析磨刀门河口盐度平面和垂向分布等空间特征。

（2）利用小波系数图与小波能谱图在时域和频域表征信号局部信息的能力，选取磨刀门水道广昌站、平岗站枯水期逐日盐度序列，提取并描述盐度变化的周期特征。

（3）利用交叉小波分析方法在分析时间序列共振周期及位相关系上的优势，选取枯水期磨刀门水道广昌站、平岗站逐日盐度序列与三灶站同期潮位过程资料及三角洲顶端的马口站、三水站合流量序列，研究了潮汐过程与径流过程对磨刀门水道盐度变化的驱动响应机制。

5.1　资料与数据

本章选用位于磨刀门水道下游口门外三灶站逐日潮差序列、广昌站逐日盐度序列、中游平岗泵站逐日盐度序列及上游马口站、三水站逐日合流量序列等资料。三灶站位于北纬22°02′，东经113°24′，距离珠江口八大口门之一的磨刀门16 km左右，其潮位特征同时受外海潮汐、上游径流来水来砂情况及河口区地形条件影响较大，是珠江河口区最重要的验潮站之一，其潮位变化特征对研究珠江口潮位时间演变规律具有较好的代表性。广昌站距出海口15 km，其盐度变化与外海潮汐动力过程相关性较好，盐度序列具有良好的代表性，能基本反映磨刀门水道的咸潮入侵基本情况。平岗站位于磨刀门水道中游河段，距出海口 35 km 左右，该站点每年的盐度序列数据能较好反映每年咸潮入侵磨刀门水道的基本情况。马口站及三水站位于佛山市，磨刀门水道上游，马口站及三水站具备长序列流量资料，其径流量变化特征具有良好的代表性，对研究珠江口潮位随径流变化的演变规律具有参考价值。而磨刀门水道的径流来自马口站及三水站，因此，本章选用马口站与三水站流量资料的加和作为径流序列（以下以合流量序列代替）。各站点地理位置如图 5.1 所示。

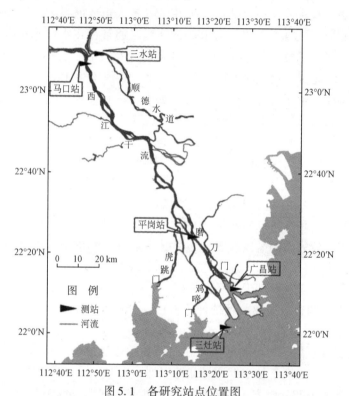

图 5.1　各研究站点位置图

本章所用资料均来自广东省水文局及相关水文年鉴。选用了 2003 ~ 2004 年、2006 ~ 2007 年、2007 ~ 2008 年、2008 ~ 2009 年、2009 ~ 2010 年、2010 ~ 2011 年 6 年枯水期资料作为分析样本，既包括咸潮上溯十分严重的年份（2007 ~ 2008 年、2009 ~ 2010 年），也包括咸潮现象微弱的年份（2008 ~ 2009 年），同时也包含有咸潮上溯，但不是太严重的年份（2003 ~ 2004 年、2010 ~ 2011 年）。该 6 年流量、潮差及盐度变化趋势见表 5.1 ~ 表 5.4。

表 5.1　上游马口站、三水站合流量日序列统计

年份	统计时段	最大流量 /(m³/s)	出现时间	最小流量 /(m³/s)	出现时间	平均流量 /(m³/s)
2003 ~ 2004	12-1 ~ 2-28	2760	2003-12-28	1280	2004-2-15	1932. 1
2006 ~ 2007	11-1 ~ 2-28	6710	2006-11-23	1802	2007-2-10	3145. 9

续表

年份	统计时段	最大流量/(m³/s)	出现时间	最小流量/(m³/s)	出现时间	平均流量/(m³/s)
2007～2008	11-1～2-28	7250	2008-2-4	1392	2007-12-20	3038.7
2008～2009	12-18～2-28	4600	2008-12-29	2251	2009-2-21	3540.5
2009～2010	11-1～2-28	10440	2010-1-25	1474	2009-12-23	3209.5
2010～2011	11-1～2-28	5084	2010-11-1	1849	2011-2-13	3290.9

表 5.2　中游平岗站盐度日序列统计

年份	统计时段	最大盐度/(mg/L)	出现时间	最小盐度/(mg/L)	出现时间	平均盐度/(mg/L)	变异系数 C_v
2003～2004	12-1～2-28	2102.8	2004-2-4	9.3	2003-12-31	364.6	1.44
2006～2007	11-1～2-28	4612.0	2006-12-18	11.0	2007-2-22	663.9	1.55
2007～2008	11-1～2-28	3172.6	2007-12-8	8.4	2008-2-12	646.3	1.31
2008～2009	12-18～2-28	636.4	2008-12-24	8.5	2008-12-19	112.6	1.37
2009～2010	11-1～2-28	2880.3	2009-12-29	11.3	2010-1-29	578.8	1.29
2010～2011	11-1～2-28	2752.2	2011-2-16	9.0	2010-11-8	314.9	1.77

表 5.3　下游广昌站盐度日序列统计

年份	统计时段	最大盐度/(mg/L)	出现时间	最小盐度/(mg/L)	出现时间	平均盐度/(mg/L)	变异系数 C_v
2003～2004	12-1～2-28	6222.0	2004-2-4	608.7	2003-12-30	2771.3	0.49
2006～2007	11-1～2-28	5445.0	2006-12-18	28.0	2006-11-27	1733.2	0.77
2007～2008	11-1～2-28	5202.0	2008-1-17	203.0	2008-2-6	2708.4	0.55
2008～2009	12-18～2-28	3800.4	2009-1-9	29.6	2009-2-14	1411.1	0.70
2009～2010	11-1～2-28	5961	2009-11-2	31.0	2010-2-11	2547.3	0.64
2010～2011	11-1～2-28	6060.0	2011-2-16	9.0	2010-11-7	1837.1	0.73

表 5.4　下游三灶站潮差日序列统计

年份	统计时段	最大潮差/m	出现时间	最小潮差/m	出现时间	平均潮差/m
2003～2004	12-1～2-28	2.90	2003-12-25	0.75	2004-1-29	1.71
2006～2007	11-1～2-28	2.63	2006-11-7	0.75	2007-2-10	1.75
2007～2008	11-1～2-28	2.64	2007-11-27	0.70	2008-1-30	1.75
2008～2009	12-18～2-28	2.65	2009-1-10	0.67	2008-12-20	1.67
2009～2010	11-1～2-28	2.75	2010-1-2	0.89	2009-11-26	1.74
2010～2011	11-1～2-28	2.52	2011-1-20	0.86	2010-12-14	1.69

5.2　盐水入侵空间特征分析

5.2.1　盐度平面分布

磨刀门较大范围的水文调查较为典型的为 1980~1981 年的珠江口海岸带滨海区水文调查，这次水文调查包含了盐度（含氯度）的观测。

在洪水期，大量的径流量下泄压抑了潮波的向陆传播，磨刀门盐度锐减，自 17 测点、横洲岛，西石浅滩直到上边界灯笼山断面及洪湾水道，整个内海区从表层到底层都被淡水所控制 [图 5.2（a）]。盐度 2 等盐线在 17 测点至石拦洲之间上下移动，自 17 测点向外海区含盐度递增，等盐线沿主槽凸向下游，水平梯度较小，垂直梯度较大。

在枯水期，径流量显著减小，潮流作用加强，整个内海区及洪湾水道都在咸水控制中 [图 5.2（b）]。上边界灯笼山右断面盐度最大值底层为 12.68，表层为 6.75，最小值底层为 1.16，表层为 0.27。在主槽西侧西石浅滩西侧水道原是泥湾门水道水下河槽，其出口在三灶岛与横洲岛之间的龙屎窟，白藤堵海后，仅有灯笼沙界河及白藤水闸开启时的少量来水，径流影响较小，因而这一带潮流势力较强，在平面分布上从白藤堤到横洲岛一带盐度高于主槽，等盐线沿主槽凸向下游洪湾水道潮波从东、西两口涌入，含盐度东口较西口大，东口 20 测点最大值可达 21.12，而西口 22 测点最大值达 17.76。

不论洪水期和枯水期盐度平面分布等盐线基本上是沿主槽凸向下游的趋势，这反映了磨刀门内海区受径流影响显著的水流特征。

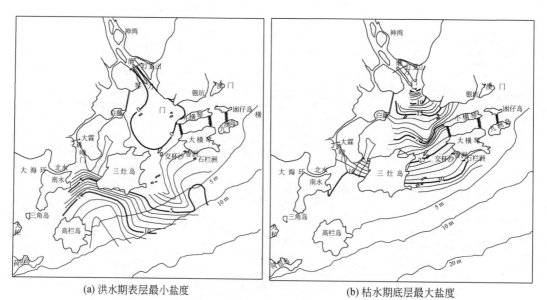

（a）洪水期表层最小盐度　　　　　　　　（b）枯水期底层最大盐度

图 5.2　磨刀门不同季节盐度平面分布图

5.2.2　盐度垂向分布

盐度的垂向分布与盐淡水的混合类型有关，混合类型由动力结构决定，对于珠江河口而言，随着径、潮流的不同组合，不仅不同时间不同河段会出现高度分层、部分混合和垂向均匀混合三种类型，而且不同时间同一河段也会出现高度分层、部分混合和垂向均匀混合三种类型，因此珠江河口垂向流速结构也表现为丰富性与复杂性。

珠江流域各口门咸潮空间分布各有差异，目前局限于实测资料，主要以磨刀门河口为例进行详细说明。图 5.3 给出了 2009 年 12 月 10～23 日磨刀门涨落憩时刻的盐度垂向分布图。

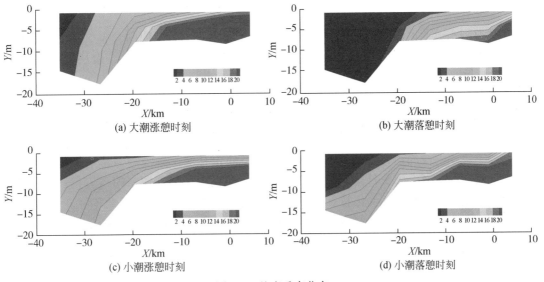

图 5.3　盐度垂直分布

由图 5.3 可知，盐度空间分布随着潮汐涨落、潮汐大小而变化，从总体规律看，一般下游盐度大于上游，底层盐度大于表层。涨潮时盐度在纵向上的上溯趋势明显，而落潮时则明显下移；同时落憩时，小潮的盐水上溯距离要远大于大潮的上溯距离，说明在落潮流中，大潮潮流由于潮汐动能相对较大，能带走大量的盐分，而小潮动能较弱，在径流下泄的过程中容易形成盐水楔。

表 5.5 给出了不同潮型特征时刻分层系数，作为对比，表中还列出了伶仃洋洪水期、枯水期特征时刻的分层系数变化。

从表 5.5 可知，磨刀门枯水期均出现高度分层的盐水楔（分层系数大于 1），伶仃洋枯水期表现为部分混合（分层系数小于 1）。

伶仃洋：大潮涨潮期间，表、底层盐度均增加；落潮期间，表、底层盐度均降低，落憩时垂向盐度分布较为均匀，接近充分混合；洪水小潮期间，落急至落憩时刻，表层盐度降低，底层盐度增加，分层系数增加；涨潮时表、底层盐度均增加。

表 5.5 珠江河口不同潮型特征时刻分层系数

潮型	特征时刻	伶仃洋–固7点		磨刀门–6#
		洪水期	枯水期	枯水期
大潮	涨急	2.05	0.16	1.44
	涨憩	1.92	0.23	0.91
	落急	2.03	0.14	1.13
	落憩	0.04	0.06	0.46
小潮	涨急	1.20	0.71	1.69
	涨憩	1.40	0.50	1.59
	落急	1.23	0.83	1.42
	落憩	2.00	0.53	1.01

磨刀门水道：大潮涨潮期间，表、底层盐度均增加；落潮期间，表、底层盐度均降低，落憩时垂向盐度分布较为均匀；小潮期间，落急至落憩时刻，表层盐度增加，底层盐度降低，分层系数减小。

5.3 盐水入侵时间特征分析

影响咸潮入侵的动力因子主要是潮汐动力及淡水径流。潮汐动力影响最稳定且具有一定周期性，受太阳及月球引力的影响，周期性表现在日周期及朔望周期；径流具有明显的季节变化及年际变化特点，盐水入侵相应也表现出季节变化及年际变化特征。小波分析方法在时域和频域都有表征信号局部信息的能力，适宜于分析信号的多层次时间结构和局部化特征。通过计算盐度时间序列不同时间尺度下的小波系数，绘制小波系数图与小波能谱图，提取并描述盐度变化的周期特征。

5.3.1 小波分析基本原理

1. 小波分析的基本理论

1）基小波与小波函数

小波分析是由傅里叶分析发展而来，是一种以大小固定、形状可变的窗口将信号时频局部化的分析方法（王文圣等，2005），其基本思想在于将能量有限的信号分解到一组正交基上，其核心在找到一个函数，尤其通过伸缩和平移产生一组函数，使得该组函数成为能量有限信号的函数空间上稠密的正交基。

由于最早提出的 Haar 及以后具备上述性质的函数往往具备振荡特征，因此该类函数被称为母小波或基小波，常用 $\psi(t)$ 表示，而由母小波构成的一组正交基则被称为小波函数或小波基函数，常用 $\psi_{a,b}(t)$ 表示，两者存在以下关系：

$$\psi_{a,b}(t) = \frac{1}{\sqrt{a}} \psi\left(\frac{t-b}{a}\right) \tag{5.1}$$

式中，a，b 均为常数，且 $a>0$。当 a，b 不断地变化，我们就可得到一组函数 $\psi_{a,b}(t)$。

2）小波变换

（1）连续小波变换。利用小波函数将信号分解的过程称为小波变换（wavelet transform，WT）。对于给定平方可积的信号 $x(t)$，即 $x(t) \in L^2(R)$，则 $x(t)$ 的小波变换可定义为

$$\mathrm{WT}_x(a,b) = \frac{1}{\sqrt{a}} \int x(t) \psi^* \left(\frac{t-b}{a} \right) \mathrm{d}t$$

$$= \int x(t) \psi_{a,b}^*(t) \mathrm{d}t = \langle x(t), \psi_{a,b}(t) \rangle \tag{5.2}$$

式中，a，b 和 t 均是连续变量，因此该式又称为连续小波变换（continuous wavelet transform，CWT）。式中积分区间一般为 $-\infty$ 到 $+\infty$。$\mathrm{WT}_x(a,b)$ 值称为信号 $x(t)$ 的小波变换系数，简称小波系数，$\mathrm{WT}_x(a,b)$ 是 a 和 b 的函数，b 是时移，其作用是确定对 $x(t)$ 分析的时间位置；a 是尺度因子，其作用是把基本小波 $\psi(t)$ 作伸缩，当 $a>1$ 时，若 a 越大，则 $\psi\left(\dfrac{t}{a}\right)$ 的时域支撑范围较 $\psi(t)$ 变得更大，反之，当 $a<1$ 时，若 a 越小，则 $\psi\left(\dfrac{t}{a}\right)$ 的宽度越窄。通过 a 和 b 参数值就可以确定对 $x(t)$ 分析的中心位置及分析的时间宽度，如图 5.4 所示。WT 又可解释为信号 $x(t)$ 和一族小波基的内积。当 $x(t)$ 是实信号，则 $\psi(t)$ 和 $\mathrm{WT}_x(a,b)$ 也是实数。

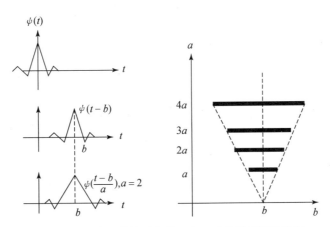

图 5.4　母小波的伸缩及参数 a 和 b 对分析范围的控制

进一步设 $x(t)$ 的傅里叶变换为 $X(\Omega)$，则 $\psi(t)$ 的对应傅里叶变换为 $\Psi(\Omega)$，由傅里叶变换的性质可得 $\psi_{a,b}(t)$ 的傅里叶变换：

$$\psi_{a,b}(t) = \frac{1}{\sqrt{a}} \psi\left(\frac{t-b}{a}\right) \Leftrightarrow \Psi_{a,b}(\Omega) = \sqrt{a}\, \Psi(a\Omega) \mathrm{e}^{-j\Omega b} \tag{5.3}$$

根据 Parsevals 定理，式（5.2）可变换为小波变换的频域表达式：

$$\mathrm{WT}_x(a,b) = \frac{1}{2\pi} \langle X(\Omega), \Psi_{a,b}(\Omega) \rangle$$

$$= \frac{\sqrt{a}}{2\pi} \int_{-\infty}^{+\infty} X(\Omega) \Psi^*(a\Omega) e^{j\Omega b} d\Omega \tag{5.4}$$

（2）离散小波变换。理论上，变量 t，a 和 b 都是连续的，但现实中对一个信号的小波变换时，t，a 和 b 均应离散化。最常用的离散化方法是对 a 取 $a = a_0^j$，$j \in Z$，并取 $a_0 = 2$，这样 $a = 2^j$。这种 a 按 2 的整次幂取值所得到的小波习惯上称为"二进"（dyadic）小波。对 b 离散化常用的方法是将 b 均匀抽样，令 $b = kb_0$，b_0 的选择一般应保证能由 $\mathrm{WT}_x(j,k)$ 来恢复出 $x(t)$。当 $j \neq 0$ 时，将 a 由 a_0^{j-1} 变成 a_0^j 时，即是将 a 扩大了 a_0 倍，这时小波 $\psi_{j,k}(t)$ 的中心频率比 $\psi_{j-1,k}(t)$ 的中心频率下降了 a_0 倍，带宽也下降了 a_0 倍。因此，这时对 b 抽样的间隔也可相应地扩大 a_0 倍。当尺度 a 分别取 a_0，a_0^1，a_0^2，…，对 b 的抽样间隔可以取 $a_0 b_0$，$a_0^1 b_0$，$a_0^2 b_0$，…，对 a 和 b 离散化后的结果是

$$\begin{aligned} \psi_{j,k}(t) &= a_0^{-j/2} \psi \left[a_0^{-j}(t - ka_0^j b_0) \right] \\ &= a_0^{-j/2} \psi(a_0^{-j} t - kb_0) \quad j,k \in Z \end{aligned} \tag{5.5}$$

对给定的信号 $x(t)$，式（5.2）可变成离散栅格上的小波变换，即

$$\mathrm{WT}_x(j,k) = \int x(t) \psi_{j,k}(t) dt \tag{5.6}$$

该过程为"离散小波变换"（discrete wavelet transform，DWT）。

（3）容许性条件及小波反变换。对于某一母小波 $\psi(t) \in L^2(R)$，记 $\Psi(\Omega)$ 为 $\psi(t)$ 的傅里叶变换，则存在：

$$c_\psi \overset{\Delta}{=} \int_0^\infty \frac{|\Psi(\Omega)|^2}{\Omega} < \infty \tag{5.7}$$

该容许条件描述了作为母小波的函数所应具有的大致特征：$\psi(t)$ 必须是一带通函数，时域波形应是振荡的，取值必须有正有负。此外，$\psi(t)$ 是有限支撑的，因此它应是快速衰减的。

对于给定的信号 $x(t)$，在 $\psi(t)$ 满足"容许性条件"，即 $c_\psi < \infty$ 为前提条件下，可由其小波变换 $\mathrm{WT}_x(a,b)$ 来恢复，即

$$x(t) = \frac{1}{c_\psi} \int_0^\infty a^{-2} \int_{-\infty}^\infty \mathrm{WT}_x(a,b) \psi_{a,b}(t) da db \tag{5.8}$$

式（5.8）意味小波分析方法不仅能将信号进行时频局部化分解，还可以对信号进行仿真重构。

在实际运用中，尺度 a 常按 $a = 2^j$ 来离散化，$j \in Z$。由式（5.3），对应的傅里叶变换 $2^{j/2} \Psi(2^j \Omega) e^{-j\Omega b}$，由于我们需要在不同的尺度下对信号进行分析，同时也需要在该尺度下由 $\mathrm{WT}_x(a,b)$ 来重建 $x(t)$，因此要求 $|\Psi(2^j \Omega)|^2$ 是有界的，当 j 由 $-\infty \sim +\infty$ 时，应有

$$A \leqslant \sum_{j=-\infty}^\infty |\Psi(2^j \Omega)|^2 \leqslant B \tag{5.9}$$

式中 $0 < A \leqslant B < \infty$。该式称为小波变换的稳定性条件，它是在频域对小波函数提出的又一要求。

3）Morlet 小波

母小波 $\psi(t)$ 是小波分析的核心，理想的母小波，除了要上述提到的满足容许条件

外，往往还要求具备良好的紧支性、对称性、正交性、正则性及较高阶的消失矩等特性。而理想的小波在现实中是不存在的。本章主要对 Morlet 小波进行介绍。

Morlet 小波定义为

$$\psi(t) = e^{-t^2/2} e^{j\Omega t} \tag{5.10}$$

其傅里叶变换为

$$\Psi(\Omega) = \sqrt{2\pi}\, e^{-(\Omega-\Omega_0)^2/2} \tag{5.11}$$

它是一个具有高斯包络的单频率复正弦函数。其 Ω_0 中为中心频率，该小波不是紧支撑的。但是当 $\Omega_0 = 5$，或再取更大的值时，$\psi(t)$ 和 $\Psi(\Omega)$ 在时域和频域都具有很好的集中，如图 5.5 所示。Morlet 小波不是正交的，也不是双正交的，仅可用于连续小波变换，但其具有良好对称性，因此应用较为广泛。

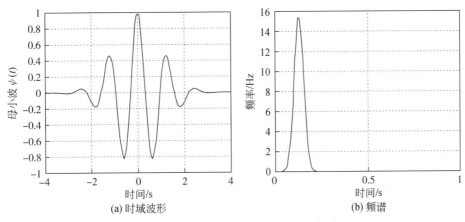

(a) 时域波形　　　　　　　　　(b) 频谱

图 5.5　Morlet 小波

2. 多时间尺度特征分析的小波变换

多时间尺度（multiple time scales）指系统变化并不存在真正意义上的周期性，而是以这种周期变化，时而以另一种周期变化，并且同一时段中又包含各种时间尺度的变化（王文圣等，2005）。系统变化的多时间尺度性早先提出于天气系统，而后被水文学者运用于水文序列的研究中。对水文序列的多时间研究主要是分析序列在时域中多层次时间尺度结构和局部化特征，从而揭示水文序列不同时间尺度下的演变规律。小波分析在时域和频域上同时具有良好的局部化功能，可以对信号（时间序列）进行局部化分析，剖析其内部精细结构。因此，小波分析十分有利于分析水文水资源系统的多时间尺度变化。通过小波变换，能更好地辨析水文序列隐含的近似周期（郑昱和朱元牲，2000）。目前小波分析方法对水文序列的多时间尺度特征分析主要通过小波系数图和小波能谱图实现。

1）小波系数图

小波系数图是反映小波变换系数 $WT_x(a,b)$ 随尺度因子 a 和时间因子 b 变化而变化的数值图，通常以时间因子为横坐标、以尺度因子为纵坐标绘制成关于小波系数的二维等值线图。不同尺度下的小波变换系数时间序列可以反映水文系统在该时间尺度下变化特征，通常正的小波系数对应于偏多期，负的小波系数对应于偏少期，小波系数为零则对应着转折点，某一尺度下小波变换系数正负波动越大，即小波系数绝对值越大，表明该时间尺度变化越显著。确定某一尺度有显著周期变化后，往往还可以进一步绘制该尺度下小波系数的时间序列变化图分析其相位变化。

2）小波能谱图

小波方差是在某一尺度下对其时域上所有小波系数平方的积分，积分越大表明波动的能量越大，小波方差随着尺度因子变化的示意图称为小波方差图，因此小波方差主要反映波动能量随尺度变化的分布特征，也称为小波能谱图，通过小波能谱图可以确定一个水文时间序列中存在的主要时间尺度，即主要周期，其在小波能谱图中往往以峰值的形式出现，其功能与傅里叶分析中的方差密度图功能一致（丁晶和邓育仁，1988）。文献（Torrence et al., 1998）还从统计学的角度，基于白噪声和红噪声理论推导出用来检验小波能谱峰值显著性的噪声能量谱（置信度95%）。

需要特别注意的是，小波分析的周期性或近似周期性特征的分析是在傅里叶分析的基础上发展而来的，所以要求用于小波变换的母小波本身也应具备良好的周期性特征，并与傅里叶分析存在稳定的数值联系，所以不是所有的母小波都适合用于多时间尺度的小波分析，目前常用的主要是 Morlet 和 Marr 小波，其小波变换中尺度因子 a 与傅里叶分析中的周期 T 间存在着一一对应关系。本章采用 Morlet 小波，其尺度因子与周期 T 对应关系为

$$T = \frac{4\pi}{\Omega_0 + \sqrt{2 + \Omega_0^2}} \times \alpha \tag{5.12}$$

式中，当 $\Omega_0 = 5$ 时，则有 $T \approx 1.232\alpha$。

5.3.2　盐度变化的日周期特征

运用 Morlet 小波变换方法，分析广昌站不同年份枯水期逐小时盐度数据样本周期特征（图5.6、图5.7和表5.6）。分析 2001~2010 年枯水期各盐度序列小波变化系数图（图5.6），图中红色等值线表示正值，红色越深表示正值越大；蓝色表示负值，颜色越深表示负值越小。高低值中心对应的纵坐标值为尺度因子 a，可以通过式（5.12）折算成周期 T，表示该序列存在大小为 T 的周期性震荡。各盐度序列均在 $a = 15~25$ h 尺度附近存在一个间断、数值正负交替的波动特征带，高低值以 $a = 20$ h 为中心，即以 20 h 周期变化最为显著。通过式（5.12）换算，可推算出磨刀门水道盐度变化第一主周期成分为 24.6 h。同时，在 2006~2007 年枯水期也出现 $a = 12.3$ h 的次周期，但信号较弱。进一步分析 2001~2010 年枯水期各盐度序列的小波能谱图（图5.7），发现第一周期成分 24.6 h 基本通过置信度95%的红噪声能量谱检验，周期变化显著；次周期成分 12.3 h 周期能量均未通过置信度95%的检验，周期变化不明显。

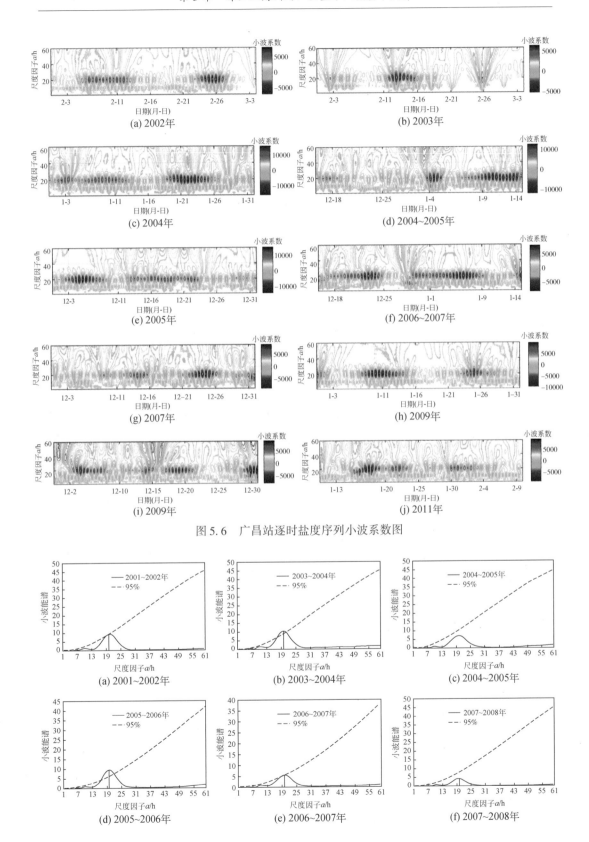

图 5.6　广昌站逐时盐度序列小波系数图

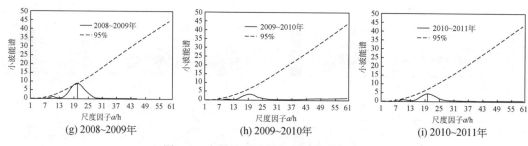

(g) 2008~2009年　　　　(h) 2009~2010年　　　　(i) 2010~2011年

图5.7　广昌站逐时盐度序列小波能谱图

表5.6　广昌站逐时盐度序列周期特征

序号	基本时间特征			盐度特征		第一周期		第二周期	
	年份	历时/h	超标时间/h	盐度高值/(mg/L)	盐度均值/(mg/L)	尺度/h	周期/h	尺度/h	周期/h
1	2001~2002	744	441	5200	793	20*	24.6	10	12.3
2	2003~2004	744	730	9500	3213	20*	24.6	10	12.3
3	2004~2005	744	688	10480	2838	20	24.6	10	12.3
4	2005~2006	744	744	9800	4124	20*	24.6	10	12.3
5	2006~2007	744	696	7360	2735	20*	24.6	10	12.3
6	2007~2008	744	727	7700	2895	20	24.6	10	12.3
7	2008~2009	744	672	8400	1694	20*	24.6	10	12.3
8	2009~2010	744	743	9200	3602	20	24.6	10	12.3
9	2010~2011	744	734	7800	2557	20	24.6	10	12.3

* 表明通过置信度95%的显著性检验

　　同样用 Morlet 小波变换分析平岗站 2008 年 1 月 1 日～31 日的逐时盐度序列（共744 个数据）的日周期特征。分析平岗站盐度逐时序列的小波系数图（图 5.8），盐度

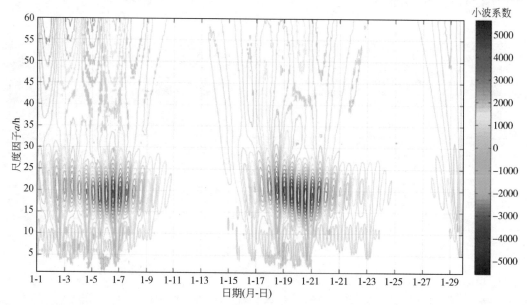

图5.8　平岗站逐时盐度序列小波系数图

序列在 $a=20$ h 尺度附近存在一个间断、数值
正负交替的波动特征带，高低值以 $a=20$ 为中
心，即以 $a=20$ h 周期变化最为显著。通过
Morlet 母小波周期换算公式可换算出磨刀门水
道盐度变化第一主周期成分为 24.6 h。此外，
磨刀门水道逐时盐度变化还存在12.3 h 左右的
变化周期，但不如 $T=24.6$ h 的周期明显。进
一步分析 2001～2010 年枯水期各盐度序列的
小波能谱图（图 5.9），发现第一周期成分
24.6 h 通过置信度 95% 的红噪声能量谱检验，
周期变化显著；次周期成分12.3 h 未通过置信度 95% 的检验，周期变化不明显。

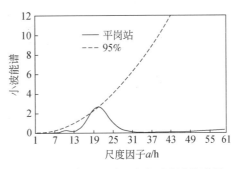

图 5.9　平岗站逐时盐度序列小波能谱图

　　上述研究表明，磨刀门水道盐度变化存在明显的日周期变化特征，包含显著的
24.6 h 第一周期成分和不明显的 12.3 h 次周期成分。磨刀门水道盐度日周期变化特征
与磨刀门口门潮汐日周期特征基本吻合，即磨刀门口门潮汐属于不规则半日潮，潮汐
具备较稳定的全日变化周期和不稳定的半日变化周期。包芸等（2009）的研究结果也
表明，咸潮上溯界线的变化周期和潮汐类似，具有日周期波动规律。

5.3.3　盐度变化的半月周期特征

　　运用 Morlet 小波变换方法，分析不同年份（2003～2004 年、2006～2007 年、2007～
2008 年、2008～2009 年、2009～2010 年、2010～2011 年）广昌站、平岗站枯水期逐日
盐度数据样本周期特征（图 5.10～图 5.13）。结果表明，磨刀门水道盐度变化具有多
时间周期特征，主周期成分为 14.8 d。分析枯水期各盐度序列小波变化系数图（图
5.10、图 5.12），各盐度序列均在 $a=10～15$ d 尺度附近存在一个间断、数值正负交替
的波动特征带，高低值以 $a=12$ d 为中心，即以 12 d 周期变化最为显著。通过 Morlet 母
小波周期换算公式可换算出磨刀门水道盐度变化第一主周期成分为 14.8 d。另外，若
干场次咸潮盐度出现 20～30 d 的变化周期，如 2006～2007 年、2009～2010 年、2010～
2011 年均出现了 $a=25$ d 的变化周期，换算后为 30.8 d，即存在月周期。这些周期变化
在不同时段所表现出的强弱不同。此外，盐度序列的小波系数图还表明，不同年份，
盐度变化的剧烈程度，以及相应持续时间都有所不同。以平岗站 2009～2010 年为例，
由 11 月 23 日～1 月 15 日，盐度序列存在剧烈的数值正负交替波动，其他分析时段的
变化则不明显。进一步分析各年份枯水期盐度序列的小波能谱图（图 5.11、图 5.13），
发现第一周期成分 14.8 d 基本全部通过置信度 95% 的红噪声能量谱检验，周期变化显
著；30 d 左右的次周期成分均未通过置信度 95% 的检验，周期变化不明显。

　　上述研究表明，磨刀门水道盐度变化存在明显的半月周期变化特征，包含显著的
14.8 d 第一周期成分和不明显的 30 d 左右次周期成分。这与磨刀门口门潮汐半月周期
特征基本吻合。与闻平等（2007）和刘杰斌等（2010）的研究成果一致，磨刀门水道
氯化物含量的半月变化主要与潮汐半月周期有关。

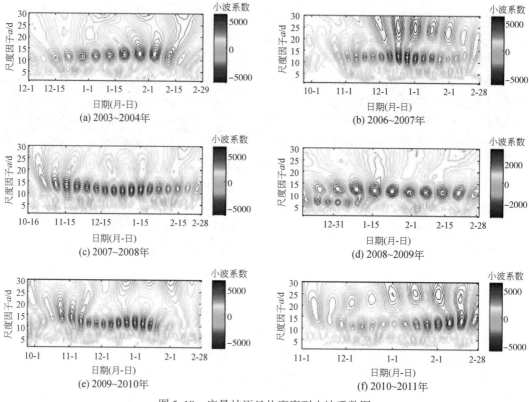

图 5.10　广昌站逐日盐度序列小波系数图

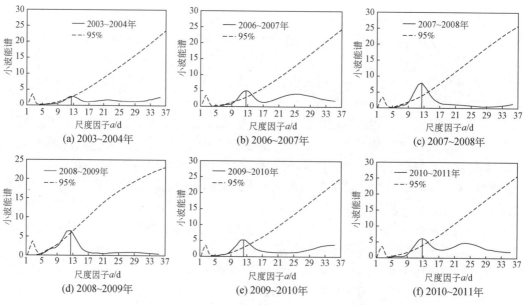

图 5.11　广昌站逐日盐度序列小波能谱图

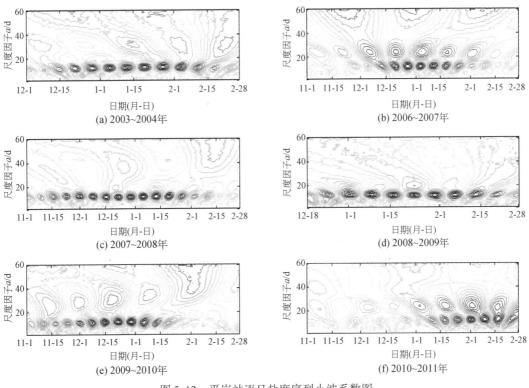

图 5.12　平岗站逐日盐度序列小波系数图

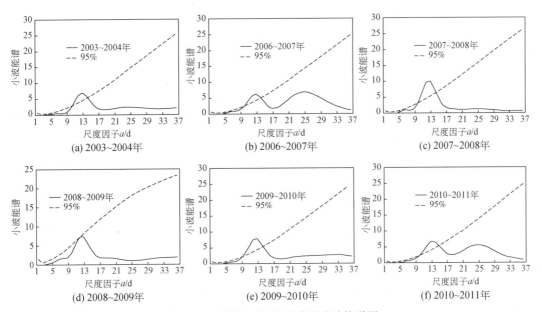

图 5.13　平岗站逐日盐度序列小波能谱图

5.4　多要素驱动的盐水入侵响应规律

5.4.1　交叉小波分析方法

1. 交叉小波变换（XWT）

交叉小波分析可以将两个时间序列的数据在时频域进行多时间尺度的分析，以研究这两个时间序列的相关关系。即假设两个时间序列 $x(s)$ 和 $y(s)$，其中，$W_x(s)$ 和 $W_y(s)$ 是两个时间序列 $x(s)$ 和 $y(s)$ 的小波变换，则小波的交叉谱值可以定义为 $W_n^{xy}(s) = W_n^x(s) W_n^{y*}(s)$，所以其小波谱的密度公式为 $|W_n^{xy}(s)|$，所以两个时间序列的共同能量高度可以小波谱的密度值的大小来表征，密度值值越大则两个时间序列的相关程度就越高。

交叉小波的功率谱检验即对红噪声标准谱的比较检验。假设红噪声功率谱为 P_k^x 与 P_k^y，为所分析的时间序列 $x(s)$ 和 $y(s)$ 的期望谱，那么小波功率谱的分布可由如下方程式求出：

$$\frac{|W_n^x(s) W_n^{y*}(s)|}{\sigma_x \sigma_y} = \frac{Z_v(P)}{v} \sqrt{P_k^x P_k^y} \qquad (5.13)$$

式中，σ_x 和 σ_y 分别代表两个时间序列 $x(s)$ 和 $y(s)$ 的标准差。其中 $Z_v(P)$ 是关于 P 的置信度，v 为 Morlet 小波变换的自由度。如在显著水平为 $a=0.05$ 时，$Z_2(0.95)=3.99$，比较上式等号左右两边，若上式中左边大于右边，则认为通过显著水平为 0.05 的红噪声检验，两者有显著的相关性；若右边大于左边，则认为没有通过显著水平为 0.05 的红噪声检验，两者相关性不显著。

2. 交叉小波位相

设定两时间序列 $x(s)$ 和 $y(s)$，在时频域中的相对位相可以由 W_n^{xy} 的复角表示。并通过对所研究的两个时间序列的置信水平和均值的估计，然后计算其尺度元素间的位相差。在分析图中的影响锥曲线内（置信度为95%），其位相角可以定量描述所研究的时间序列的关系；其中平均角 $\bar{a}$ 可由以下公式得出：

$$\bar{a} = \arg(\bar{x}, \bar{y}); \bar{x} = \sum_{i=1}^{n} \cos(a_i); \bar{y} = \sum_{i=1}^{n} \sin(a_i) \qquad (5.14)$$

其中 a_i（$0° < a_i < 360°$）为样本中的 n 个角度。

通过位相差的箭头所指角度大小可以判断两个时间序列各尺度成分的时滞相关性。

3. 交叉小波位相

小波相干谱可衡量两个时间序列在时频空间上的局部相关程度。其计算公式如下：

$$R_n^2(s) = \frac{|S(s^{-1} W_n^{XY}(s))|^2}{S(s^{-1} |W_n^X(s)|^2) \cdot S(s^{-1} |W_n^Y(s)|^2)} \qquad (5.15)$$

式中，$S(W) = S_{scale}(S_{time}(W_n(s)))$ 是平滑器，其中，S_{scale} 表示沿着小波伸缩尺度轴平滑，S_{time} 表示沿着小波时间平移轴平滑。Morlet 小波的平滑器表达式如下：

$$S_{time}(W)\big|_S = \left(W_n(s) \times c_1^{-t^2/(2s^2)}\right)\big|_s \tag{5.16}$$

$$S_{scale}(W)\big|_n = \left\{W_n(s) \times c_2 \prod(0.6s)\right\}\big|_N \tag{5.17}$$

式中，$\prod$ 为一矩阵函数，c_1 和 c_2 为标准化常数，0.6 为经验尺度。

交叉小波变换可以揭示两个时间序列共同的高能量区及位相关系，小波相干谱则可以用来度量两个时间序列在时频空间上的局部相关程度，即使对应交叉小波功率谱中的低能量值区，在小波相干谱中也有可能很显著。

5.4.2　潮汐与径流对盐水入侵的驱动效应

1. 盐度变化与潮汐过程的滞时特征

同样选用 Morlet 小波变换方法，分析上述 6 年枯水期三灶站潮差日变化序列的周期性特征。磨刀门水道口门潮汐过程具有半月周期特征。分析三灶站潮差序列的小波系数图（图 5.14），可以看出各潮差序列均在 $a = 10 \sim 15$ d 尺度附近存在一个间断、数值正负交替的波动特征带，高低值以 $a = 12$ d 为中心，即以 $a = 12$ d 周期变化最为显著。

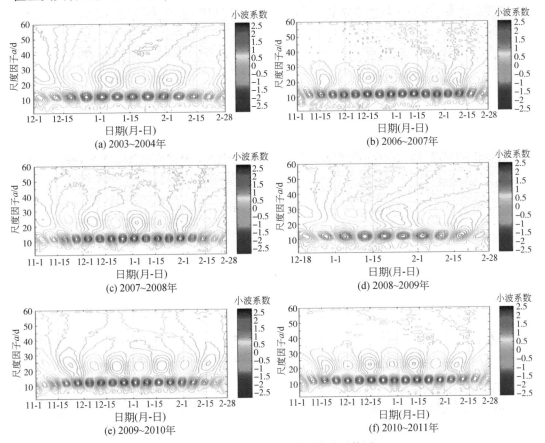

图 5.14　三灶站日潮差序列小波系数图

通过 Morlet 母小波周期换算公式换算出三灶站潮差变化第一主周期成分为 14.8 d，这与磨刀门口门潮汐半月周期特征基本吻合。

由上述分析可知，盐度与潮汐的半月周期特征十分相似。因此，本章尝试运用交叉小波及小波相干谱方法，从相关性角度分析潮汐动力对磨刀门水道盐度的影响。交叉小波功率谱及小波相干谱如图 5.15～图 5.18 所示。交叉小波功率谱中，白色的高能区表示两时间序列存在共同的高能量区，即在对应的坐标上存在相关关系，颜色越白，表示交叉小波谱越大，则两者相关关系越显著。每个高能区外围的黑色实线为置信度为 95% 的边界线，线内值通过检验，而锥形线内则表示该区域内的结果不受边缘效应影响。小波相干谱中的白色区域也表示两时间序列存在相关关系，白色区域越大，相关关系就越可靠。

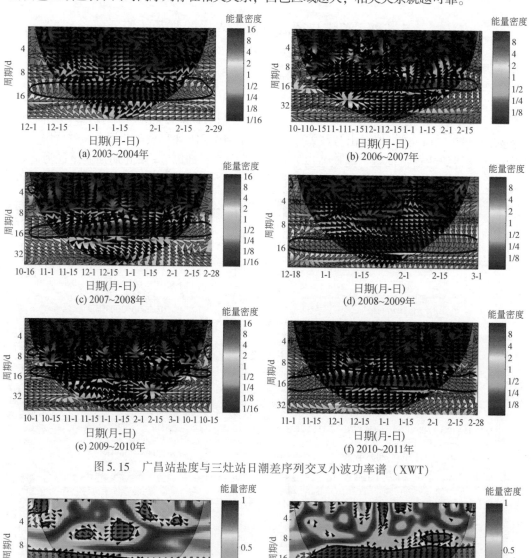

图 5.15　广昌站盐度与三灶站日潮差序列交叉小波功率谱（XWT）

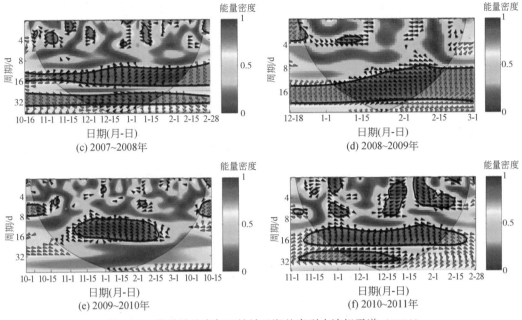

图 5.16　广昌站盐度与三灶站日潮差序列小波相干谱（WTC）

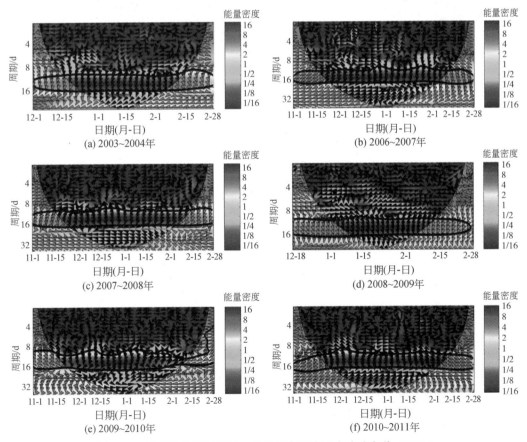

图 5.17　平岗站盐度与三灶站日潮差序列交叉小波功率谱（XWT）

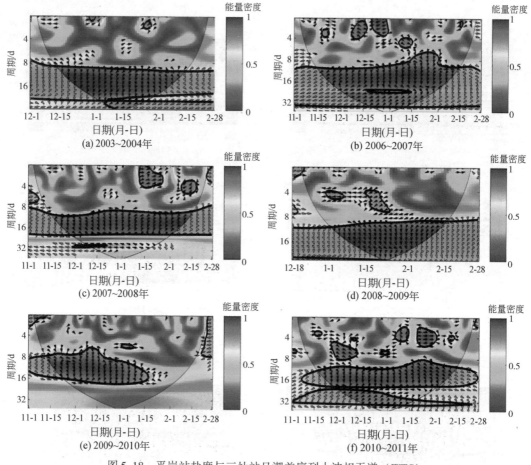

图5.18　平岗站盐度与三灶站日潮差序列小波相干谱（WTC）

分析各年份枯水期盐度序列与潮差序列的交叉小波功率谱及小波相干谱图得出如下结论：

（1）三灶站日潮差序列与广昌站、平岗站盐度序列均具有良好的相关关系。

分析各年份枯水期盐度序列与日潮差序列的交叉小波功率谱（XWT）（图5.15、图5.17），各年份枯水期盐度序列与潮差序列的交叉小波功率谱在时频域上显示出相似的特征，即在15±1 d的时间尺度上，广昌站、平岗站盐度过程均与三灶站潮差过程出现了显著的高能量区，且通过置信度为95%的红噪声检验，表明两者在15 d左右的周期尺度上显著相关。进一步分析各年份枯水期盐度序列与日潮差序列的交叉小波相干谱（WTC）（图5.16、图5.18），盐度序列与潮差序列之间在2~20 d不同区域上都存在不同程度的相关关系，进一步表明，盐度与潮差之间相关关系是确实存在的。总体上看，15 d周期在时域的能量分布较均匀，在大潮期周围较为显著，在小潮期附近能量有所减弱。说明潮汐作用强时潮汐过程与盐度变化相关性更为显著。

（2）磨刀门水道盐度与潮差的相关关系较为稳定，一致表现为盐度变化超前于潮差变化，各年份超前变化时间各不相同，且总体来看，广昌站盐度变化超前于潮差变化的时间略小于平岗站。

　　广昌盐度过程与潮汐过程存在 3.1±0.6 d 的位相差。分析广昌站各年份的位相关系得表 5.7，各年份盐度变化和潮汐过程的位相角平均为 75°±15°，说明当潮汐过程表现为 15 d 的周期变化时，平岗站盐度变化先于三灶站潮差变化 0.21±0.04 个周期，即广昌站盐度变化较三灶站潮差变化提前 3.1±0.6 d。

　　平岗盐度过程与潮汐过程存在 3.9±0.6 d 的位相差。分析平岗站各年份的箭头指示得表 5.8，各年份盐度变化和潮汐过程的位相角平均为 94°±15°，说明当潮汐过程表现为 15 d 的周期变化时，平岗站盐度变化先于三灶站潮差变化 0.26±0.04 个周期，即平岗站盐度变化较三灶站潮差变化提前 3.9±0.6 d。

　　这与闻平等（2007）的研究结果，即在咸潮入侵的半月周期潮相变化中，磨刀门水道含氯度日最大值并不出现在潮差最大值日，而是提前 3～5 d 的结论一致。对比表 5.7、表 5.8 可知，三灶站潮差序列与广昌站盐度序列的平均滞时小于与平岗站序列的滞时，约小了 0.8 d。这与两站点的地理位置有关，广昌站位于磨刀门水道下游，距出海口仅 15 km，较靠近三灶站，而平岗站位于磨刀门水道中游，距出海口 35 km，因此广昌站受潮汐动力的影响要先于平岗站。

　　盐度变化之所以提前于潮差变化与河口地区的盐度输运环流有关。在小潮期向大潮期转换期间，潮差每日都在明显增大，此时磨刀门口门外海水盐度也比其他时期要高。也就是说，在小潮转大潮期间，水平盐度梯度往往较平时会更大，使得盐度向上输运更明显，从而导致盐度变化提前于潮差变化。以 2009～2010 年为例，对比水平盐度梯度与潮差变化（图 5.19、图 5.20）可知，三灶站盐度最大值出现在 11 月 15 日及 12 月 1 日（5264 mg/L 及 6616 mg/L），相应地，与广昌站、平岗站的水平盐度梯度最大值也均出现在这两天（797 mg/L、4553 mg/L 及 966 mg/L、3898 mg/L），而三灶站潮差最大值分别出现在 11 月 19 日及 12 月 4 日（223 cm 及 267 cm），即盐度变化提前于潮差变化 3 d 左右。

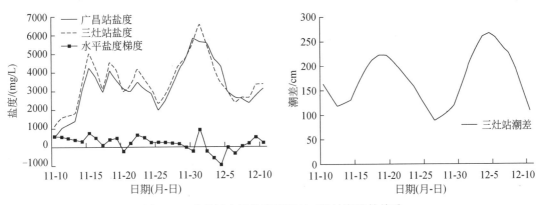

图 5.19　广昌站水平盐度梯度与三灶站潮差的关系

　　（3）分析各年份交叉小波功率谱，盐度变化与潮差过程的时滞关系各不相同，具体情况见表 5.7、表 5.8。2003～2004 年、2008～2009 年、2010～2011 年枯水期，盐度变化和潮汐过程的交叉小波功率谱在 15 d 的周期上表现出高能量，两者位相角为 70°～

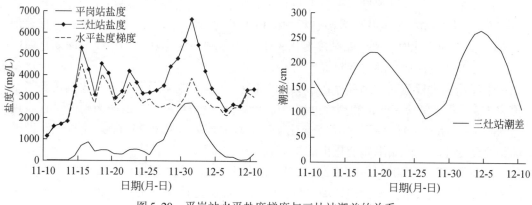

图 5.20　平岗站水平盐度梯度与三灶站潮差的关系

100°；2006 ~ 2007 年、2009 ~ 2010 年枯水期，两者位相关系为 85° ~ 115°；2007 ~ 2008 年枯水期，两者位相关系为 80° ~ 110°。对比各年份潮差可知，咸潮上溯过程中，对应潮差越大的年份，盐度与潮差之间的位相角越大，即盐度变化提前潮差变化越多。例如，2006 ~ 2007 年、2007 ~ 2008 年及 2009 ~ 2010 年（潮差分别为 1.75 m、1.75 m 及 1.74 m）的咸潮上溯问题比较严重，盐度与潮差之间的位相角大于 2003 ~ 2004 年、2008 ~ 2009 年及 2010 ~ 2011 年（潮差分别为 1.71 m、1.67 m 及 1.69 m）的位相角，说明潮汐动力越强，对盐度变化的影响越大。

表 5.7　广昌站盐度变化与三灶站潮差过程的位相关系

年份	2003 ~ 2004	2006 ~ 2007	2007 ~ 2008	2008 ~ 2009	2009 ~ 2010	2010 ~ 2011
位相关系	72°±15°	100°±15°	95°±15°	60°	50°±10°	90°
提前时间/d	2.9±0.6	4.2±0.6	4.0±0.6	2.5	2.1±0.4	3.7

表 5.8　平岗站盐度变化与三灶站潮差过程的位相关系

年份	2003 ~ 2004	2006 ~ 2007	2007 ~ 2008	2008 ~ 2009	2009 ~ 2010	2010 ~ 2011
位相关系	87°±15°	100°±15°	95°±15°	88°±15°	100°±15°	84°±15°
提前时间/d	3.6±0.6	4.2±0.6	4.0±0.6	3.7±0.6	4.2±0.6	3.5±0.6

2. 盐度变化与径流过程的滞时特征

　　同样选用 Morlet 小波变换方法，分析上述 6 年枯水期马口站和三水站合流量序列的周期性特征。马口站和三水站合流量序列具有多时间尺度周期特征，主周期成分为 14.8 d。分析马口站和三水站合流量序列的小波系数图（图 5.21），各流量序列均在 $a = 10 ~ 15$ d 尺度附近存在一个间断、数值正负交替的波动特征带，高低值以 $a = 12$ d 为中心，即以 $a = 12$ d 周期的变化最为显著。通过 Morlet 母小波周期换算公式可换算出磨刀门水道盐度变化第一主周期成分为 14.8 d。但流量序列的周期变化特征较为复杂，不同年份，高值区出现的周期不同，径流序列的数值正负交替波动强度以及持续时间均同样存在差异。如部分年份流量变化还存在 25～30 d、45～55 d 的变化周期，如 2006～2007 年出现了 $a=25$ d 的变化周期，换算后为 30.8 d；2010～2011 年出现了 $a=55$ d 的变化周期，换算后为 67.8 d。而 2007～2008 年及 2009～2010 年，径流序列 在 $a=12$ d 周期上的波动特征不明显，表现为稳定偏少年份，这与实际流量资料相符合。

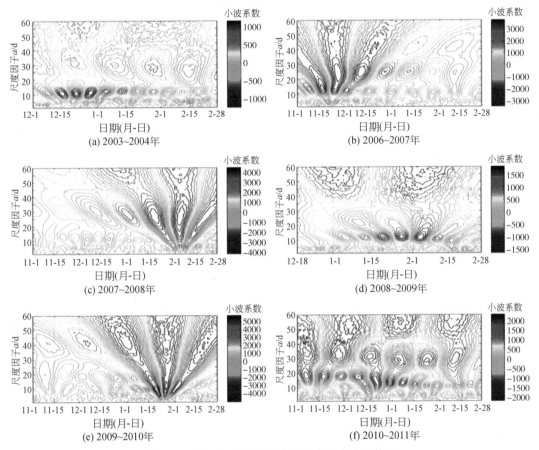

图 5.21　马口站和三水站合流量序列小波系数图

由上述分析可知，径流与盐度的半月周期特征十分相似。因此，本章尝试运用交叉小波及小波相干谱方法，从相关性角度分析径流动力对磨刀门水道盐度的影响。由于径流动力对盐度变化具有逆向驱动作用，为了得到两者之间的相关关系，取马口站和三水站合流量的倒数序列与广昌站盐度序列、平岗站盐度序列进行交叉小波变换，得到交叉小波功率谱及小波相干谱，如图 5.22～图 5.25 所示。分析上述 6 年枯水期盐度序列与径流序列的交叉小波功率谱及小波相干谱图，得出如下结论：

（1）马口站和三水站合流量序列与广昌站盐度序列、平岗站盐度序列具有较良好的相关关系。但总体来看，径流动力对盐度变化的影响没有潮汐动力强。

分析各年份枯水期盐度序列与日潮差序列的交叉小波功率谱（XWT）（图 5.22、图 5.24），各年份枯水期盐度序列与合流量序列的交叉小波功率谱在时频域上显示出相似的特征，即在 15±1 d 的时间尺度上，盐度序列与径流序列存在共同的显著高能量区，且通过置信度为95%的红噪声检验，表明两者在15 d左右的周期尺度上相关显著。且在部分年份，马口站和三水站合流量与平岗站盐度之间还在其他周期上存在一定的相关关系。例如，2006~2007年，流量序列跟盐度序列在30 d左右的周期上还存在一定的相关性，且通过置信度为95%的红噪声检验。进一步分析两序列各年份枯水期的小波相干谱（WTC）（图5.23、图5.25），盐度序列与合流量序列在2~20 d的周期上在区域内均存在高值区，进一步表明盐度序列与径流序列之间存在相关关系。对比平岗站盐度与三灶站日潮差序列、马口站和三水站合流量序列交叉小波功率谱（图5.17、图5.24），平岗站盐度与三灶站日潮差序列、马口站和三水站合流量序列小波相干谱（图5.18、图5.25），图5.17、图5.18中通过置信检验的高能量区域明显多于图5.24、图5.25，可见，径流动力对于盐度变化的影响没有潮汐动力大。以2007~2008年为例，图5.24中通过95%置信检验的时间段仅为10月28日~12月28日，即12月28日后盐度变化几乎不受合流量变化影响，但仍持续受潮差变化影响（图5.17），广昌站也出现了类似现象。黄方等（1994）研究指出枯水期盐度变化主要受潮汐动力影响。

（2）磨刀门水道盐度与马口站和三水站合流量的相关关系较为稳定，一致表现为盐度变化滞后于合流量变化，各年份滞后变化时间各不相同，且总体来看，广昌站盐度变化滞后于潮差变化的时间略大于平岗站。

广昌站盐度过程与合流量过程存在3.9±0.6 d的位相差。分析各年份的位相关系得表5.9，各年份盐度变化和径流过程的位相角大致为95°±15°，说明当径流过程表现为15 d的周期变化时，马口站和三水站合流量序列变化先于广昌站盐度变化0.27±0.04个周期，即平岗站盐度变化较合流量变化滞后3.9±0.6 d。

平岗站盐度过程与合流量过程存在3.7±0.6 d的位相差。分析各年份的箭头指示得表5.10，各年份盐度变化和径流过程的位相角大致为90°±15°，说明当径流过程表现为15 d的周期变化时，马口站和三水站合流量序列变化先于平岗站盐度变化0.25±0.04个周期，即平岗站盐度变化较合流量变化滞后3.7±0.6 d。

对比表5.9、表5.10可知，两站点2003~2004年盐度序列与径流序列的位相角均为0°，表明该年份盐度变化与径流过程几乎同步，这与该年份为特枯年有关，由表5.1知，该年份枯水期平均流量仅为1932.1 m³/s，而其余5年枯水期平均流量均在3000 m³/s以上，因此，2003~2004年盐度变化受径流动力影响远小于其他年份。其他年份广昌站盐度序列较马口站和三水站合流量序列的平均滞时略大于平岗序列的滞时，约大了0.2 d。这与两站点的地理位置有关，平岗站位于磨刀门水道中游，而广昌站位于磨刀门水道下游，因此平岗站受径流动力的影响要先于广昌站。

（3）对比上游同期径流过程，位相角的变化与上游同期径流量的变化亦存在一定的对应关系，即当上游径流量由大到小变化时，位相角也表现出由大到小变化的规律。例如，2003~2004年及2006~2007年枯水期，上游同期径流量变化情况均为由大到小，与之相对应，交叉谱的位相角也由大到小变化；2007~2008年、2009~2010年枯水期的情况则相反，上游同期径流量与位相角变化规律均为由小到大。可见，径流对盐度变化存在逆向驱动作用，即上游径流过程变大时，河口区站点盐度变小，盐度变化提前于潮汐过程的时间越长；反之，上游径流过程减小，河口区站点盐度增大，盐度变化提前于潮汐过程的时间则越短。这与刘杰斌等（2010）研究成果一致，即上游径流的大小会影响盐水上溯速度和距离。

上述分析表明，虽然磨刀门水道盐度变化主要受潮汐动力影响，受径流动力影响较小，但上游径流量对盐度仍有不可忽视的抑制作用，当径流量增加时，其对盐度变化的抑制作用亦会增强。以平岗站 2003 ~ 2004 年枯水期为例，图 5. 26 表明平岗站盐度超标历时与马口站和三水站径流量的关系，图中趋势线表明超标历时随着径流量的增大而减少，当合流量小于 2500 m³/s 时，日超标历时总体较高，甚至达到了 24 h 超标，而当合流量大于 2500 m³/s 时，日超标历时基本在 10 h 以下，甚至为 0 h。说明径流动力对平岗站盐度变化有较明显的抑制作用。对比广昌站盐度超标历时与马口站和三水站径流量的关系（图 5. 27），图中总体超标历时均较高，并没有出现随径流量增大而较少的规律，说明径流动力对广昌站盐度变化的抑制作用较弱。

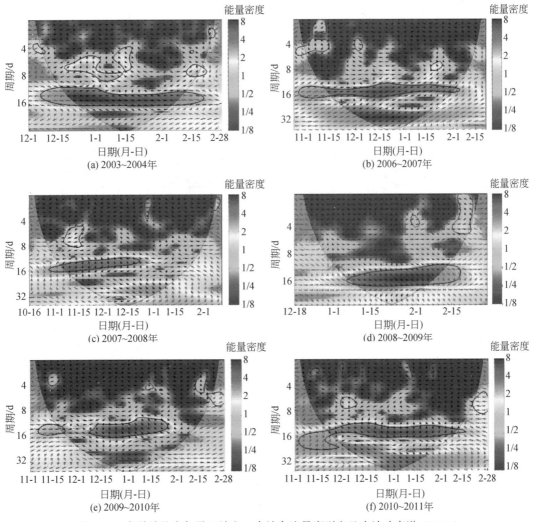

图 5. 22　广昌站盐度与马口站和三水站合流量序列交叉小波功率谱（XWT）

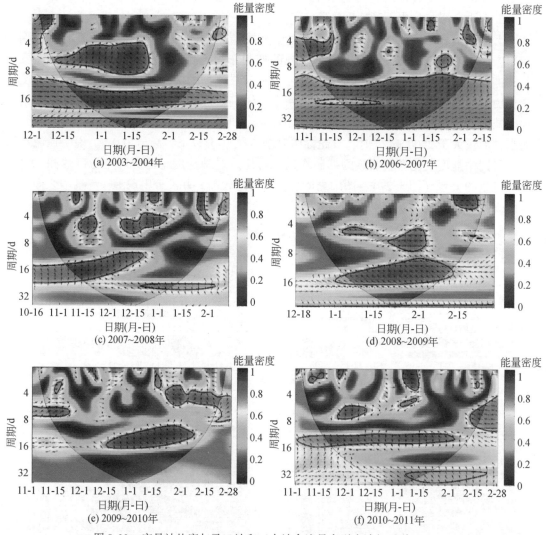

图 5.23　广昌站盐度与马口站和三水站合流量序列小波相干谱（WTC）

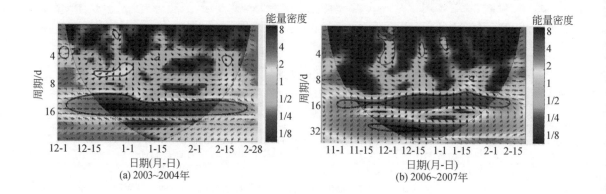

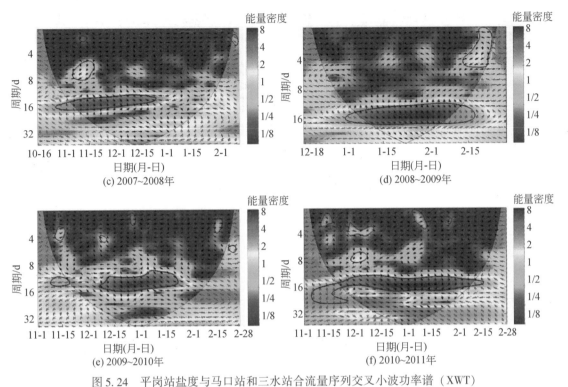

图 5.24 平岗站盐度与马口站和三水站合流量序列交叉小波功率谱（XWT）

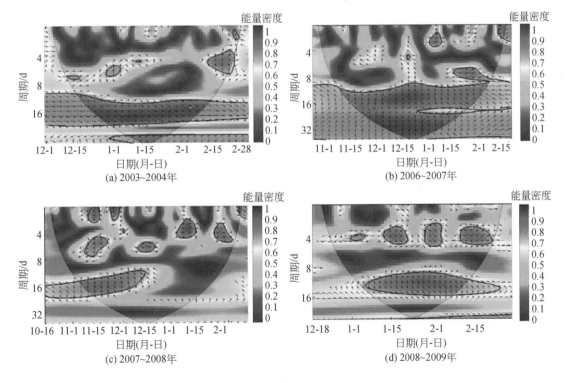

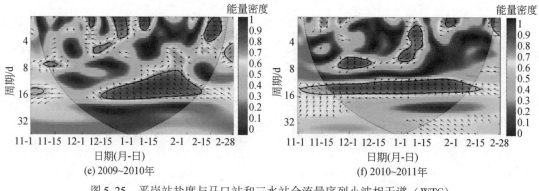

(e) 2009~2010年   (f) 2010~2011年

图 5.25　平岗站盐度与马口站和三水站合流量序列小波相干谱（WTC）

表 5.9　广昌站盐度变化与马口站和三水站合流量序列的位相关系

年份	2003~2004	2006~2007	2007~2008	2008~2009	2009~2010	2010~2011
位相关系	0°	30°±15°	90°±15°	135°	120°±15°	100°±15°
滞后时间/d	0	1.23±0.6	3.7±0.6	5.55	4.9±0.6	4.1±0.6

表 5.10　平岗站盐度变化与马口站和三水站合流量序列的位相关系

年份	2003~2004	2006~2007	2007~2008	2008~2009	2009~2010	2010~2011
位相关系	0°	90°±15°	90°±15°	90°±15°	110°±15°	90°±15°
滞后时间/d	0	3.7±0.6	3.7±0.6	3.7±0.6	4.5±0.6	3.7±0.6

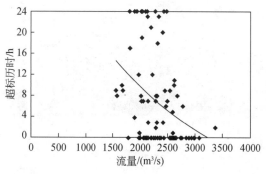 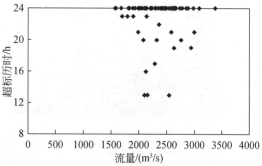

图 5.26　平岗站盐度序列日超标历时与　　　图 5.27　广昌站盐度序列日超标历时与
马口站和三水站合流量关系　　　　　　　马口站和三水站合流量关系

5.5　小　　结

近十几年，受快速城市化、河口挖砂与河道整治、海平面上升等多重复杂、不确定性因素的影响，珠江三角洲河口区频繁遭受盐水入侵。本章选取磨刀门水道为研究区，利用交叉小波分析方法、小波系数图、小波能谱图和数理统计等研究方法，细致剖析盐水入侵的空间、周期和滞时特征。结论如下：

（1）磨刀门水道咸潮上溯在平面变化上的特点为：不论洪水期和枯水期盐度平面分布等盐线基本上是沿主槽凸向下游的趋势，说明磨刀门内海区受径流影响显著的水流特征；在垂向变化上的特点为：磨刀门水道分层系数均大于1，容易形成盐水楔，盐分存在下游盐度大于上游，底层盐度大于表层的特点。且涨潮时盐度在纵向上的上溯趋势明显，而落潮时则明显下移，同时落憩时，小潮的盐水上溯距离要远大于大潮的上溯距离。

（2）磨刀门水道盐度变化具有明显的多时间尺度周期特征，下游广昌站、中游平岗站盐度在时间上具有与潮汐过程相似的周期变化特征，均存在24.6 h 不规则日周期和14.8 d 半月周期特征的主周期成分，还存在不明显的12.3 h 和30 d 次变化周期。

（3）盐度与潮差的相关关系一致表现为盐度变化超前于潮差变化，总体上广昌站盐度变化超前于潮差变化的时间（3.1±0.6 d）略小于平岗站（3.9±0.6 d）；盐度与上游径流的相关关系一致表现为盐度变化滞后于合流量变化，总体上广昌站盐度变化滞后于潮差变化的时间（3.9±0.6 d）略大于平岗站（3.7±0.6 d）。

（4）潮汐动力与径流动力一定程度上为相互消长的关系，潮汐动力相比于内河径流作用对磨刀门水道盐度的影响更加显著。分析各年份枯水期盐度序列与日潮差序列及盐度序列与合流量序列的交叉小波功率谱（XWT），在主周期成分15±1 d 的周期上，各年份的日潮差序列与盐度序列的交叉小波谱 W^{XY} 值均大于径流过程与盐度变化序列的交叉小波谱，表明河口潮汐动力相比于内河径流对广昌站、平岗站盐度变化的影响更为明显。但上游径流量对盐度仍有不可忽视的抑制作用，当径流量增加时，其对盐度变化的抑制作用亦会增强。

第6章 珠江三角洲河口区盐水入侵模拟与预测

为反映网河区海洋动力和河流动力共同作用下网河区潮波潮流传播运动过程以及网河区盐度分布特征对海陆相多要素的驱动响应规律，本章利用自主研发的珠江三角洲网河区 1D-3D 水动力盐度耦合模型开展珠江网河区盐水动力迁移模拟与预测，有利于寻求抑制盐水入侵的方法，并更好地预报咸潮，提早做好防范措施，以保障供水安全，从而促进经济、社会的可持续发展。本章主要从以下两方面开展研究：

（1）基于磨刀门水道的水文和地形资料建立概化水槽物理模型，对咸潮水槽中不同工况下的水流特性和盐度分布进行模拟，分析了盐水楔在静水中的前进规律，并进一步研究潮差、径流、水深、盐度对咸潮上溯的影响。

（2）基于 1D-3D 耦合模型，对磨刀门水道 2005 年、2009 年、2010 年三个工况下完整半月周期的盐通量进行数值模拟，探究潮汐动力与径流对盐水入侵的驱动作用；构建 1990 年和 2005 年两组不同年代地形条件下的三维水动力模型，设置不同的径流和潮汐情景模拟河道地形对盐水入侵的影响。

（3）基于盐度与径流、潮差序列的时延相关性及盐度序列自身相关性，利用基于遗传算法的小波神经网络建立日尺度预测模型，对盐度进行短期预报；为重点分析未来海平面上升对盐度分布演变趋势的影响，基于 TFPW-MK 趋势分析方法确定径流、潮汐的长期数据，利用 1D-3D 耦合模型对盐水入侵上溯距离进行长期（年尺度）预测。

6.1 基于水槽实验的珠江三角洲河口区盐水入侵物理模拟

磨刀门河口受多种水动力因素共同影响，使得盐水上溯问题尤为复杂，分析原型实测资料，能从一定程度上掌握咸潮上溯的规律，但是由于同时受到多种动力因素的共同影响，难以区分每一种动力实际对咸潮上溯影响的大小，为此，本节将对磨刀门水道进行概化，综合考虑磨刀门水道的地形条件，以及实验场地的大小，设计出一个能够模拟磨刀门咸潮上溯的水槽物理模型，并通过不同工况的实验，探索径流、潮汐、水深与初始盐度这四个因素对咸潮上溯的影响。

为了使单因素对咸潮上溯影响更为明显，规律性更强，水槽模型除了对磨刀门水道的地形进行了一定的概化外，还会对径流、潮汐、水深、盐度这四个因素进行合理的概化，尽量减少不确定因素的影响，然后基于物理模型中的相似理论，对概化后的原型数据进行比尺的缩放，应用于实际实验。在实验过程中，保持其中三个因子不变，改变剩余一个因子的大小，观测水位、流速、盐度的变化，并以该工况下的水流特性、盐度分布及盐通量作为判断指标，得出该因素对咸潮上溯的具体影响。实验总体设计思路如图 6.1 所示。

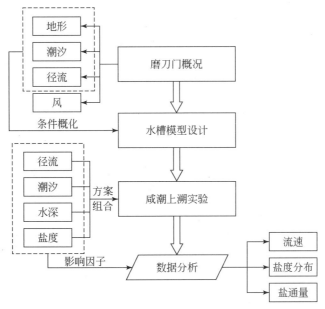

图 6.1　水槽实验的总体设计思路

6.1.1　实验设计原理

物理模型中一般以相似理论作为核心理论，如果模型与原型相似，那么它们无量纲形式的方程组和单值条件应该相同，其无量纲组合数也对应相等。因此，相似理论可以为模型实验中比尺的缩放、参数的增减、介质的改变等提供指导。

1. 相似理论基础

（1）纳维-斯托克斯方程：

$$f_x - \frac{1}{\rho}\frac{\partial p}{\partial x} + \upsilon\left[\frac{\partial^2 v_x}{\partial x^2} + \frac{\partial^2 v_x}{\partial y^2} + \frac{\partial^2 v_x}{\partial z^2}\right] = \frac{\mathrm{d}v_x}{\mathrm{d}t} = \frac{\partial v_x}{\partial t} + v_x\frac{\partial v_x}{\partial x} + v_y\frac{\partial v_x}{\partial y} + v_z\frac{\partial v_x}{\partial z}$$

$$f_y - \frac{1}{\rho}\frac{\partial p}{\partial y} + \upsilon\left[\frac{\partial^2 v_y}{\partial x^2} + \frac{\partial^2 v_y}{\partial y^2} + \frac{\partial^2 v_y}{\partial z^2}\right] = \frac{\mathrm{d}v_y}{\mathrm{d}t} = \frac{\partial v_y}{\partial t} + v_x\frac{\partial v_y}{\partial x} + v_y\frac{\partial v_y}{\partial y} + v_z\frac{\partial v_y}{\partial z} \qquad (6.1)$$

$$f_z - \frac{1}{\rho}\frac{\partial p}{\partial z} + \upsilon\left[\frac{\partial^2 v_z}{\partial x^2} + \frac{\partial^2 v_z}{\partial y^2} + \frac{\partial^2 v_z}{\partial z^2}\right] = \frac{\mathrm{d}v_z}{\mathrm{d}t} = \frac{\partial v_z}{\partial t} + v_x\frac{\partial v_z}{\partial x} + v_y\frac{\partial v_z}{\partial y} + v_z\frac{\partial v_z}{\partial z}$$

式中，x，y，z 分别为纵向、横向和垂向三个方向。公式中左边第一项为流体中质点的质量分力，第二项为质点所受到的压力，第三项为质点的黏性力，等式中间一项表示质点的加速度。

（2）运动中不可压缩流体微分方程：

$$f_x - \frac{1}{\rho}\frac{\partial p}{\partial x} + \upsilon\,\nabla^2 u_x = \frac{\mathrm{d}u_x}{\mathrm{d}t} \qquad\qquad (6.2)$$

式中，f_x 为流体质点的质量分力；ρ 为流体密度；p 为压力；υ 为流体黏性系数；u_x 为流速；t 为时间；x 为纵向方向的距离。

2. 相似比尺推导

若模型中的流体与实际流体相似，则必有比尺关系：

$$\lambda_g f_x - \frac{\lambda_p}{\lambda_\rho \lambda_l} \frac{1}{\rho} \frac{\partial p}{\partial x} + \frac{\lambda_v \lambda_v}{\lambda_l^2} \upsilon \nabla^2 u_x = \frac{\lambda_v^2}{\lambda_l} \frac{\mathrm{d}u_x}{\mathrm{d}t} \tag{6.3}$$

式中，λ_g 为重力比尺；λ_p 为压力比尺；λ_ρ 为密度比尺；λ_l 为长度比尺；λ_v 为黏性比尺；λ_v 为流速比尺。

于是有

$$\lambda_g = \frac{\lambda_p}{\lambda_\rho \lambda_l} = \frac{\lambda_v \lambda_v}{\lambda_l^2} = \frac{\lambda_v^2}{\lambda_l} \tag{6.4}$$

将上式前三项分别去除第四项，则有

1）弗劳德准则

$$\frac{\lambda_v^2}{\lambda_g \lambda_l} = 1, \quad 即 \frac{v_p^2}{g_p l_p} = \frac{v_m^2}{g_m l_m} \tag{6.5}$$

式中，p 为原型；m 为模型。

于是有

$$Fr = \frac{v^2}{gl} \tag{6.6}$$

式中，Fr 为弗劳德数，代表惯性力与重力的比值，主要反映重力相似。

2）欧拉准则

$$\frac{\lambda_\rho \lambda_v^2}{\lambda_p} = 1 \tag{6.7}$$

同理，有

$$Eu = \frac{p}{\rho v^2} \tag{6.8}$$

式中，Eu 为欧拉数，代表压力与惯性力的比值，主要反映压力相似。

3）雷诺准则

$$\frac{\lambda_l \lambda_v}{\lambda_v} = 1 \tag{6.9}$$

同理，有

$$Re = \frac{vl}{v} \tag{6.10}$$

式中，Re 为雷诺数，代表惯性力与黏性力之比，主要反映黏性力相似。

$$Fr_p = Fr_m \tag{6.11}$$

$$Eu_p = Eu_m \tag{6.12}$$

$$Re_p = Re_m \tag{6.13}$$

以上三个称为运动中不可压缩流体的力学相似准则。相似准则不仅是判断流动相似的准则，还是设计模型的准则。设计模型时，即满足：

$$\lambda_v^2 = \lambda_g \lambda_l \tag{6.14}$$

$$\lambda_p = \lambda_\rho \lambda_v^2 \tag{6.15}$$

$$\lambda_v = \lambda_l \lambda_v \tag{6.16}$$

因为 $\lambda_g = 1$，代入式（6.14）和式（6.16），可得

$$\lambda_v = \lambda_l^{\frac{1}{2}} \tag{6.17}$$

$$\lambda_v = \lambda_l \lambda_v \tag{6.18}$$

所以

$$\lambda_v = \lambda_l^{\frac{3}{2}} \tag{6.19}$$

即流体的运动黏度比例尺随着线性比例尺的变化而改变，显然不现实。因为一般模型中的流体与实物一样，如水、空气，$\lambda_v = 1$。除非 $\lambda_l = 1$，否则弗劳德准则和雷诺准则很难同时满足。但如果 $\lambda_l = 1$ 那就不是模型而是原型实验了。因此，许多模型采用近似模型法，即符合部分法则即可。

在明渠无压流动中，重力起主要作用，黏性力作用不显著，那就只考虑弗劳德准则即可；在管内流动中，黏性力起主要作用，则用雷诺准则；风洞实验及气体绕流，压力起主要作用，则用欧拉准则。本节以水槽实验为主，属于明渠无压流动，因此本书主要考虑弗劳德准则。

$$Fr = \frac{v^2}{gl}, \quad 即 \frac{v_p^2}{g_p l_p} = \frac{v_m^2}{g_m l_m}$$

由于实验场地和水流条件的限制，本实验只能采用变态河工模型来设计水槽模型相关尺寸。所谓变态河工模型，表示纵向比尺与垂向比尺不一致，用 $\eta = \dfrac{\lambda_l}{\lambda_h}$ 来表示其变率。因此，变态模型中各项比尺如下：

根据密度弗劳德准则，$\lambda_g = 1$，则流速比尺为

$$\lambda_u = \lambda_h^{1/2} \tag{6.20}$$

流量比尺为

$$\lambda_Q = \lambda_l \lambda_h^{3/2} \tag{6.21}$$

由于水槽中只考虑其单流量和盐通量，所以忽略横向比尺，得出

$$\lambda_Q = \lambda_h^{3/2} \tag{6.22}$$

时间比尺：

$$\lambda_t = \lambda_l \lambda_h^{-1/2} \tag{6.23}$$

3. 比尺选择

根据磨刀门水道长直型的特点，将其概化成矩形水槽模型，考虑到实验场地的限

制，最终把纵向比尺定为1000，水槽在实验场地最长能建110 m，可模拟距磨刀门河口上游110 km处，并在末端设置扭曲水道，便于模拟上游来水过程；至于横向比尺，一般应与纵向比尺一致，按照磨刀门河口平均宽度为2.3 km，则需建造2.3 m宽的水槽，但考虑到咸潮上溯过程中，水道内横向扩散对咸潮上溯影响不大，研究时多以单宽通量来进行研究，所以决定把水槽宽度缩窄，最终定为25 cm，一来可以节省建造成本和实验耗水量，二来可以更方便地进行控制和观测；而垂向比尺，由于磨刀门河口下游平均水深只有7.5 m，所以若比尺定为1000，实验时水槽水深只有0.75 cm，难以进行实验，因此把水槽模型定为变态模型，将垂向比尺定为50，平均水深为15 cm。具体比尺换算见表6.1。

表6.1 水槽物理模型比尺换算

名称	比尺公式	比尺
纵向比尺	λ_l	1000
垂向比尺	λ_h	50
流速比尺	$\lambda_v = \lambda_h^{1/2}$	7
时间比尺	$\lambda_t = \lambda_l \lambda_h^{-1/2}$	141
单宽流量比尺	$\lambda q = 4\lambda_h^{3/2}$	1414

基于原型枯水期平均流量为1500 m³/s，河口平均水深为7.5 m，大潮潮差约为2 m，通过比尺换算，确定模型各项因素基准值，其中流量为1.6 m³/h，浮动值设置为0.4 m³/s，相当于原型350 m³/s；水深为15 cm，浮动值设为2.5 cm，相当于原型1.25 m；潮差为4 cm，浮动值设为1 cm，相当于原型0.5 m。外海一般保持在30‰以上，为此，把盐度基准值设为30‰，浮动值为5‰。

4. 实验工况拟定

为探索单因素对咸潮上溯的影响，设计工况时遵循着保持其他因素不变，只改变其中一个因素的大小的原则，具体工况如下：

1）静水工况盐水楔前进速度研究

把水槽中间段长20 m水槽的两侧进行封闭，并在中间10 m处放置隔板，一侧加入盐水，另一侧加入淡水，快速抽开隔板，探究不同盐度盐水楔在静水条件下的前进规律。设置平均水深为15 cm，盐度为5‰~30‰，每个5‰设置一个工况，具体工况见表6.2。

表6.2 变化盐度下盐水楔前进速度工况组合

工况	A1	A2	A3	A4	A5	A6
盐度/‰	5	10	14	20	25	30
水深/cm	15	15	15	15	15	15

根据弗劳德准则, 盐水楔流速除了与盐度有关之外, 还与水深有关, 为探究盐水楔在不同水深条件下的前进规律, 把盐水楔初始盐度保持为 15‰, 水深为 5 ~ 25 cm, 每 5 cm 设置一个工况, 具体工况见表6.3。

表 6.3 变化水深下盐水楔前进速度组合

工况	B1	B2	B3	B4	B5
盐度/‰	15	15	15	15	15
水深/cm	5	10	15	20	25

2) 潮差对咸潮上溯影响研究

为探索潮差的变化对咸潮上溯的影响, 实验中需保持初始盐度、上游径流及平均水深不变, 只改变河口潮位控制过程线, 从而改变河口潮差。潮差为 1 ~ 4 cm, 每 1 cm 设置一个工况, 具体工况见表6.4。

表 6.4 变化潮差组合

工况	盐度/‰	潮差/cm	径流/(m³/h)	水深/cm
C1	30	1	2	15
C2	30	2	2	15
C3	30	3	2	15
C4	30	4	2	15

3) 流量对咸潮上溯影响研究

为探索上游径流量的变化对咸潮上溯的影响, 实验中需保持初始盐度、潮差及平均水深不变, 只改变上游水槽的入流量。流量为 1.6 ~ 4 m³/h, 2.4 m³/h 前每 0.4 m³/h 设置一个工况, 2.4 m³/h 后每 0.8 m³/h 设置一个工况, 具体工况见表6.5。

表 6.5 变化流量组合

工况	盐度/‰	潮差/cm	径流/(m³/h)	水深/cm
D1	30	2	1.6	15
D2	30	2	2	15
D3	30	2	2.4	15
D4	30	2	3.2	15
D5	30	2	4	15

4) 水深对咸潮上溯影响研究

为探索水深的变化对咸潮上溯的影响, 实验中需保持初始盐度、潮差及上游流量的不变, 只改变水槽内平均水深。水深为 12.5 ~ 17.5 mm, 每 2.5 mm 设置一个工况,具体工况见表6.6。

表6.6　变化水深组合

工况	盐度/‰	潮差/cm	径流/(m³/h)	水深/cm
E1	30	2	2	12.5
E2	30	2	2	15
E3	30	2	2	17.5

5）初始盐度对咸潮上溯影响研究

为探索初始盐度对咸潮上溯的影响，实验中需保持上游流量、潮差及平均水深的不变，只改变水槽口外初始盐度。盐度为5‰~30‰，每5‰设置一个工况，具体工况见表6.7。

表6.7　变化盐度组合

工况	盐度/‰	潮差/cm	径流/(m³/h)	水深/cm
F1	10	2	2	15
F2	15	2	2	15
F3	20	2	2	15
F4	25	2	2	15
F5	30	2	2	15

6.1.2　实　验　设　计

1. 水槽设计

如图6.2所示，整个水槽模型包括两大部分：一部分为左侧的混凝土水池，长、宽和深分别为11.35 m、6.74 m和1.8 m，内部布有水位计、盐度计和卤水泵，主要用于前池盐度控制及盐淡水的循环利用，另一部分为右侧的长直矩形玻璃水槽，长110 m、宽0.5 m，中间以一玻璃隔板隔开，两侧各宽0.25 m，形成扭曲水道，因此水道实际总长220 m，内部布有水位计、盐度计、旋桨流速仪、多普勒流速仪，是咸潮上溯和径流下泄的主要通道。

1）玻璃水槽设计

为了便于实验的观测，把水槽双侧用玻璃建造，并用钢铁骨架固定，图6.3为水槽垂向剖面图，其中的水位、流速、盐度测点布置如下：

（1）水位测量共布置5个断面，每隔25 m布置一个。

（2）流速测量共布置6个断面，每隔15 m布置1条垂线，与盐度探头相距10 cm，每条垂线布置3个旋桨流速仪，分布测量0.2 m、0.6 m、0.8 m相对水深的流速。

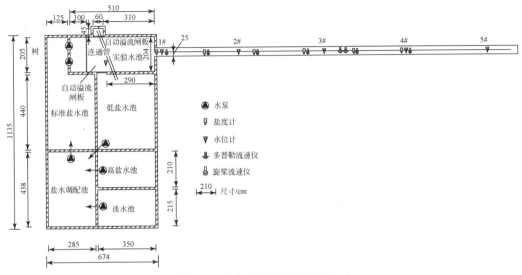

图6.2　实验水槽模型整体示意图

（3）盐度测量共布置6个断面，每15 m布置1条垂线，每条垂线布置5个盐度探头，分别测量表层、0.2 m、0.6 m、0.8 m、底层相对水深的盐度。

（4）多普勒流速仪为可移动设备，位置随盐水楔头部位置的改变而转移。

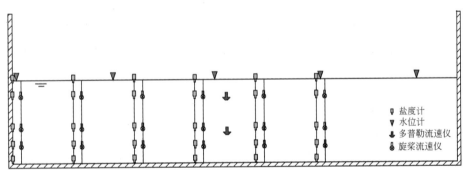

图6.3　实验水槽–水槽垂向剖面图

由于水槽双侧为玻璃，底部为水泥抹面，其糙率非常小，通过式（6.26）计算，得到水槽内平均糙率为0.01，而天然河道内的糙率一般为0.02 ~ 0.04，为此，需通过加糙来增加水槽内的糙率。以下为糙率计算公式推导。

根据谢才公式：

$$Q = \omega C \sqrt{RJ} \tag{6.24}$$

式中，Q 为流量；ω 为过水断面面积；C 为曼宁系数；R 为水力半径；J 为水力梯度。

根据曼宁公式：

$$C = \frac{1}{n} R^{\frac{1}{6}} \tag{6.25}$$

式中，n 为糙率；R 为水力半径。

把式（6.25）代入式（6.24），则有

$$n = \frac{1}{Q} \omega R^{\frac{2}{3}} J^{\frac{1}{2}} \tag{6.26}$$

一般河工模型会在底部梅花形加入点块形物体来提高模型的糙率，但若在水槽中采用此办法，将会影响盐水楔从底部上溯的效果，并造成盐水楔向上的攀升现象，综合考虑以上问题，并参考国外潮汐河口模型在模拟盐水运动时的加糙方式，决定采用露出水面的竖向条杆方式加糙。条杆为底面长宽均为 1 cm，高 25 cm 的长方体。一个断面等间距布置 5 条，另一个断面等间距布置 4 条，按照这个方式间隔布置在水槽内。由于实验高潮位最大水深为 22 cm，而高 25 cm 的条杆能始终保证露出水面，有效防止盐水楔攀升越过加糙条。加糙后水槽糙率约为 0.023，符合一般河道糙率。

2）盐淡水循环系统设计

根据水槽实验的要求，水槽下游需设置潮汐控制系统和盐度循环系统，这两个系统是实现河口潮汐和盐度边界的关键系统。

潮汐控制系统采用珠江水利科学研究院研制的盐潮风浪流同步测控系统。由前池水位计读取当前水位，反馈给控制系统，通过计算当前水位与目标水位的差值来调整水泵的转动频率，使得实验水池水位能够按照给定的水位曲线变化。

盐度循环系统主要由以下 6 个水池组成，分别为实验水池、低盐水池、高盐水池、淡水池、盐水调配池、标准盐水池，各个水池内均配有卤水泵，其中 1~4 号水泵为手动控制，水泵箭头表示抽出位置，5、6 号水泵由潮汐控制系统控制。由于实验水池中的盐度在径流下泄的过程中会变低，无法达到实验所需的边界条件，为此，在边墙两侧设置自动溢流闸板，该闸板会根据实验水池内的水位变化而升降，一般低于当前水位的 1~2 cm，旨在把表层的冲淡水排出实验区，防止实验水池盐度下降过快。如图 6.4 所示，实验水池下方边墙的溢流闸板溢出水体直接流进低盐水池，上方的溢流闸板溢出水体则先进入外侧的一小水池，再通过底部连通管流进低盐水池。低盐水池中的水为实验表层冲淡水，盐度较低，用水泵抽入配盐水池，再通过式（6.27）计算，从高盐水池或者淡水池抽入相应体积的高盐水或者淡水，均匀混合后，成为实验所需浓度的盐水，最后抽入标准盐水池，这样就能保证标准盐水池的盐水浓度一直处于实验所需浓度，通过 5、6 号水泵供给实验水池的张落潮使用。

水泵抽水所需水深公式：

$$\Delta h = \frac{a_1 b_1 h_1 (s_1 + s)}{a_2 b_2 (s_2 + s)} \tag{6.27}$$

式中，Δh 为抽出水池的变化水深；a_1、b_1、h_1、s_1 分别为标准盐水池的长、宽、水深、盐度；a_2、b_2、s_2 分别为高盐水池的长、宽、盐度；s 为实验所需盐度。

2. 实验设备

1）水位仪

GS.3B 光栅跟踪水位仪能够实时完成测量，并将水位数据通过 RS485 通信口送至远端采集机。

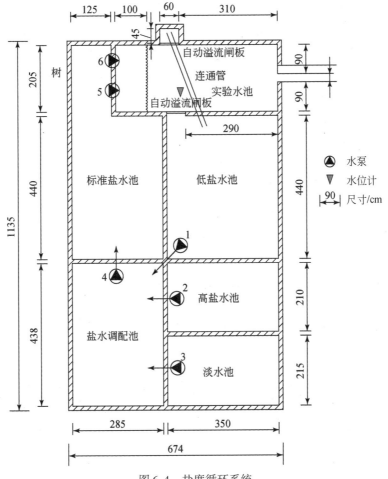

图6.4　盐度循环系统

振动式入水，消除水表面张力，保证测量精度为0.05 mm。

测量长度：>30 cm；

行走速度：>15 mm/s；

振动频率：>5 次/s（静水面）；

RS485 标准通信接口，最大通信距离为1000 m。

2）旋桨流速仪

LS-8C 光电流速仪采集设定时间内红外旋桨测杆转动的圈数，并进行数据的预处理，再通过 RS485 通信口，将流速数据送出。主要技术特点如下。

量程：20～1000 mm/s；

测杆电流：32 mA/50 mA DC 二档；

信号幅度：1 Vp-p，宽度：>1 ms。

3）多普勒流速仪

Vectrino 小威龙多普勒流速仪流速测量仪运行原理：声波脉冲从中间的换能器发送，声波在测量空间经过水体中的粒子散射，由另外四个接收器接收测量其变化。

测量范围：±0.01 m/s、0.1 m/s、0.3 m/s、1 m/s、2 m/s、4 m/s（通过软件选择）；

精确度：测量流速的±0.5%，±1 mm/s；

采样频率（输出）：1~25 Hz，1~200 Hz（硬件决定）；

内部采样频率：200~5000 Hz；

采样空间：距探头距离为 0.05 m；

数据通信：I/O 接口 RS-232。

4）盐度计

本次实验前均采用标准溶液对所有盐度探头进行率定。探头大小为 5 mm，对水流特征影响较小。

测量范围：0~35‰；

精度：0.1‰。

5）手持盐度计

盐度测量采用了定点与巡测相结合的方法。巡测主要是根据每天咸潮上溯界线的最远与最近距离，使用的仪器为 AZ8306 电导率仪。本次实验前均采用标准溶液对所有手持盐度计进行率定。

3. 实验步骤

以盐度 30‰，平均水深 15 cm 的实验为例。

实验前准备：

（1）用闸板把水槽与实验水池隔开；

（2）把标准盐水池和实验水池中的盐度调配至 30‰；

（3）在水槽中储蓄淡水至实验给定平均水深，即 15 cm。

实验开始：

（1）开启潮汐控制系统，潮位控制系统将口门水位控制在预定平均水位，即 15 cm。待水池、水槽中的水体平稳，不再出现波动后，开启口门处的水闸门，此时潮差为 0、径流为 0，盐水以盐水楔的形态上溯。用秒表记录盐水楔上溯速度，每隔 1 m 记录一个时间，主要记录盐水楔前 10 m 运动时间。

（2）完成步骤（1）后，更改潮位控制曲线，将潮差改为 1 cm 的正弦曲线。潮位控制系统按照预定潮位曲线控制口门水位（共有 4 组潮差曲线，分别为 1 cm、2 cm、3 cm、4 cm）。咸潮上溯界线位置除了随着口门水位涨落而周期性进退，也因潮差大小和盐水楔初始位置不同而发生不同的运动。但经过多次重复实验表明同一工况稳定的咸潮上溯界线位置与盐水楔初始位置无关，一般 2~10 个潮周期后，咸潮上溯界线的移动范围稳定下来。小潮因为流速比较缓慢，所以达到稳定的时间较大潮长得多。

（3）在改变潮位曲线的同时把流量计打开，初始流量为 1.6 m³/h，待咸潮上溯界线位置稳定后，逐级增加上游径流量（共有 5 级，分别为 1.6 m³/h、2 m³/h、2.4 m³/h、3.2 m³/h、4 m³/h），观测盐水楔厚度的变化及咸潮上溯界线的距离。

更换给定平均水深、盐度，重复以上实验步骤。

以上实验步骤中，水位计、旋桨流速仪、多普勒流速仪、盐度计均自动采集相关数据。

6.1.3　模　型　验　证

咸潮一般在枯水期径流量小时上溯强度最大，考虑到河口咸潮上溯存在初始场的问题，采用单潮水文组合进行验证可能误差较大，为此，本节选取 2009 年枯水期半月潮咸潮水文观测数据进行验证，验证项包括潮位、上游径流、分层流速和分层盐度。水位验证站点为大横琴潮位，对应河口控制潮位；流量验证站点为马口站日平均流量，对应水槽上游流量；流速和盐度验证站点为咸潮水文观测布置点中的 2# 和 7#，分别对应水槽内距河口 0 m 处和 30 m 处。

1. 验证资料代表性分析

珠江河口面积辽阔，口门众多，早期研究针对咸潮问题，开展过一些原型观测，也累积了一定的实测资料，但总体而言历史资料同步性不足、观测时间序列过短、垂向分层数不够，无法满足当前研究要求，而本书所用验证资料是珠江水利科学研究院依托咸潮动态监测与预测预报技术研究和多汊河口的水库–闸泵群联合调度咸潮抑制技术，于 2009 年开展定点的原型观测，其资料具有以下特点：①测验时间长，测验频率高，达到 15 天的半月潮周期，每小时测验一组数据；②测点分布密集：测点位置布置重点兼顾咸潮活动范围，使咸潮上溯界线基本在测验范围内活动，同时考虑与重点取水口对应关系及断面水深等因素；③垂向分层以单位米为间隔，由于磨刀门河口枯水期的流速和盐度垂向分布随时间而变化，常规水文测量的三点、五点法测试结果难以反映其特征，从而垂向按间隔 1 m 进行测量。由于 2009 年的咸潮实测资料是历年来少有的实测大断面资料，其资料的完整性更显珍贵，因此，运用 2009 年的咸潮实测半月潮资料对水槽物理模型进行验证，能够很好地检验模型对原型的模拟程度。

2. 验证结果分析

1）潮位验证

从验证结果看，潮位模拟结果与实测数据比较吻合，潮位平均绝对误差为 0.16 m，高潮位平均误差为 0.02 m，低潮位平均误差为 0.08 m，拟合精度相对较高（图 6.5）。

2）流量验证

流量模拟结果与实测数据也比较吻合，平均绝对误差为 136 m³/s，相对误差为

7%，拟合精度相对较高（图6.6）。

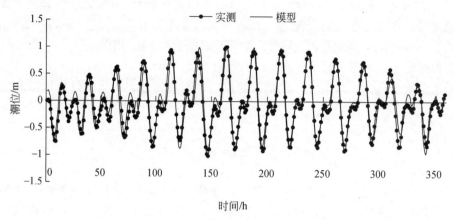

图6.5 大横琴潮位验证

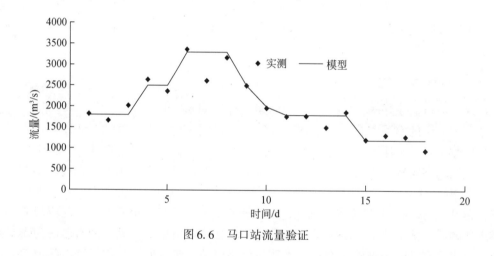

图6.6 马口站流量验证

3）流速验证

受到潮汐的影响，河道内水流为双向往复流，需流速和流向同时进行验证，验证结果表明，流速涨落潮变化趋势基本一致，但流速大小模拟值与实测值存在一定偏差，水槽内2#表、中层涨落潮流速普遍大于实测流速，这与水槽模型对地形的概化有很大的关系，因为水槽本身糙率较小，坡降为0，加上其矩形结构，造成水流进出受阻较小；经统计，2#表层流速平均绝对误差为0.31 m/s，中层为0.23 m/s，底层为0.19 m/s；7#表层流速平均绝对误差为0.38 m/s，中层为0.28 m/s，底层为0.14 m/s，由此可以看出表层流速模拟误差相对较大，底层流速模拟相对较好。图6.7～图6.12为流速流向模拟结果与实测数据的对比图。

在上述两个测点中，模型模拟的表、中、底层流速值与实测值较为吻合，表明水槽能够准确模拟原型流态。

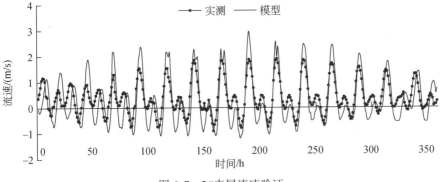

图 6.7　2#表层流速验证

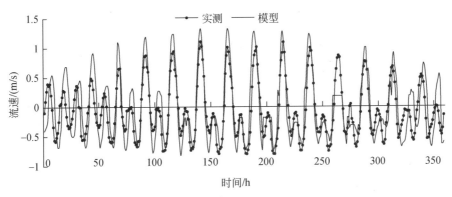

图 6.8　2#中层流速验证

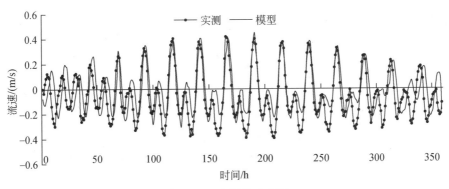

图 6.9　2#底层流速验证

4）盐度验证

盐度模拟存在一定偏差，小潮时，2#实测盐度变化较小，但模拟盐度变化较大，大潮时，盐度总体变化趋势一致，最大值和最小值基本一致，原型盐度峰型变化较为明显，但模型盐度从小值快速增大到大值，之后变化比较缓慢，一定时间后快速下降；

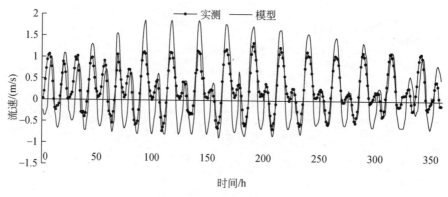

图 6.10　7#表层流速验证

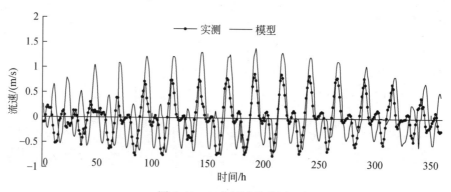

图 6.11　7#中层流速验证

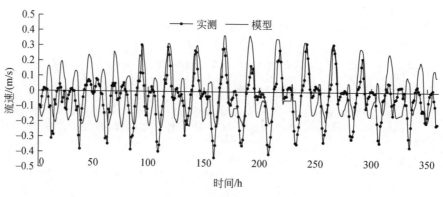

图 6.12　7#底层流速验证

7#盐度模拟情况与2#基本一致，不同的是在大潮时，对盐度的快速升降模拟更好。经统计，2#表、中、底层平均绝对误差为2.1‰、2.3‰、0.2‰；7#表、中、底层平均绝对误差为3.3‰、2.1‰、1.3‰。图6.13～图6.18为盐度模拟结果与实测数据的对比图。

在上述两个测点中，模型模拟的表、中、底层盐度与实测值较为吻合，表明水槽

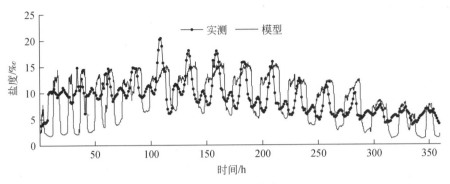

图 6.13　2#表层盐度验证

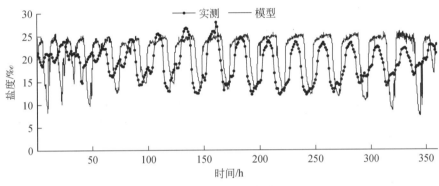

图 6.14　2#中层盐度验证

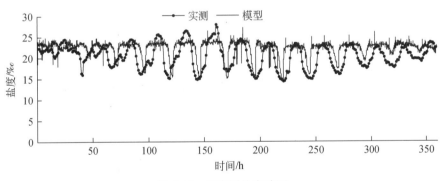

图 6.15　2#底层盐度验证

能够准确模拟原型盐度分布。

　　通过对磨刀门半月潮的潮位、流量、流速流向和盐度进行模拟验证，结果表明此水槽物理模型能够较好地模拟磨刀门水道的水动力条件，各项模拟效果均能符合物理模型精度要求，可用于磨刀门水道咸潮上溯研究。

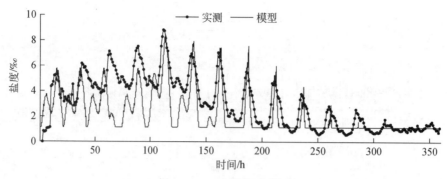

图 6.16　7#表层盐度验证

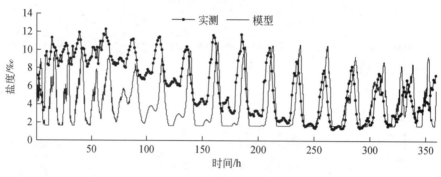

图 6.17　7#中层盐度验证

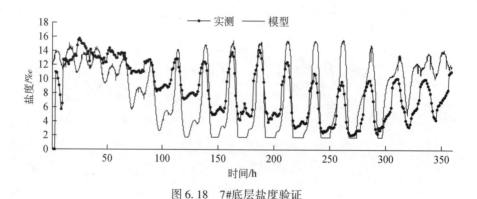

图 6.18　7#底层盐度验证

6.1.4　基于水槽实验的盐水入侵物理模拟

1. 静态工况下盐水楔演进特征分析

研究静态工况下盐水楔演进特征，有利于探索盐水上溯过程中的内在驱动因素，在静态工况下，径流和潮汐均为 0，此时所受外界因素干扰最少，盐水楔只与本身重力、密度差产生的梯度力及与边界的摩擦力有关。

1）不同盐度盐水楔前进速度研究

通过对不同盐度盐水楔在水槽内前进速度的观测，记录下咸潮上溯距离与上溯时间，发现盐水楔上溯距离与时间具有良好的线性关系。图 6.19 为不同初始盐度的盐水楔在同一水深下的上溯距离与时间的散点图，实验盐度共有 6 个工况，分别为 5‰、10‰、14‰、20‰、25‰、30‰。从图中可以看出，各工况拟合曲线均为直线。表 6.8 列出了不同盐度下的盐水楔前进距离与时间的拟合公式，R^2 表示其拟合程度的相关系数，R^2 越接近 1，拟合效果越好。本实验的曲线拟合相关系数都在 0.995 以上，该拟合曲线能够反映盐水楔的距离–时间变化规律。结合图 6.19 可以发现，盐度越大，曲线的斜率越大，也就是盐水楔前进速度越快。

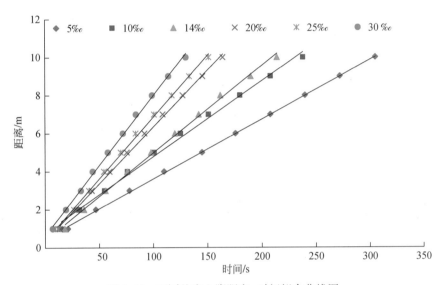

图 6.19　不同盐度上溯距离–时间拟合曲线图

表 6.8　不同盐度距离–时间拟合公式

盐度/‰	距离–时间拟合公式	R^2
5	$y = 0.0313x + 0.4825$	0.9996
10	$y = 0.0399x + 0.7958$	0.9954
14	$y = 0.0458x + 0.4034$	0.9978
20	$y = 0.0597x + 0.3744$	0.9985
25	$y = 0.065x + 0.3682$	0.9985
30	$y = 0.0737x + 0.6378$	0.9983

根据密度弗劳德公式，$Fr = \dfrac{u}{\sqrt{\dfrac{\Delta\rho}{\rho}gh}}$，在水深不变的情况下，流速与密度有一定的比

例关系，于是，以 $\sqrt{\dfrac{\Delta\rho}{\rho}}$ 为横坐标，u（即拟合公式中一次项的系数）为纵坐标，画出图 6.20，并对散点作出拟合曲线。

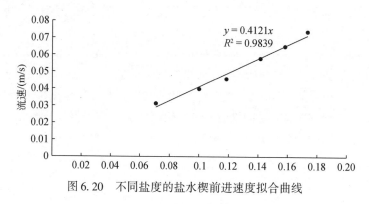

图 6.20　不同盐度的盐水楔前进速度拟合曲线

从图 6.20 可以看出，流速 u 与 $\sqrt{\dfrac{\Delta\rho}{\rho}}$ 的拟合曲线相关系数为 0.9839，说明拟合效果较好，两者具有良好的线性关系。所以有

$$u = 0.412\sqrt{\frac{\Delta\rho}{\rho}} \tag{6.28}$$

根据密度弗劳德公式：

$$Fr = \frac{u}{\sqrt{\dfrac{\Delta\rho}{\rho}gh}} \tag{6.29}$$

把式（6.28）代入式（6.29），则有

$$Fr = \frac{0.412}{\sqrt{gh}} \tag{6.30}$$

在此组实验中，由于 h 保持着 15 cm 不变，而 g 为固定值，所以可以得出以下结论：盐水楔头部的 Fr 在水深不变的情况下，初始盐度的大小对其没有影响，为一常数；盐水楔在水深不变的条件下，知道初始盐度即可求出其前进速度。

说明 Fr 在水深不变的情况下，盐水楔的盐度无论是多少，其在静水中的惯性力和重力的比值均是一个常数。

于是 u 只与其密度相关，有

$$u = u'\sqrt{\frac{\Delta\rho}{\rho}} \tag{6.31}$$

式中，u' 为流速基础值，与水深有关。

2）不同水深盐水楔前进速度研究

根据密度弗劳德公式，除了盐度对盐水楔前进速度有影响外，水深的变化也能造成盐水楔前进速度改变，为此，保持盐水楔初始盐度不变，让其在不同水深下前进，记录其上溯距离和时间,将其绘制散点图,并进行曲线拟合,如图 6.21 所示,横坐标为盐水楔前进的时间,纵坐标为盐水楔前进的距离,图中的直线为各工况下散点图的拟合曲线。其拟合公式和拟合程度见表 6.9。

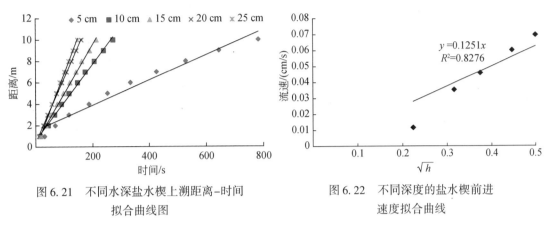

图 6.21　不同水深盐水楔上溯距离–时间　　　　图 6.22　不同深度的盐水楔前进
　　　　　拟合曲线图　　　　　　　　　　　　　　　　速度拟合曲线

表 6.9　不同水深距离–时间拟合公式

水深/cm	距离–时间拟合公式	R^2
5	$y = 0.0117x + 1.5438$	0.9712
10	$y = 0.0353x + 0.6535$	0.996
15	$y = 0.0458x + 0.4034$	0.998
20	$y = 0.0601x + 0.442$	0.999
25	$y = 0.0696x - 0.1027$	0.9991

从表 6.10 来看,图 6.22 的曲线拟合均以一元一次线性方程为主,且相关系数 R^2 最小为 0.9712,可以认为用一元一次方程拟合盐水楔上溯距离与时间的关系十分吻合,直线的斜率即为盐水楔的前进速度,从式 (6.29) 出发,提取每个水深的盐水楔前进速度与 $\sqrt{h}$ 绘制散点图,如图 6.22 所示,若用截距为 0 的曲线进行拟合,其拟合曲线效果并不理想,所以认为每一个水深下的密度弗劳德数都不相同。运用式 (6.29) 计算每个水深下的密度弗劳德数,见表 6.10。

表 6.10　不同水深下的密度弗劳德数

水深/cm	密度弗劳德数
5	$Fr = 0.017\sqrt{\dfrac{\rho}{\Delta\rho}}$
10	$Fr = 0.036\sqrt{\dfrac{\rho}{\Delta\rho}}$
15	$Fr = 0.039\sqrt{\dfrac{\rho}{\Delta\rho}}$
20	$Fr = 0.043\sqrt{\dfrac{\rho}{\Delta\rho}}$
25	$Fr = 0.044\sqrt{\dfrac{\rho}{\Delta\rho}}$

在不同水深下，宽深比的变化是最明显的，因此将其宽深比考虑到公式里。表6.11为不同水深下的宽深比，不同宽深比的盐水楔前进速度拟合曲线如图6.23所示。

表6.11　不同水深下的宽深比

水深/cm	宽度/cm	宽深比
5	25	5.0
10	25	2.5
15	25	1.8
20	25	1.3
25	25	1.0

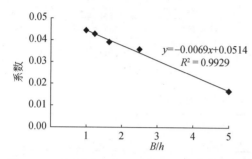

图6.23　不同宽深比的盐水楔前进速度拟合曲线

把表6.11宽深比与表6.10密度弗劳德数在不同水深下公式的系数绘制散点图并进行公式拟合，如图发现两者有良好的线性关系，所以得出在盐度为15‰的条件下，不同水深的密度弗劳德经验公式。

$$Fr = \frac{\left(-0.0069\dfrac{B}{h} + 0.0514\right)}{\sqrt{\dfrac{\Delta\rho}{\rho}}}$$

(6.32)

写成一般形式

$$Fr = \frac{\left(a\dfrac{B}{h} + b\right)}{\sqrt{\dfrac{\Delta\rho}{\rho}}}$$

(6.33)

把式（6.33）与式（6.29）结合，则有

$$u = \left(a\frac{B}{h} + b\right)\sqrt{gh}$$

(6.34)

式中有待定系数 a 和 b，a 和 b 与盐度有关。式（6.31）和式（6.34）主要用于计算某一盐度盐水楔在不同水深下的前进速度。若需计算出某一盐度下的参数 a 和 b，则需至少做两组该盐度在不同水深条件下的盐水楔前进实验，才能得出 a 和 b。有了此公式，只需做两组实验，就可以得出任意盐度在不同水深下的前进速度了。

2. 潮差对咸潮上溯的影响

1）潮差对水槽流态的影响

为了研究潮差的大小对咸潮水槽的水流特性、盐度分布及盐通量的影响，本节设计了C组实验共5个工况，分4个等级对变化潮差所引起的咸潮上溯特征变化进行研究（表6.12）。这4个潮差分别为1 cm、2 cm、3 cm、4 cm。盐度、水深、径流分别为30‰、15 cm、2 m³/h，均保持不变。

表 6.12　变化潮差组合

工况	盐度/‰	潮差/cm	径流/(m³/h)	水深/cm
C1	30	1	2	15
C2	30	2	2	15
C3	30	3	2	15
C4	30	4	2	15

实验中运用的潮汐控制系统以 25 个时刻为一个周期，每个周期内包含两个完整的正弦曲线，如图 6.24 所示。为了探究潮汐的涨落对咸潮上溯的影响，对原型潮位变化进行概化，采用单一的正弦曲线，就不需要对潮位进行调和分析，简化潮位对咸潮上溯的影响。其控制方程如下：

潮差 1：$h = 0.5\sin\left(\dfrac{4t}{25}\pi\right) + 15$

潮差 2：$h = \sin\left(\dfrac{4t}{25}\pi\right) + 15$

潮差 3：$h = 1.5\sin\left(\dfrac{4t}{25}\pi\right) + 15$

潮差 4：$h = 2\sin\left(\dfrac{4t}{25}\pi\right) + 15$

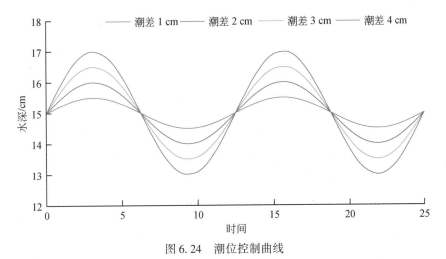

图 6.24　潮位控制曲线

表 6.13 记录了在河口的不同初始潮差条件下，水槽内各测点的潮差变化值，总体来说，水槽内潮差从河口到上游呈逐渐递减的趋势，如当初始潮差为 2 cm 时，上涨至距离河口处 25 m、50 m、75 m、100 m 时，潮差分别减小为 2.05 cm、1.83 cm、1.23 cm、0.43 cm，衰减率（对比上移测点所变化百分比）分别为 3%、11%、33%、65%，很明显，随着潮汐往上游推移，潮差在加剧衰减。图 6.25 水槽内沿程潮差在不同初始潮差条件下的拟合曲线图，运用一元二次方函数对其进行拟合，其线性相关程度均超过 0.99，说明在水槽内潮差的沿程变化具有良好的规律性。

表 6.13　河口不同潮差下水槽内各测点潮差

距离/m	水槽内潮差/cm			
	河口潮差 1 cm 时	河口潮差 2 cm 时	河口潮差 3 cm 时	河口潮差 4 cm 时
0	1.08	2.11	3.06	4.1
25	1.09	2.05	2.94	3.87
50	0.89	1.83	2.58	3.2
75	0.59	1.23	1.68	2.07
100	0.22	0.43	0.62	0.82

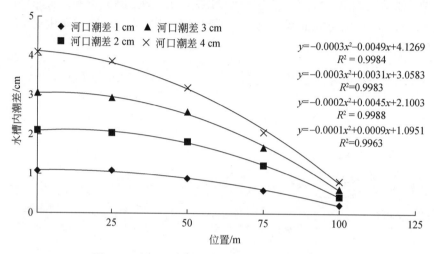

图 6.25　河口不同潮差下水槽内沿程潮差变化图

$$y = -0.0003x^2 - 0.0049x + 4.1269$$
$$R^2 = 0.9984$$
$$y = -0.0003x^2 + 0.0031x + 3.0583$$
$$R^2 = 0.9983$$
$$y = -0.0002x^2 + 0.0045x + 2.1003$$
$$R^2 = 0.9988$$
$$y = -0.0001x^2 + 0.0009x + 1.0951$$
$$R^2 = 0.9963$$

　　为了更好地研究潮差对水流特性的影响，特意整理了在不同潮差的条件下，各测点表、中、底层流速的最大值，见表 6.14，其流速特征主要表现为：潮差越大，表、中、底层涨落潮流速越大；中、下游表层落潮流速最大，中层次之，底层最小；涨潮流速最大，中层次之，表层最小；上游表、中、底层流速大小与中、下游并不一致，无论是涨潮还是落潮，其流速均是上层最大，中层次之，底层最小。在潮差为 1 cm、2 cm 时，1#表层流速值均大于 0，表明该处水流只落不涨，当潮差为 3 cm、4 cm 时，则出现了涨落潮，分析其原因，一方面由于表层流速受潮汐作用和下泄径流的影响，在上游径流量不变的情况下，当潮差变小时，下游潮汐动力减弱，径流作用相对增强，形成弱潮强径的情况，另一方面潮汐动力减弱，对盐淡水的掺混作用减小，底层盐水楔上溯，表层淡水以补偿流方式下泄，在两者共同作用下，出现表层流只落不涨的现象。中、底层流速在盐水上溯的影响下，与表层不一致，出现涨落潮流，因此，在涨潮时，会出现表落底涨的现象。中层流速大小由于盐度低于底层，盐水的密度梯度力相对较小，上溯的速度就较慢，所以在涨潮时，中层流速低于底层，而在落潮时，对落潮流的顶托作用相对底层较小，所以其落潮流速略大于底层。上游5#位置盐度较低甚至没有盐度，所以几乎不受密度梯度力的影响，在径流的潮汐作用下表、中、底层同涨同落。

表 6.14　各测点最大流速统计表　　　　　单位：cm/s

位置		1#				3#				5#			
		1 cm	2 cm	3 cm	4 cm	1 cm	2 cm	3 cm	4 cm	1 cm	2 cm	3 cm	4 cm
表层	落潮	4.3	8.7	11.0	14.1	3.8	6.3	8.2	12.0	5.4	7.8	11.5	12.7
	涨潮	—	1.2	-2.4	-6.1	—	-1.0	-2.3	-5.6	-1.0	-4.8	-7.2	-9.1
中层	落潮	2.3	4.6	9.1	13.1	2.8	5.7	8.5	10.2	4.8	7.1	9.9	11.0
	涨潮	-1.7	-4.0	-7.4	-9.7	-0.5	-2.0	-3.4	-6.3	-1.5	-4.3	-6.0	-8.2
底层	落潮	1.8	2.8	7.7	12.1	2.8	3.5	5.2	8.6	3.8	6.4	8.8	10.0
	涨潮	-2.2	-5.2	-7.7	-10.7	-1.5	-2.3	-5.2	-6.3	-2.0	-3.6	-5.4	-7.2

　　图 6.26 ~ 图 6.28 为水槽内各测点的流速过程线，每个图记录了连续两个周期的表、中、底层流速过程曲线，所以每个图均出现 4 个完整的波形，从图中可以看出，相邻两个周期内，流速的重复性相对较好。

　　从整体来看，流速随着潮差的增大而增大。从图 6.26 中，对潮差 1 cm 和潮差 4 cm 的流速过程线进行对比，潮差 1 cm 和潮差 4 cm 的表、中、底层流速增减趋势比较一致，但潮差 1 cm 的流速明显小于潮差 4 cm 的流速，另外潮差 1 cm 的表层流速与明显与中、底层流速不一致，而潮差 4 cm 的大部分时间流速数值上相差较小，只有在流速为负值时，也就是涨潮时，其表层和中、底层流速有一定差别，最大相差 4 cm/s。从图 6.27 可以看出，3#在潮差 1 cm 的条件下，表层和中、底层的流速差距在缩小，当潮差为 4 cm 时，底部涨潮流速差距也在缩小。从图 6.28 可以看出，在 5#无论潮差 1 cm 还是潮差 4 cm，其表、中、底层流速的差距均在进一步缩小。

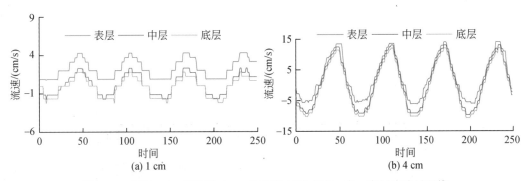

图 6.26　潮差 1 cm 和潮差 4 cm 条件下 1#测点表、中、底层流速过程线

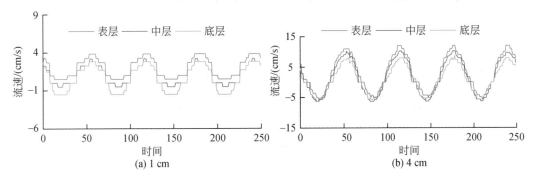

图 6.27　潮差 1 cm 和潮差 4 cm 条件下 3#测点表、中、底层流速过程线

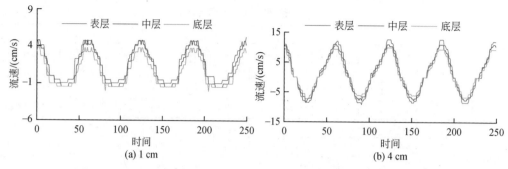

图 6.28　潮差 1 cm 和潮差 4 cm 条件下 5#测点表、中、底层流速过程线

2）潮差对盐度分布的影响

潮差的大小直接影响着河口的潮流动力，当潮差增大至一定程度时，将会对盐水楔进行破坏，使得盐水上溯强度迅速下降。图 6.29～图 6.32 分别为潮差 1 cm、2 cm、3 cm、4 cm 条件下涨落憩的盐度分布图，横坐标为距离河口的长度，纵坐标为相对水深。当潮差 1 cm 时，盐水从左侧开始上溯，整体分层比较明显，从 0～30 m 底部 0.6h 以下盐度均在 25‰以上，且各等盐度线几乎与水平面平行，说明在此段距离内，纵向的盐度很小，另外 5‰～25‰等盐度线比较密集，形成把上层淡水与底层高盐水的隔离带，减弱表、底层盐淡水的掺混，在 30 m 以后，在重力、密度梯度力、惯性力的作用下，等盐度线开始斜向底部，形成楔状，继续上溯。但是随着潮差的增大，潮流动力增强，对 5‰～25‰等盐度线所形成的隔离带扰动增强，隔离带逐渐变得稀松，表、底层盐淡水掺混开始增强。当潮差 2 cm 时，25‰等盐度线开始下移，5‰等盐度线上移，底部盐水上溯距离相比潮差 1 cm 时缩短。当潮差 3 cm 时，水楔形状变形相对潮差 2 cm 时进一步增大，纵向盐度梯度和垂向盐度梯度都比较均匀，等盐度线整体向河口推移。在潮差 4 cm 时，盐水楔几乎消失，盐淡水掺混十分均匀，表、中、底层盐度差达到最小，均匀混合后的盐淡水随着潮汐整体涨落。

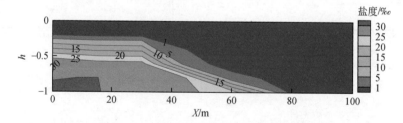

图 6.29　潮差 1 cm 条件下涨憩落憩盐度分布图

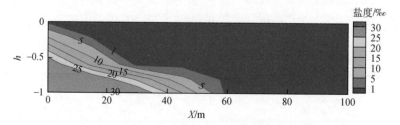

图 6.30　潮差 2 cm 条件下涨憩落憩盐度分布图

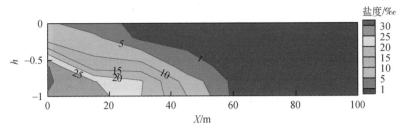

图 6.31　潮差 3 cm 条件下涨憩落憩盐度分布图

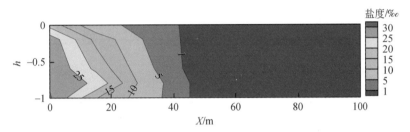

图 6.32　潮差 4 cm 条件下涨憩落憩盐度分布图

3）潮差对盐通量的影响

通过对变化潮差下各测点的盐通量计算，结果表明，平均流输运量随着潮差的增大而增大，但是，当潮差增至 4 cm 时，虽然 1#仍在增大，但是 3#却从 6.2 g 减少至 3.9 g，主要原因是潮差过大，河口处盐淡水掺混剧烈，无法上溯至此处，导致盐度降低。T2 则随着潮差的增大而快速增大，说明潮流变化量与潮汐变化量两者相关度很好。T5 在潮差 1 cm 至潮差 2 cm 时呈增长趋势，到潮差 2 cm 后达到最大，随后逐渐减小，说明潮差 2 cm 时，所产生的重力环流项最大，当潮差为 1 cm 时，整体流速较慢，重力环流主要靠密度梯度力产生，潮差 2 cm 时，潮流动力增强，潮流流速增大，但不足以破坏底部盐水楔的形态，盐水从底层上溯，并在径流作用下，表层下泄流速增大，重力环流加强，潮差 3 cm 时，潮流动力进一步加强，盐水楔被破坏，密度梯度力不足，环流减，当潮差为 4 cm 时，1#和 3#T5 迅速下降至-3.4 g 和-0.8 g，说明此时环流输运被严重削弱。因此，当潮差超过 2 cm 后，随着潮差的继续加大，重力环流项越来越小。盐通量具体变化值见表 6.15。

表 6.15　变化潮差下各测点盐通量　　　　　　单位：g

测点	1#				3#			
	1 cm	2 cm	3 cm	4 cm	1 cm	2 cm	3 cm	4 cm
T1	5.9	7.5	10.7	12.8	3.4	4.2	6.2	3.9
T2	-0.2	-0.9	-3.0	-6.8	-0.2	-0.1	-0.8	-0.9
T5	-15.1	-21.6	-16.0	-3.4	-8.1	-5.8	-8.4	-0.8

3. 径流对咸潮上溯的影响

为了研究径流的大小对咸潮水槽的水流特性及盐度分布的影响，本节设计了 B 组实验共 5 个工况，分 5 个流量级对变化径流所引起的水流特性变化及盐度分布变化进行研究（表 6.16）。这 5 个径流分别为 1.6 m^3/h、2 m^3/h、2.4 m^3/h、3.2 m^3/h、4 m^3/h。盐度、潮差、水深分别为 30‰、2 cm、15 cm，均保持不变。

表 6.16　变化流量组合

工况	盐度/‰	潮差/cm	径流/(m^3/h)	水深/cm
B1	30	2	1.6	15
B2	30	2	2	15
B3	30	2	2.4	15
B4	30	2	3.2	15
B5	30	2	4	15

1）径流对水槽流态的影响

表 6.17 记录了上游不同流量下各测点的流速最大值，整体来看，表、中、底层的落潮流速随着上游径流量的增大而增大，表层落潮流速最大，其次是中层，底层落潮流速最小；涨潮流速则与表层相反，随着上游流量的增大而逐渐减小，底层涨潮流速最大，其次是中层，表层涨潮流速最小。在径流大于 2 m^3/h 时，1#表层甚至出现只落不涨的现象。从表 6.17 可以看出，1#在径流 1.6 m^3/h 条件下，表层落潮最大流速为 7.4 cm/s，当径流提升至 4 m^3/h 时，最大流速涨至 12.5 cm/s，增加了 5.1 cm/s，3#增加了 2 cm/s，5#仅增加了 1.5 cm/s，由此可以看出，径流的变化对河口处的水流特性影响更大，因为在上游处，表底盐度差较小，增加的径流比较平均地从上游整个断面通过，而在河口处，由于受到底层盐水上溯所产生的顶托作用，所增加的淡水大部分只能从表层下泄，所以大大增加了河口处的表层流速，而底层只是从 2.3 cm/s 涨至 3.3 cm/s，增加了 1 cm/s，所以径流的增大对河口表层的水流特性影响更大。

表 6.17　不同径流条件下各测点最大流速　　　　　　单位：cm/s

位置		1#					3#					5#				
		1.6 m^3/s	2.0 m^3/s	2.4 m^3/s	3.2 m^3/s	4.0 m^3/s	1.6 m^3/s	2.0 m^3/s	2.4 m^3/s	3.2 m^3/s	4.0 m^3/s	1.6 m^3/s	2.0 m^3/s	2.4 m^3/s	3.2 m^3/s	4.0 m^3/s
表层	落潮	7.4	8.7	9.7	10.7	12.5	6.2	6.3	6.8	7.5	8.2	7.6	7.8	8.4	9.1	9.1
	涨潮	-0.1	—	—	—	—	-1.1	-1.0	-0.5	0.0	—	-4.6	-4.8	-4.2	-4.2	-2.9
中层	落潮	4.1	4.6	7.4	6.3	8.5	6.3	5.7	5.7	6.8	7.4	6.7	7.1	7.1	7.6	8.2
	涨潮	-4.5	-4.0	-2.7	-2.2	-1.1	-1.7	-2.0	-1.2	0.0	-2.0	-4.4	-4.3	-3.7	-3.1	-2.6
底层	落潮	2.3	2.8	3.8	4.3	3.3	1.5	3.5	4.0	4.6	5.2	5.4	6.4	5.9	7.1	7.1
	涨潮	-5.7	-5.2	-4.2	-5.4	-5.8	-2.9	-2.3	-1.8	-2.3	-2.0	-4.6	-3.6	-4.1	-4.0	-2.9

　　图 6.33～图 6.35 为各测点在径流 1.6 m³/h 和径流 4 m³/h 条件下的表、中、底流速过程线。对径流 1.6 m³/h 和径流 4 m³/h 的流速过程线进行对比，可以看出，径流 4 cm³/s 的落潮流速明显大于径流 1.6 m³/h，另外，在径流 1.6 m³/h 条件下，中层流速略大于底层流速，并且比较接近，而在径流 4 m³/h 条件下，中层和底层流速大小差距明显拉大，造成这种现象的原因主要是中层盐度的下降导致盐度梯度力对下泄径流的顶托作用减弱，所以在落潮时，在部分下泄径流的推动作用下流速增大。1#在径流 1.6 m³/h 和径流 4 m³/h 的条件下，涨潮时均出现表落底涨的现象，而 3#在径流 4 m³/h 条件下，出现表、底层同涨同落，分析其差异，同样是底层盐度梯度力的大小影响着底层的涨落，在径流 1.6 m³/h 条件下，高浓度盐水能够上溯至 3#处，而在径流 4 m³/h 条件下，当盐水上溯至 3#时，浓度已经明显降低，盐度梯度力随之变小，所以在径流 4 m³/h 条件下 3#表底层同涨同落。

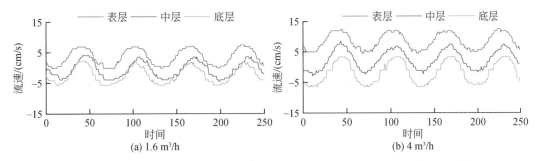

图 6.33　径流 1.6 m³/h 和径流 4 m³/h 条件下 1#测点表、中、底层流速过程线

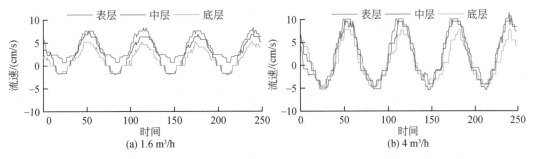

图 6.34　径流 1.6 m³/h 和径流 4 m³/h 条件下 3#测点表、中、底层流速过程线

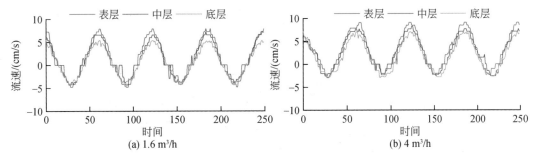

图 6.35　径流 1.6 m³/h 和径流 4 m³/h 条件下 5#测点表、中、底层流速过程线

2）径流对盐度分布的影响

径流的增大，能够很好地抑制咸潮上溯，径流越大，抑咸效果越好。图 6.36～图 6.39 分别为径流 1.6 m³/h、2.4 m³/h、3.2 m³/h、4 m³/h 条件下涨落憩的盐度分布图，从图 6.36 可以看出，在径流 1.6 m³/h 条件下，盐水楔形状明显，整体等盐度线比较平顺，涨憩时底层高浓度盐水可上溯至 35 m 处，落憩时，高盐度等盐度线略微下移，底盐度等盐度线几乎不变。当径流增大至 2.4 m³/h 时，在约 20 m 处 5‰等盐度线明显下压使得 5‰～25‰等盐度线变得密集，使得表、底层分层较径流 1.6 m³/h 时更加明显。再一次把径流增大至 3.2 m³/h 时，径流的抑咸效果开始突出，水槽内盐度整体下降，尤其是落潮时，河口处最大盐度低于 25‰，入侵距离也大大缩短。径流进一步加大至 4 m³/h 时，径流的抑咸效果就更加明显了，底层涨潮最大盐度低于 25‰，落潮最大盐度低于 20‰，结合径流的变化对水流特性的影响可以发现，径流对底层流速上涨的抑制起到了重要的作用，底层盐水的上涨受到抑制，盐度自然会降低。另外，当大量的径流下泄时，河口处淡水累积到一定程度时，表层完全被淡水所占据，所以无论涨落潮，表层的盐度均为 0，正如图 6.39 所示，即使中层存在涨潮流，但是由于河口处被一层厚厚的淡水所占据，所以其中层盐度也基本为 0。

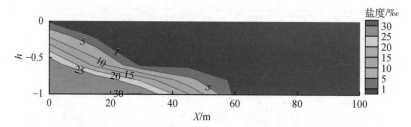

图 6.36　径流 1.6 m³/h 条件下涨憩盐度分布图

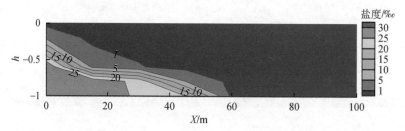

图 6.37　径流 2.4 m³/h 条件下涨憩盐度分布图

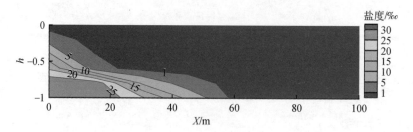

图 6.38　径流 3.2 m³/h 条件下涨憩盐度分布图

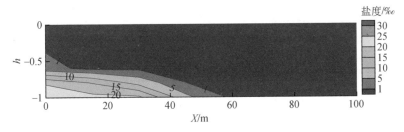

图 6.39　径流 4 m³/h 条件下涨憩盐度分布图

3）径流对盐通量的影响

通过对变化径流下各测点盐通量的计算，结果表明，T1 随着径流量的增大，呈现先增大，后减小的趋势。当径流 1.6 m³/h 时，T1 仅为 1.4 g，说明此时径流下泄所带走的盐分十分小。随着径流的增大，T1 也在快速地增大，径流 2 m³/h 时，T1 增长至 7.5 g，径流 2.4 m³/h 时，更是增长到最大值 18.7 g，由此说明，在一定范围内，径流的增大能够明显地带动更多水道内盐分下泄，当径流增加至 3.2 m³/h 时，径流对盐水楔起到明显的干扰作用，使得盐水楔整体下移，水槽内整体盐度降低，因此，虽然其平均流输运量在降低，但是径流的增大对抑制盐水上溯还是起到了重要的作用。T2 由于潮差没有变化，所以在变化流量下，斯托克斯漂移输运量变化不大。T5 则呈现逐渐减小的趋势，说明径流的增大还能有效降低重力环流输运项。具体计算值见表 6.18。

表 6.18　变化径流下各测点盐通量　　　　　　　　　　单位：g

测点	1#					3#				
	1.6 m³/h	2 m³/h	2.4 m³/h	3.2 m³/h	4 m³/h	1.6 m³/h	2 m³/h	2.4 m³/h	3.2 m³/h	4 m³/h
T1	1.4	7.5	18.7	14.2	5.3	4.6	4.2	2.8	3.6	2.7
T2	−1.0	−0.9	−0.9	−0.9	−0.2	−0.3	−0.1	−0.1	−0.1	−0.1
T5	−24.1	−21.6	−22.5	−18.5	−13.7	−13.0	−5.8	−5.1	−6.1	−3.7

4. 水深对咸潮上溯的影响

为了研究水深的大小对咸潮水槽的水流特性及盐度分布的影响，本节设计了 E 组实验共 3 个工况，分 3 个平均水深对变化水深所引起的水流特性变化及盐度分布变化进行研究。这 3 个水深分别为 12.5 cm、15 cm、17.5 cm。潮差、径流、盐度分别为 2 cm、2 m³/h、30‰，均保持不变，详细见表 6.19。

表 6.19　变化水深组合

工况	盐度/‰	潮差/cm	径流/(m³/h)	水深/cm
E1	30	2	2	12.5
E2	30	2	2	15
E3	30	2	2	17.5

1）水深对水槽流态的影响

表 6.20 记录了各测点在不同水深条件下的涨落潮最大流速。其最大特点是随着水深的增大，表层涨、落潮流速在减小，底层落潮流速在减小，涨潮流速却在增大。水深的增大意味着过水断面面积的增大，所以在潮差和上游径流一定的情况下，其流速必然减小，而底层涨潮流速的异常增大，是因为外海盐水在平均水深增大的情况下，相当于盐水的上溯通道增大，底部摩擦阻力对其影响相对减小，盐水能够更顺畅地从底部上溯。

表 6.20　不同水深条件下各测点表、中、底层最大流速　　单位：cm/s

位置		1#			3#			5#		
		12.5 cm	15.0 cm	17.5 cm	12.5 cm	15.0 cm	17.5 cm	12.5 cm	15.0 cm	17.5 cm
表层	落潮	8.9	8.7	7.1	6.2	6.3	5.2	8.2	7.8	7.6
	涨潮	—	—	—	−0.1	−1.0	−0.1	−4.9	−4.8	−3.5
中层	落潮	6.6	4.6	4.6	5.8	5.7	4.6	7.6	7.1	7.0
	涨潮	−4.0	−4.0	−4.0	−2.8	−2.0	−3.4	−4.8	−4.3	−3.7
底层	落潮	5.7	2.8	3.5	1.2	3.5	2.9	6.4	6.4	6.7
	涨潮	−4.9	−5.2	−6.1	−4.8	−2.3	−3.5	−3.2	−3.6	−3.8

图 6.40～图 6.42 为各测点在不同水深条件下的表、中、底层流速过程线，当水深变为 17.5 cm 时，1#表层流速整体减小，但其流速值依然一直大于 0，保持着落潮流的状态，而底部落潮流流速随着表层的减小也在减小，涨潮流速却在增加，与中层涨潮流速进一步拉大。3#也表现为落潮流速减小，底层流速增大的现象，而 5# 则表现为整体流速在减小。

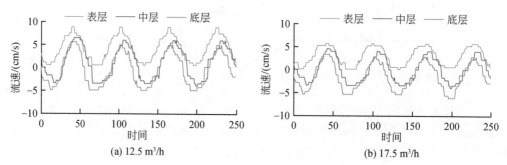

(a) 12.5 m³/h　　　　　　　　　　　　　(b) 17.5 m³/h

图 6.40　水深 12.5 cm 和水深 17.5 cm 条件下 1#测点表、中、底层流速过程线

2）水深对盐度分布的影响

平均水深的大小直接影响着潮汐和径流的过水断面，同时增大了咸潮的上溯通道，增加咸潮上溯的强度。图 6.43～图 6.45 分别为平均水深 12.5 cm、15 cm、17.5 cm 条件下涨憩盐度分布图，从图 6.43 可以看出，当水深为 12.5 cm 时，盐度等值线比较集

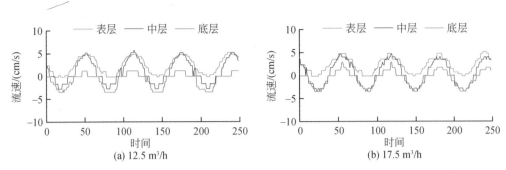

图 6.41　水深 12.5 cm 和水深 17.5 cm 条件下 3#测点表、中、底层流速过程线

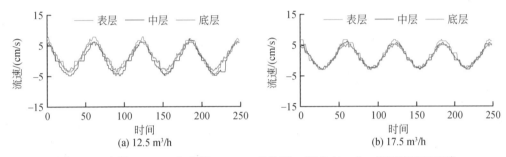

图 6.42　水深 12.5 cm 和水深 17.5 cm 条件下 5#测点表、中、底层流速过程线

中在中、底层，造成表、底层分层明显，当水深增大至 15 cm 时，如图 6.44 所示，盐水上溯的距离增大，水道垂向盐度整体增大，到图 6.45 时，其效果更为明显，涨憩时，距河口 40 m 的表层处都受到了盐水上溯的影响，盐度为 1‰~5‰，说明水深的增加，不仅增大了盐水上溯的通道，使其能够更快地上溯，还增大了底层盐水与表层淡水掺混的能力，使得更多的盐分在水道中累积。

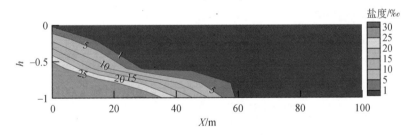

图 6.43　水深 12.5 cm 条件下涨憩盐度分布图

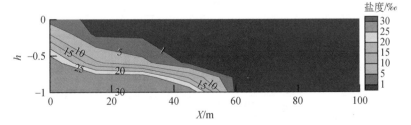

图 6.44　水深 15 cm 条件下涨憩盐度分布图

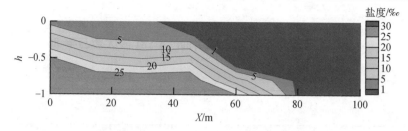

图 6.45　水深 17.5 cm 条件下涨憩盐度分布图

3）水深对盐通量的影响

通过对变化水深下盐通量的计算，结果表明，T1 随着水深的增大而增大，说明水深的增大有利于平均流输运量的增加。T2 同样变化不大；T5 在 1#呈现先增后减的趋势，在 17.5 cm 水深条件下，重力环流输运量最小，而在 15 cm 时达到最大，而在 3#位置，则是 17.5 cm 的重力环流项最大，原因是盐水在上溯通道增大的情况，上溯能力会增强，在河口处盐水厚度增大，垂向盐度整体增大，表、底层盐度差减小，导致该处环流减弱，当上溯一定距离后，表、底层盐度差开始增大，使得环流加强，所以在 17.5 cm 水深下，T5 在 1#位置只有–6.5 g，而在 3#位置则有–18.5 g，具体计算值见表 6.21。

表 6.21　变化水深下各测点盐通量　　　　　　　　　　单位：g

测点	1#			3#			5#		
	12.5 cm	15 cm	17.5 cm	12.5 cm	15 cm	17.5 cm	12.5 cm	15 cm	17.5 cm
T1	6.0	7.5	9.2	3.4	4.2	5.8	0.0	0.0	2.3
T2	–1.1	–0.9	–1.2	–0.4	–0.1	–0.5	0.0	0.0	–0.1
T5	–11.8	–21.6	–6.5	–7.4	–5.8	–18.5	0.0	0.0	–0.7

5. 盐度对咸潮上溯的影响

为了研究盐度的大小对咸潮水槽的水流特性及盐度分布的影响，本节设计了 D 组实验共 5 个工况，分 5 个等级对变化盐度所引起的咸潮上溯特征变化进行研究。这 5 个初始盐度分别为 10‰、15‰、20‰、25‰、30‰。潮差、径流和平均水深分别为 2 cm、2 m³/h 和 15 cm，均保持不变，详细见表 6.22。

表 6.22　变化盐度组合

工况	盐度/‰	潮差/cm	径流/（m³/h）	水深/cm
F1	10	2	2	15
F2	15	2	2	15
F3	20	2	2	15
F4	25	2	2	15
F5	30	2	2	15

在一般物理模型中，满足重力相似原则，则可达到水流相似，但是在咸潮物理模

型中，则需满足密度弗劳德准则：

$$\lambda_u = \lambda_s \cdot \lambda_h^{1/2} \tag{6.35}$$

若改变初始盐度，则盐度比尺必然发生变化，为满足密度弗劳德准则，那么流速比尺也应随之而变，

从公式 $\lambda_u = \dfrac{\lambda_L}{\lambda_t}$ 中可以看出，要改变流速比尺，则需改变模型的时间比尺。

建立模型时间比尺与盐度比尺的关系：

$$\lambda_t = \frac{\lambda_L}{\lambda_s \lambda_h^{1/2}} \tag{6.36}$$

本节以 30‰作为原型的原始盐度，从表 6.23 可以看出盐度比尺越大，时间比尺就越小，模型中模拟原型 1 h 的时间就越长。

表 6.23 时间比尺与盐度比尺换算表

盐度/‰	盐度比尺	垂向比尺	平面比尺	时间比尺	原型 1 h 模型时间/s
10	3	50	1000	82	44
15	2	50	1000	100	36
20	1.5	50	1000	115	31
25	1.2	50	1000	129	28
30	1	50	1000	141	25

1）盐度对水槽流态的影响

表 6.24 记录了不同初始盐度条件下各测点表、中、底层最大流速。从整体来看，随着盐度的增大，各测点涨落潮最大流速均在减小。其原因主要在于盐度比尺的变换导致时间比尺的改变，如当盐度为 10‰时，模型运行一个时刻需要 44 s，而当盐度为 15‰时，模型运行一个时刻需要 36 s，依次类推，盐度越高，运行一个时刻所需的时间越长，这意味着河口处高水位或低水位所持续的时间更长。涨潮时，河口处高水位持续，而河道上游水位较低，两端水位差造成水流持续向上游推进，流速可以持续增大，当盐度增大时，两端水位差较大的时间段缩小，流速尚未增至最大值时，便已开始落潮，造成该工况下最大流速减小。

表 6.24 不同水深条件下各测点表、中、底层最大流速　　　　　　单位：cm/s

位置		1#					3#					5#				
		10‰	15‰	20‰	25‰	30‰	10‰	15‰	20‰	25‰	30‰	10‰	15‰	20‰	25‰	30‰
表层	落潮	12.8	12.1	10.7	9.5	8.7	11.4	9.6	8.8	9.5	6.3	11.7	11.3	9.9	8.7	7.8
	涨潮	-3.0	-2.4	-1.9	-1.4	1.2	-5.2	-4.4	-4.0	-1.4	-1.0	-7.2	-6.9	-6.7	-5.3	-4.8
中层	落潮	10.8	7.7	4.9	3.9	4.6	10.7	9.6	8.4	3.9	5.7	12.0	11.6	10.2	8.9	7.1
	涨潮	-10.6	-7.5	-5.6	-5.5	-4.0	-5.4	-4.8	-4.2	-5.5	-2.0	-7.3	-7.0	-6.8	-5.4	-4.3
底层	落潮	9.5	7.2	4.7	3.8	2.8	7.8	7.8	7.0	3.8	3.5	10.7	10.3	9.0	7.9	6.4
	涨潮	-8.8	-6.7	-5.9	-5.7	-5.2	-4.4	-4.4	-4.0	-5.7	-2.3	-8.4	-8.1	-7.8	-6.2	-3.6

图 6.46～图 6.48 为各测点在初始盐度 10‰和初始盐度 30‰的条件下的表、中、底层流速过程线,从 1#测点可以看出,初始盐度为 10‰的整体流速大于盐度为 30‰,10‰条件下的表层流速与 30‰表层流速只落不涨不一样,在涨潮时,在潮汐动力作用下,其表层也会出现涨潮流,在 3#,各种盐度工况下其表、中、底层流速趋于一致,在 5#其流速过程线都几乎一样。

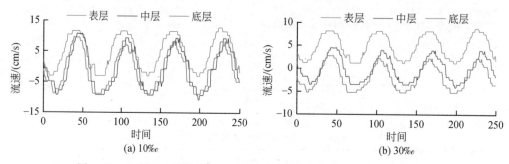

图 6.46　盐度 10‰和盐度 30‰条件下 1#测点表、中、底层流速过程线

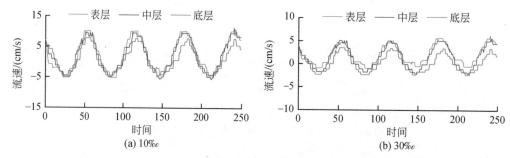

图 6.47　盐度 10‰和盐度 30‰条件下 3#测点表、中、底层流速过程线

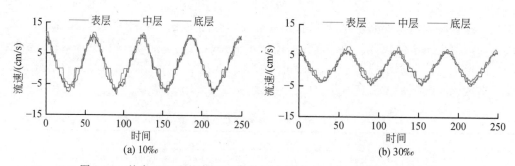

图 6.48　盐度 10‰和盐度 30‰条件下 5#测点表、中、底层流速过程线

2）盐度对盐度分布的影响

盐度的改变主要改变了盐水的密度,形成盐水异重流,使得盐水上溯更快,更远,图 6.49～图 6.52 分别为初始盐度 10‰、15‰、20‰、25‰条件下涨憩盐度分布图,总体来看,初始盐度的变化对盐水上溯的影响主要有两个方面,一个是垂向分层,另一

个是纵向上溯距离。盐度越大，垂向分层越明显。由于盐度的增大，盐水比重增大，容易下沉至淡水底部，形成盐水楔，从底部上溯，如图 6.52 所示，在高盐水条件下，表、底层盐度相差较大，底部盐度等值线形成楔状，从底部上溯，相反，在低盐水条件下，如图 6.49 所示，盐淡水混合较好，其表、底层盐度相差不大。其盐度过程线比较顺直。当盐度逐渐增大，盐度等值线逐渐趋于平缓。盐水上溯距离随着初始盐度的增大而增大，盐水上溯距离的大小与其盐度大小有着重要的联系，当初始盐度增大，那么盐水的密度梯度力也增大，在重力和密度梯度力的共同作用下，高盐水能够从底部快速地上溯。即便底盐水时涨潮流速较大，但由于盐度较低，与下泄径流容易发生混合，降低盐度，后劲不足，无法继续上溯。

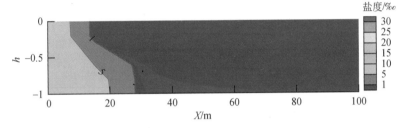

图 6.49　初始盐度 10‰ 条件下涨憩盐度分布图

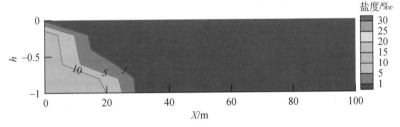

图 6.50　初始盐度 15‰ 条件下涨憩盐度分布图

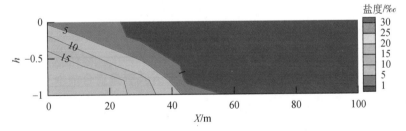

图 6.51　初始盐度 20‰ 条件下涨憩盐度分布图

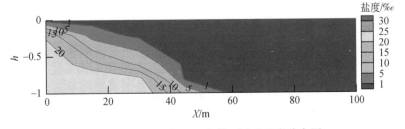

图 6.52　初始盐度 25‰ 条件下涨憩盐度分布图

3）盐度对盐通量的影响

通过对变化盐度条件下各测点盐通量的计算，结果表明，T1 随着初始盐度的增大而增大，T1 从 2.7 g 增至 7.5 g，3#从 0 增至 4.2 g，T2 变化不大（表 6.25）。T5 不仅随着盐度的增大而增大，而且相对 T1 呈快速增长的趋势，初始盐度的增大会加大盐水和淡水之间的密度差，使得密度梯度力增大，所以环流增强。

表 6.25　变化盐度下各测点盐通量　　　　　　　　　　单位：g

测点	1#					3#				
	10‰	15‰	20‰	25‰	30‰	10‰	15‰	20‰	25‰	30‰
T1	2.7	4.8	4.0	5.7	7.5	0.0	0.0	1.9	2.9	4.2
T2	−0.8	−0.9	−1.0	−1.0	−0.9	0.0	0.0	−0.2	−0.3	−0.1
T5	−2.1	−7.1	−9.4	−15.2	−21.6	0.0	0.0	−1.2	−3.6	−5.8

6.2　基于 1D-3D 水盐动力数值模拟

网河区 1D-3D 水动力盐度耦合模型结构如图 6.53 所示，上游区 1D 模型重点反映河流动力条件对咸潮上溯的抑制作用，主要进行水动力计算，为 3D 模型提供上游水位边界；河口区 3D 模型同时模拟河流动力和海洋动力对咸潮上溯的影响。本章主要从以下两方面开展研究：

（1）基于 1D-3D 耦合模型，对磨刀门水道 2005 年、2009 年、2010 年三个工况下完整半月周期的盐通量进行模拟，探究潮汐动力与径流对盐水入侵的驱动作用；

（2）构建 1990 年和 2005 年两组不同年代地形条件下的 3D 水动力模型，设置不同的径流和潮汐情景模拟河道地形对盐水入侵的影响。

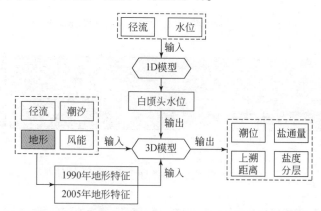

图 6.53　珠江三角洲网河区 1D-3D 水动力盐度耦合模型结构图

6.2.1　模型结构与原理

1. MIKE11

MIKE11 是 MIKE 系列软件中最常用的一个一维数值模型，被广泛用于河网的水动力及水质的模拟研究方面。MIKE11 具有适用性广、扩充性强、良好的参数确定性、软件界面可操作性强、数据输入输出方便（强大的数据前后处理功能）等特点。目前，国内已有大量工程应用实例。

MIKE11 水动力模型将质量和动量守恒方程在垂向上积分，利用隐式有限差分法对方程组进行离散，计算网格中水位点和流量点交叉布置，用追赶法求解离散方程组，适用于树枝状和环状水系的计算。

MIKE11 以一维圣维南方程组为基础，模拟明渠非恒定流，主要包括以下几种。

连续方程：

$$\frac{\partial Q}{\partial x}+B\frac{\partial Z}{\partial t}=q_l \tag{6.37}$$

运动方程：

$$\frac{\partial Q}{\partial t}+\frac{\partial}{\partial x}\left(\alpha\frac{Q^2}{A}\right)+gA\frac{\partial Z}{\partial x}+gA\frac{|Q|Q}{K^2}=0 \tag{6.38}$$

式中，Q 为断面流量（m^3/s）；Z 为断面水位（m）；B 为河宽（m）；q_l 为单位河段长的侧向入流（m^2/s）；A 为断面面积（m^2）；K 为流量模数（$K=AR^{\frac{2}{3}}/n$，R 为水力半径，n 为河道糙率）；α 为动量修正系数，$\alpha=\frac{A}{K^2}\sum\frac{K_i^2}{A_i}$；$x$ 为水平距离（m）；t 为时间。

2. MIKE3

MIKE3 模式中充分考虑了径流、潮汐、波浪、地球自转偏向力等水力要素，能够较为真实地模拟多种外力下的水动力情况，同时模型支持多模块耦合运算，计算速度大大增加，多种优势使得 MIKE3 成为河流、港口海岸水流等推荐使用的仿真模拟软件。该模型采用结构网格和非结构三角网格，可以灵活地在模拟区域进行局部网格加密，对于地形复杂的区域尤为实用。珠江河口地区地形复杂、岛屿众多，磨刀门的拦门沙区域地形演变特征明显，深槽外移扩展，一主一支分汊明显，应用 MIKE3 能够较真实地反映磨刀门地形特征与水动力条件。本书模拟地形变化下磨刀门咸潮特征主要应用到 MIKE3 的水动力模块及其湍流模块。

1）水动力模块

MIKE3-FM 模型水动力的控制方程为纳维-斯托克斯（Navier-Stokes）方程，模型连续性方程为

$$\frac{\partial u}{\partial x}+\frac{\partial v}{\partial y}+\frac{\partial w}{\partial z}=S \tag{6.39}$$

x 方向和 y 方向运动方程分别为

$$\frac{\partial u}{\partial t}+\frac{\partial u^2}{\partial x}+\frac{\partial vu}{\partial y}+\frac{\partial wu}{\partial z}=fv-g\frac{\partial\zeta}{\partial x}-\frac{1}{\rho_0}\frac{\partial p_a}{\partial x}-\frac{g}{\rho_0}\int_z^\zeta\frac{\partial\rho}{\partial x}dz$$

$$-\frac{1}{\rho_0 h}\left(\frac{\partial S_{xx}}{\partial x}+\frac{\partial S_{xy}}{\partial y}\right)+F_u+\frac{\partial}{\partial z}\left(v_t\frac{\partial u}{\partial z}\right)+u_s S \tag{6.40}$$

$$\frac{\partial v}{\partial t} + \frac{\partial v^2}{\partial y} + \frac{\partial uv}{\partial x} + \frac{\partial wv}{\partial z} = fu - g\frac{\partial \zeta}{\partial y} - \frac{1}{\rho_0}\frac{\partial p_a}{\partial x} - \frac{g}{\rho_0}\int_z^\zeta \frac{\partial \rho}{\partial y}dz$$

$$- \frac{1}{\rho_0 h}\left(\frac{\partial S_{yx}}{\partial x} + \frac{\partial S_{yy}}{\partial y}\right) + F_v + \frac{\partial}{\partial z}\left(v_t\frac{\partial v}{\partial z}\right) + v_s S \quad (6.41)$$

式中，t 为时间；x、y、z 为笛卡儿坐标；ζ 为自静止海面向上起算的海面波动（潮位）；d 为海底到静止海面的距离；$h = \zeta + d$ 为总水深；u、v、w 分别为 x、y、z 方向的速度分量；$f = 2\Omega\sin\phi$ 为柯氏力参数，其中 Ω 是地转角速度，ϕ 为地理纬度；g 为重力加速度；ρ 为水密度；S_{xx}、S_{xy}、S_{yx} 和 S_{yy} 为波浪辐射应力张量；v_t 为垂向涡黏系数；p_a 为大气压；ρ_0 为水参照密度；S 为源项；F_u 为水平应力项；F_v 为垂直应力项；u_s、v_s 为水源进入相邻水域的速度。

式（6.40）和式（6.41）两个方程左端第一项均表示局部加速度，左端后三项表示对流加速度；右端第一项表示科氏加速度；右端第二项表示表面水位加速度；右端第三项表示大气压力梯度项；右端第四项表示浮力效应加速度；右端第五项表示波生流；右端第六项表示水平雷诺应力产生的不平衡（水平方向动量扩散项）；右端第七项表示 Boussinesq 近似产生的垂直应力；右端第八项表示源项入流产生的加速度。

水平应力项由梯度应力关系来描述，表示为

$$F_u = \frac{\partial}{\partial x}\left(2A\frac{\partial u}{\partial x}\right) + \frac{\partial}{\partial y}\left(A\left(\frac{\partial u}{\partial y} + \frac{\partial v}{\partial x}\right)\right) \quad (6.42)$$

$$F_v = \frac{\partial}{\partial x}\left(2A\left(\frac{\partial u}{\partial y} + \frac{\partial v}{\partial x}\right)\right) + \frac{\partial}{\partial y}\left(2A\frac{\partial v}{\partial x}\right) \quad (6.43)$$

式中，A 为水平涡黏系数。

模型在采用有限体积法将水动力控制的偏微分方程进行离散时，在垂向上采用了 Sigma 坐标系统。该坐标系统将地形按比例分层，使起伏不平的地表面成为新坐标系的一个等值面，每一层可用相同的方程表示，这种新坐标系也称为地形坐标系。当方程的求解采用垂直的 Sigma 坐标系统时，需要对笛卡尔坐标系下的水动力方程做适当的变换。

$$\sigma = \frac{z - z_b}{h}, x' = x, y' = y \quad (6.44)$$

式中，σ 定义为 0（底层）至 1（表层）。坐标变换关系如下：

$$\frac{\partial}{\partial z} = \frac{1}{h}\frac{\partial}{\partial \sigma} \quad (6.45)$$

$$\left(\frac{\partial}{\partial x}, \frac{\partial}{\partial y}\right) = \left(\frac{\partial}{\partial x'} - \frac{1}{h}\left(-\frac{\partial d}{\partial x} + \sigma\frac{\partial h}{\partial x}\right)\frac{\partial}{\partial \sigma}, \frac{\partial}{\partial y'} - \frac{1}{h}\left(-\frac{\partial d}{\partial y} + \sigma\frac{\partial h}{\partial y}\right)\frac{\partial}{\partial \sigma}\right) \quad (6.46)$$

在新的坐标系统下，相关方程变换为

$$\frac{\partial h}{\partial t} + \frac{\partial uh}{\partial x'} + \frac{\partial vh}{\partial y'} + \frac{\partial wh}{\partial \sigma} = hS \quad (6.47)$$

$$\frac{\partial hu}{\partial t} + \frac{\partial hu^2}{\partial x'} + \frac{\partial hvu}{\partial y'} + \frac{\partial hwu}{\partial \sigma} = fvh - gh\frac{\partial \eta}{\partial x'} - \frac{h}{\rho_0}\frac{\partial P_a}{\partial x'} - \frac{hg}{\rho_0}\int_z^\eta \frac{\partial \rho}{\partial x}dz -$$

$$\frac{1}{\rho_0}\left(\frac{\partial S_{xx}}{\partial x} + \frac{\partial S_{xy}}{\partial y}\right) + hF_u + \frac{\partial}{\partial z}\left(\frac{\nu_v}{h}\frac{\partial u}{\partial z}\right) + h_{us}S \quad (6.48)$$

$$\frac{\partial hv}{\partial t}+\frac{\partial huv}{\partial x'}+\frac{\partial hv^2}{\partial y'}+\frac{\partial hwv}{\partial \sigma}=fuh-gh\frac{\partial \eta}{\partial y'}-\frac{h}{\rho_0}\frac{\partial P_a}{\partial y'}-\frac{hg}{\rho_0}\int_z^\eta\frac{\partial \rho}{\partial y}dz-$$

$$\frac{1}{\rho_0}\left(\frac{\partial S_{yx}}{\partial x}+\frac{\partial S_{yy}}{\partial y}\right)+hF_v+\frac{\partial}{\partial z}\left(\frac{v_v}{h}\frac{\partial v}{\partial z}\right)+hv_sS \tag{6.49}$$

$$\frac{\partial hT}{\partial t}+\frac{\partial huT}{\partial x'}+\frac{\partial hvT}{\partial y'}+\frac{\partial hwT}{\partial \sigma}=hF_T+\frac{\partial}{\partial \sigma}\left(\frac{D_v}{h}\frac{\partial T}{\partial \sigma}\right)+hH+hT_sS \tag{6.50}$$

$$\frac{\partial hs}{\partial t}+\frac{\partial hus}{\partial x'}+\frac{\partial hvs}{\partial y'}+\frac{\partial hws}{\partial \sigma}=hF_s+\frac{\partial}{\partial \sigma}\left(\frac{D_v}{h}\frac{\partial s}{\partial \sigma}\right)+hS_sS \tag{6.51}$$

$$\frac{\partial hk}{\partial t}+\frac{\partial huk}{\partial x'}+\frac{\partial hvk}{\partial y'}+\frac{\partial hwk}{\partial \sigma}=hF_k+\frac{1}{h}\frac{\partial}{\partial \sigma}\left(\frac{v_1}{\sigma_k}\frac{\partial k}{\partial \sigma}\right)+h(P+B-\varepsilon) \tag{6.52}$$

$$\frac{\partial h\varepsilon}{\partial t}+\frac{\partial hu\varepsilon}{\partial x'}+\frac{\partial hv\varepsilon}{\partial y'}+\frac{\partial hw\varepsilon}{\partial \sigma}=hF_\varepsilon+\frac{1}{h}\frac{\partial}{\partial \sigma}\left(\frac{v_1}{\sigma_\varepsilon}\frac{\partial \varepsilon}{\partial \sigma}\right)+h\frac{\varepsilon}{k}(C_{1\varepsilon}P+C_{3\varepsilon}B-C_{2\varepsilon}\varepsilon) \tag{6.53}$$

$$\frac{\partial hC}{\partial t}+\frac{\partial huC}{\partial x'}+\frac{\partial hvC}{\partial y'}+\frac{\partial hwC}{\partial \sigma}=hF_C+\frac{\partial}{\partial \sigma}\left(\frac{D_v}{h}\frac{\partial C}{\partial \sigma}\right)-hk_pC+hC_sS \tag{6.54}$$

坐标转换后，垂直速度定义如下：

$$\omega=\frac{1}{h}\left[w+u\frac{\partial d}{\partial x'}+v\frac{\partial d}{\partial y'}-\sigma\left(\frac{\partial h}{\partial t}+u\frac{\partial h}{\partial x'}+v\frac{\partial h}{\partial y'}\right)\right] \tag{6.55}$$

变换后的垂直速度是在同一个水平 σ 坐标值下的。水平扩散项目定义如下：

$$hF_u\approx\frac{\partial}{\partial x}\left(2hA\frac{\partial u}{\partial x}\right)+\frac{\partial}{\partial y}\left[hA\left(\frac{\partial u}{\partial y}+\frac{\partial v}{\partial x}\right)\right] \tag{6.56}$$

$$hF_v\approx\frac{\partial}{\partial x}\left[hA\left(\frac{\partial u}{\partial y}+\frac{\partial v}{\partial x}\right)\right]+\frac{\partial}{\partial y}\left(2hA\frac{\partial v}{\partial y}\right) \tag{6.57}$$

$$h(F_T,F_S,F_k,F_\varepsilon,F_C)\approx\left[\frac{\partial}{\partial x}\left(hD_h\frac{\partial}{\partial x}\right)+\frac{\partial}{\partial y}\left(hD_h\frac{\partial}{\partial y}\right)\right](T,s,k,\varepsilon,C) \tag{6.58}$$

在自由表面和底部的边界条件如下。

当 $\sigma=1$ 时，

$$\omega=0,\left(\frac{\partial u}{\partial \sigma},\frac{\partial v}{\partial \sigma}\right)=\frac{h}{\rho_0vt}(\tau_{xy},\tau_{yy}) \tag{6.59}$$

当 $\sigma=0$ 时，

$$\omega=0,\left(\frac{\partial u}{\partial \sigma},\frac{\partial v}{\partial \sigma}\right)=\frac{h}{\rho_0v_t}(\tau_{bx},\tau_{by}) \tag{6.60}$$

2) 湍流模块

河口区流体在径、潮的强烈相互作用下呈现湍流状态，湍流运动是随机的、空间上不规则和时间上无秩序的一种非线性多尺度的流体运动。对湍流的模拟一般有直接数值模拟（DNS）、雷诺平均方法（RANS）和大涡模拟（LES）三种方法。湍流模型的求解重点在于确定涡黏系数，MIKE3 对水平涡黏系数和垂向涡黏系数采用了不同模型来确定。

（1）垂向涡黏系数。

MIKE3 对垂向涡黏系数的确定采用的是以纳维-斯托克斯方程为基础的雷诺平均模型（RANS），该模型应用湍流统计理论，将非稳态的纳维-斯托克斯方程作时间平均，求解工程所需的时均量（崔桂香等，2004）。对湍流脉动的雷诺应力附加项采用了涡黏性模型求解。涡黏性模型以标准的 k-ε 模型为基础，包括浮力项。这个模型采用湍流动能（TKE）k 和湍流动能耗散率 ε 的输运方程来描述湍流过程。

在 k-ε 模型中，垂直涡黏系数由湍流动能参数 k 和 ε 求得（Rodi，1980）：

$$vt = C_\mu \frac{k^2}{\varepsilon} \tag{6.61}$$

式中，k 为湍流动能（TKE）；ε 为 TKE 耗散率；C_μ 为经验常数。k 和 ε 在模型中通过以下半经验的输运方程确定。

k 方程：

$$U_i \frac{\partial k}{\partial X_i} = \frac{\partial}{\partial X_i}\left(\frac{v_t}{\sigma_k}\frac{\partial k}{\partial X_i}\right) + G - \varepsilon \tag{6.62}$$

ε 方程：

$$U_i \frac{\partial \varepsilon}{\partial X_i} = \frac{\partial}{\partial X_i}\left(\frac{v_t}{\sigma_\varepsilon}\frac{\partial \varepsilon}{\partial X_i}\right) + C_{1\varepsilon}\frac{\varepsilon}{k}G - C_{2\varepsilon}\frac{\varepsilon^2}{k} \tag{6.63}$$

式中，G 为时均流速梯度引起的湍流动能的附加项：

$$G = vt\left(\frac{\partial U_i}{\partial X_j} + \frac{\partial U_j}{\partial X_i}\right)\frac{\partial U_i}{\partial X_j} \tag{6.64}$$

k-ε 湍流模型中的标准值常采用如下值（Launder and Spalding，1972）：$C = 0.09$，$C_{1\varepsilon} = 1.44$，$C_{2\varepsilon} = 1.92$，$\sigma_k = 1.0$，$\sigma_\varepsilon = 1.3$。

（2）水平涡黏系数。

水平涡黏系数的确定采用了大涡数值模拟（LES），LES 最重要的是对于小尺度运动项（亚格子雷诺应力）的封闭计算，MIKE3 中采用 Smagorinsky 模型来求解该应力项。

当选择 Smagorinsky 公式时，水平涡黏系数由以下公式给出：

$$A = C_s^2 l^2 \sqrt{2S_{ij}S_{ij}} \tag{6.65}$$

式中，C_s 为无量纲参数，称为 Smagorinsky 系数；l 为特征长度；S_{ij} 为变形率，其定义为

$$S_{ij} = \frac{1}{2}\left(\frac{\partial u_i}{\partial x_j} + \frac{\partial u_j}{\partial x_i}\right) \quad i,j = 1,2 \tag{6.66}$$

6.2.2 网河区 1D-3D 水盐动力模型建立

1. 1D-3D 水动力盐度耦合模型的建立

1）数据

实测的流速及盐度分层数据测量需耗费大量人力、物力、财力，珠江河口区该类型实测资料均严重匮乏，不利于深入研究河口区盐水入侵机制。本节内容以磨刀门水道 2009 年 12 月 10~23 日开展的流速和盐度分层监测数据作为模型验证资料，以及少量沿磨刀门水道的盐度及流量实测数据作为模型输入，构建基于 MIKE 的 1D-3D 盐水入侵耦合模型。

（1）观测内容。

流量数据来源于网络公布的马口站、三水站流量值，潮位数据来源于水文部门在

磨刀门沿程布置的竹银、灯笼山、大横琴 3 个潮位自动监测站,均能满足研究需要。因此,观测的主要项目是流速、流向、盐度。

（2）测验时间。

测量时间选定在每年枯水期咸潮上溯最为严重的阶段,测量共 8 个 15 日观测点、16 个 24 h 观测点。根据半月潮活动的特点,1# ~ 8#测点连续观测时段为 2009 年 12 月 10 日 15:00 ~ 25 日 15:00。

（3）测点位置。

根据以上原则,磨刀门咸潮活动范围从河口至竹银,长度约 40 km 沿程观测初步定 8 个测点,编号分别为 1# ~ 6#,测点之间间距约 6 km,沿程测点经纬度见表 6.26,布置如图 6.54 所示。

表 6.26　测点位置

测点	纬度	经度
1	22°03′40.3″N	113°28′58.6″E
2	22°06′34.6″N	113°27′23.7″E
3	22°09′19.5″N	113°27′40.4″E
4	22°12′06.6″N	113°24′51.7″E
5	22°14′41.0″N	113°22′35.1″E
6	22°18′05.2″N	113°19′31.6″E

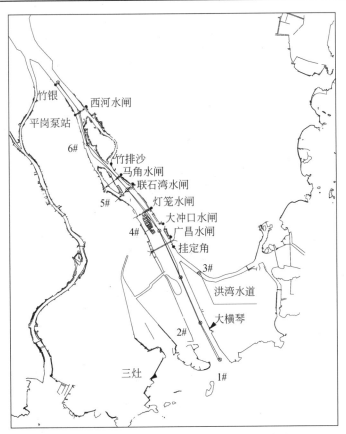

图 6.54　观测测点布置图（10 ~ 26 日,红色点）

2）模型率定

本次模拟共概化 151 条河道，其中内河道有 138 条，外河道有 13 条，断面共计 980 个，内节点共计 92 个。河网概化图如图 6.55 所示。

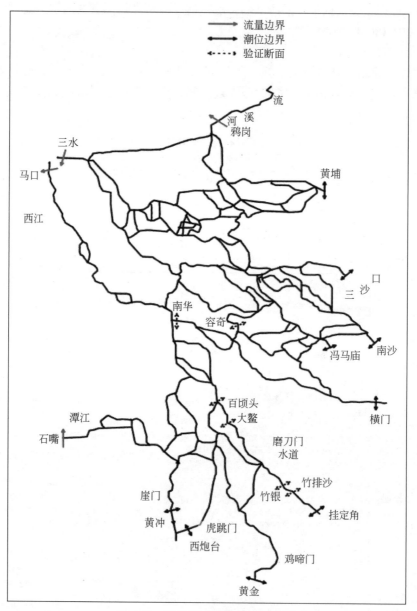

图 6.55　西北江三角洲河网概化图

一维数值模型的上游边界为流溪河的鸦岗、北江的三水、西江的马口及潭江的石嘴，下游边界为广州河段的黄埔、沙湾水道的三沙口、焦门水道的南沙、洪奇沥的万顷沙、横门水道的横门、磨刀门水道的挂定角、鸡啼门水道的黄金、崖门水道的黄冲、虎跳门水道的西炮台。

　　模型的边界水文条件为：上游边界采用 2009 年 12 月 10 日 15:00 ~ 23 日 14:00 的逐时流量过程；下游边界采用 2009 年 12 月 10 日 15:00 ~ 23 日 14:00 的逐时水位过程。时间步长为 1 min，空间步长为 200 ~ 1000 m，经过调试确定西北江三角洲网河区河道糙率为 0.016 ~ 0.05。选取南华、容奇及磨刀门水道的百顷头、大鳌、平岗、竹银、竹排沙作为一维水动力模型的验证站点。验证指标见表 6.27。

　　三维模型的模拟范围包括整个磨刀门水道，上边界至百顷头，下游至外海 32 m 等深线，具体如图 6.56 所示。

　　水位边界：上游边界由百顷头实测水位给出，外海水位由调和分析得到。调和分析采用 K1、O1、P1、Q1、M2、S2、N2、K2 八个分潮，参数来于空间分辨率为 0.125° × 0.125° 的 TOPEX/POSEIDON 卫星数据。

　　盐度边界：上游盐度设定为 0.008‰，由于冬季伶仃洋南部陆架水盐度略大于 32‰，表、底层盐度基本一致（李春初等，2004），故外海盐度设定为 32‰。

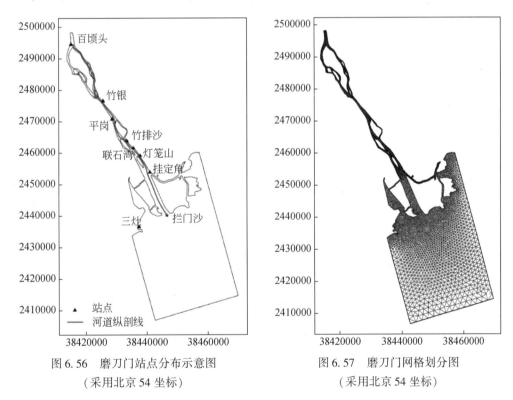

图 6.56　磨刀门站点分布示意图　　　　　　图 6.57　磨刀门网格划分图
（采用北京 54 坐标）　　　　　　　　　　　（采用北京 54 坐标）

　　本次模拟将整个模型划分为多个区域：外海为单独一个区域，河道根据具体河宽划分为多个区域，对于外海水面宽广的区域采用较大的三角形网格，而较狭窄的河道采用较小的三角形网格。根据磨刀门的具体地形，不同的地方选取不同的分辨率，既满足了精度要求又适当地保证了计算效率。磨刀门网格划分全图及局部划分细节图如图 6.57 和图 6.58 所示。本次模拟共计 9204 个网格，分辨率为 100 ~ 1000 m。

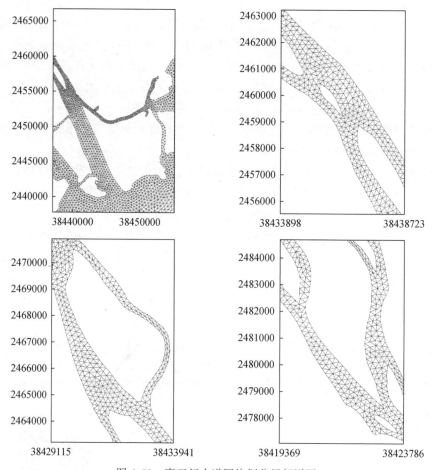

图 6.58　磨刀门水道网格划分局部详图

　　模型在垂向上采用 Sigma 分层，由于分层太少会使得模型计算结果垂向区分度不大，分层太多又会影响计算效率，经过多次试算，模型在垂向上分为 5 层。磨刀门的垂向分层示意图如图 6.59 所示。

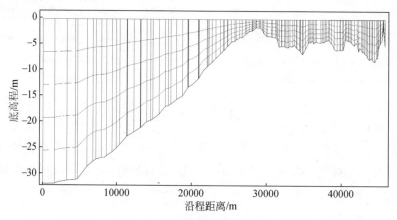

图 6.59　磨刀门垂向分层划分图

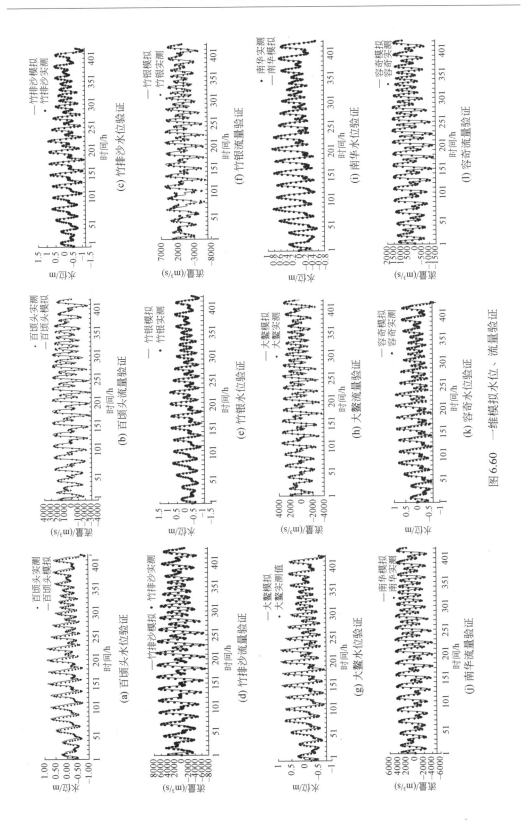

图 6.60　一维模拟水位、流量验证

3）模型验证

（1）验证结果。

本书主要研究枯水期的磨刀门水道沿岸各测点盐通量变化情况，故模拟时段均在枯水时期。具体模拟时段为：2009 年 12 月 10 日 15：00～25 日 15：00，包含珠江河口潮汐的一个半月周期。由于验证资料有限，验证采用不同的验证站点。

一维水动力模型选取南华、容奇及磨刀门水道的百顷头、大鳌、平岗、竹银、竹排沙作的验证站点。验证结果如图 6.60 所示，验证指标见表 6.27。

表 6.27　一维模型结果水位、流量验证指标

验证站点	水位验证			流量验证		
	绝对平均误差/cm	高潮位绝对平均误差/cm	低潮位绝对平均误差/cm	相对平均误差/%	峰值相对平均误差/%	谷值相对平均误差/%
南华	3	3.6	6.5	5.4	7.1	3.7
容奇	0.8	3.9	4.5	7.2	3.9	10.9
百顷头	1.2	7	6.1	10.1	7.7	3.4
大鳌	2.8	4.1	3.6	14.2	3.3	4.6
竹银	1.1	3.7	0.9	24.1	20.8	26.3
竹排沙	1.4	0.4	2.9	6.4	4.3	13.7

由验证指标可以看出，本次模拟效果较好，大部分验证站点模拟值与实测值基本一致，水位误差最大的是大鳌，其绝对平均误差为 2.8 cm，高潮位绝对平均误差为 4.1 cm，低潮位绝对平均误差为 3.6 cm；流量误差最大的是竹银，其相对平均误差为 24.1%，峰值相对平均误差为 20.8%，谷值相对平均误差为 26.3%。

三维水动力模型选取灯笼山、竹银、三灶作的水位验证站点，广昌、联石湾、平岗作为盐度验证站点。验证结果如图 6.61 所示。

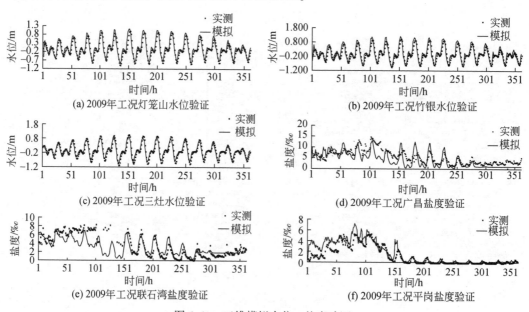

(a) 2009 年工况灯笼山水位验证　(b) 2009 年工况竹银水位验证
(c) 2009 年工况三灶水位验证　(d) 2009 年工况广昌盐度验证
(e) 2009 年工况联石湾盐度验证　(f) 2009 年工况平岗盐度验证

图 6.61　三维模拟水位、盐度验证

2009 年工况，水位验证站点有灯笼山、竹银、三灶，验证时间为 2009 年 12 月 10 日 15:00 ~ 25 日 15:00。三个潮位验证站点潮位验证结果见表 6.28，最大绝对平均误差为 3 cm，最大高潮位绝对平均误差为 1.8 cm，最大低潮位绝对平均误差为 3.7 cm，最大误差均出现在灯笼山站。

2009 年工况，盐度验证站点有广昌、联石湾、平岗，验证时间为 2009 年 12 月 10 日 15:00 ~ 25 日 15:00。三个盐度验证站点验证结果见表 6.29，其中误差最大的是平岗（中），绝对平均误差达到 0.35，但是并未超过 10% Target 值，联石湾站的绝对平均误差虽然只有 0.13，却与 10% Target 值持平，这可能与平岗站至灯笼山中断地形复杂有关。可见，该模型水位及盐度模拟精度较高，均满足实用要求。

表 6.28　水位验证指标　　　　　　　　　　　单位：cm

指标	验证站点	绝对平均误差	高潮位绝对平均误差	低潮位绝对平均误差
水位	灯笼山	3	1.8	3.7
	竹银	1.1	1.2	0.5
	三灶	1.3	1.5	0.9

表 6.29　盐度验证指标　　　　　　　　　　　单位：‰

指标	盐度验证站点	绝对平均误差	10% Target
盐度	广昌（中）	0.14	0.23
	联石湾（中）	0.13	0.13
	平岗（中）	0.35	0.49

由图 6.62、图 6.63 可以看出，1D-3D 耦合盐度模型盐通量平流通量 F_A、总盐通量 F 的模拟结果与实测结果拟合程度都较好。各测站点盐通量峰值模拟结果良好，且各线型均相似。盐通量结合结果的秩相关系数见表 6.30，模型对总盐通量的模拟效果较好，各测站点的相关系数均大于 0.8，且部分站点达 0.9 左右，表明该模型可用于对磨刀门水道盐通量的模拟。

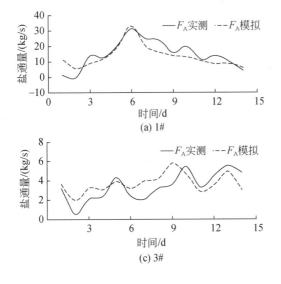

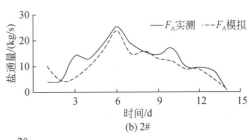

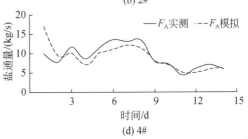

(a) 1#　　　(b) 2#　　　(c) 3#　　　(d) 4#

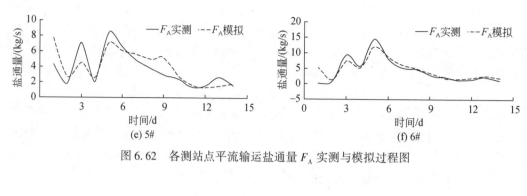

图 6.62　各测站点平流输运盐通量 F_A 实测与模拟过程图

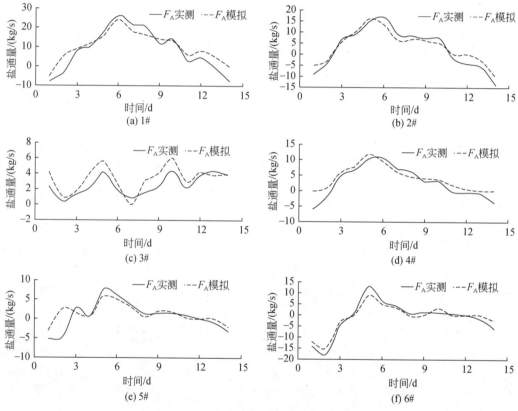

图 6.63　各测站点总盐通量 F 实测与模拟过程图

表 6.30　各测站点实测值与模拟值之间的秩相关系数

盐通量	1#	2#	3#	4#	5#	6#
F_A	0.84	0.87	0.57	0.72	0.77	0.92
F	0.97	0.98	0.84	0.94	0.80	0.98

通过图 6.64 中盐度等值线的密集程度和倾斜度可以简单判断几个特殊时刻盐度的分层情况。由图可以看出，在小潮转大潮时小潮日高、低潮位时刻盐度等值线在 8 个时刻中最为密集且盐度线倾斜度最大，说明在这两个时刻，盐度分层最为明显，此时

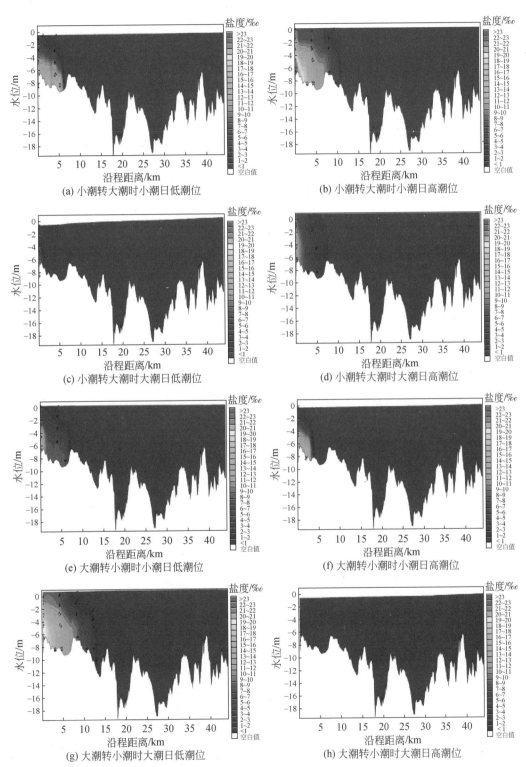

图 6.64　2009 年磨刀门水道沿程盐度分布图

盐分的垂向输运作用十分显著,盐分输运表现为向陆输运。在大潮日高、低潮位时刻盐度等值线在8个时刻中最为稀疏且盐度线倾斜度最小,说明在这两个时刻盐淡水混合最充分,使得盐度分层不明显,此时盐分的平流输运起主导作用,盐分输运表现为向海方向。

(2)模拟误差说明。

模型在峰值及峰值附近模拟结果较好,但在起始时刻及末尾时刻的模拟结果并不好,这可能与模型在模拟初始时刻不稳定有关。如果模拟时段大于需要研究时段,模拟结果应该会相对稳定。其次相比于平流输运作用盐通量模拟结果,总盐通量模拟结果更好。

2. 不同年代地形下3D水动力模型的建立

1)数据

本书所采用的基础数据资料来源于原型实测和统计年鉴等公布的数据,并对所搜集到的资料进行了比对和一致性分析,确保资料的可靠性和合理性。本书所采用的主要数据如下。

(1)地形。磨刀门水道地形采用1990年及2005年在该地区测量的1:5000河道地形图(AutoCAD),磨刀门外海区及澳门浅海区采用1990年和2005年的海图,提取模拟海域的水深和海岸线的 x、y、z 数据,将河道地形数据和海图数据整合,构成不同年份磨刀门完整的大范围地形图。在导入模型之前,通过ArcGIS将海图和AutoCAD地形资料进行了坐标系统和高程基准的转化,确保数据属性的一致性。

(2)盐度。咸潮上溯引起的河道盐度变化是模型输入及验证的重要数据,盐度数据采用磨刀门水道沿程9个站点2005年1月19日00:00~2月5日00:00的实测数据,并将2005年数据作为模型的率定和验证。从口门往上,这9个盐度站点依次是大横琴、挂定角、大涌口、灯笼山、联石湾、马角、竹排沙、平岗、竹银。第一个站点靠近磨刀门口门,最后一个站点位于磨刀门上游,具有良好的空间覆盖性,站点具体位置见表6.31及图6.65。

表 6.31 测点位置

测站	到口门的距离/km	经度	纬度
大横琴	7.0	113°27′E	22°04′N
挂定角	15.7	113°25′E	22°11′N
大涌口	18.9	113°24′E	22°12′N
灯笼山	20.8	113°23′E	22°13′N
联石湾	24.5	113°22′E	22°14′N
马角	26.1	113°21′E	22°15′N
竹排沙	27.8	113°20′E	22°17′N
平岗	35.6	113°19′E	22°20′N
竹银	40.2	113°17′E	22°22′N

(3)潮汐、径流。潮汐开边界条件采用潮汐调和常数驱动,即大区外海开边界采用M2、O1、S2、K2、N2、K1、P1、Q1、Mm、Mf和Ssa 11个分潮调和常数计算水位

图 6.65 观测测点布置图（2005 年 1 月 19 日~2 月 5 日）

边界，作为下边界条件：

$$\eta = \eta_0 + \sum_{i=1}^{11} A_i f_i \cos[\omega_i t + (V_0 + u_0) - \varphi_i] \tag{6.67}$$

式中，η_0 为平均潮位；A 为分潮振幅；ω 为分潮角速度；f 为交点因子；t 是区时；$V_0 + u_0$ 为平衡潮展开分潮的区时出相角；φ 为区时迟角。

模型的上边界设置在磨刀门水道的最上游，将磨刀门水道上游站点百顷头测站对应时段的流量过程作为模型的上边界条件。同时期的磨刀门水道沿程各测站的水位、流速、流向数据作为模型的验证。

（4）风。海港水文规范中规定使用的风速一般都是指 10 m 高处风速值，因此为了同化数据，将所有收集到的风速均换算到 10 m 高处。根据风速在近海面边界层呈对数分布，将 z 米高处实测风速 $U_{(z)}$ 换算到 10 m 高风速的公式为（陈永利等，1989）

$$U_{10} = U_{(z)} \frac{\ln \dfrac{10}{z_0}}{\ln \dfrac{z}{z_0}} \tag{6.68}$$

式中，z_0 为海上粗糙长度，一般取 0.003 m。

本书中所采用的风的资料均根据式（6.32）进行了换算，满足规范要求。

2）模型率定

模型空间范围取整个磨刀门水道，上边界至百顷头，下游至外海 30 m 等深线，模型具体范围为：22.05°~22.54°N，113.19°~113.55°E，南北长约 54 km，东西宽约 20 km。模型网格采用非结构三角网格，对于外海水面宽广的区域采用较大的三角形网格，较狭窄的河道采用较小的三角形网格，河心滩区域采取局部网格加密处理。最大网格间距为 500 m，最小网格间距为 200 m，网格垂向 Sigma 分层为 5 层。1990 年磨刀门地形经过三维网格划分，包含 7478 个网格，4344 个节点，2005 年磨刀门地形经过三维网格划分，包含 5529 个网格，3460 个节点，模型的网格划分如图 6.66 所示。模型模拟时间为 2005 年 1 月 19 日~2 月 5 日枯水期的半月周期，输出数据时间间隔为 1 h。

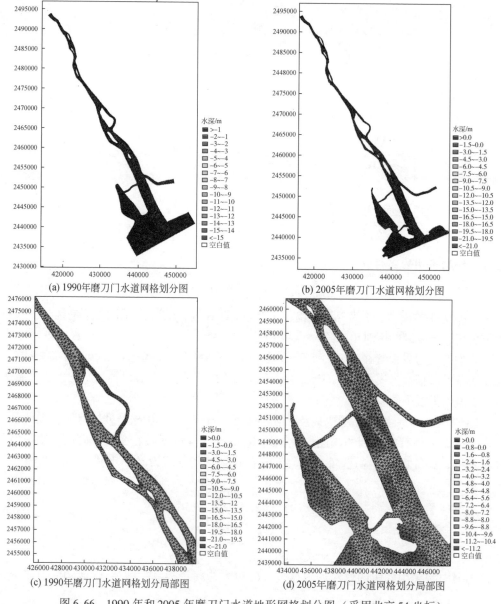

(a) 1990 年磨刀门水道网格划分图　　(b) 2005 年磨刀门水道网格划分图

(c) 1990 年磨刀门水道网格划分局部图　　(d) 2005 年磨刀门水道网格划分局部图

图 6.66　1990 年和 2005 年磨刀门水道地形网格划分图（采用北京 54 坐标）

　　由于研究海区范围内有大大小小众多岛屿，这些岛屿随着潮涨潮落时没时现。为了较准确模拟浅海区浅滩在涨、落潮期间淹没及出露的特征，模型采用动边界技术对模型范围内岛屿进行模拟，将落潮期间出露的区域转化为滩地，同时形成新边界；反之，将涨潮期间的滩地转化为计算水域。本书在设定干湿边界的临界深度时，采用系统推荐值：干水深 $h_{dry}=0.005$ m，淹没水深 $h_{flood}=0.05$ m，湿水深度 $h_{wet}=0.1$ m。

　　模型的上边界采用百顷头的实测流量作为流量边界，当选择流量作为上边界时，模型会依据曼宁摩擦力来分配水量，即相关于深度的 $h^{5/3}$，对一般的应用来说是好的假设，因此有助于模型的校准，上游的初始盐度设定为0.008‰；下边界采用外海潮汐11个调和常数演算的潮位作为水位边界，初始盐度设定为32‰。模型上、下边界条件如图 6.67 所示。在模型中，密度设置采用斜压模式，模型自动求解温度盐度的对流扩散方程，模型采用软启动功能和干湿边界用以稳定模型。

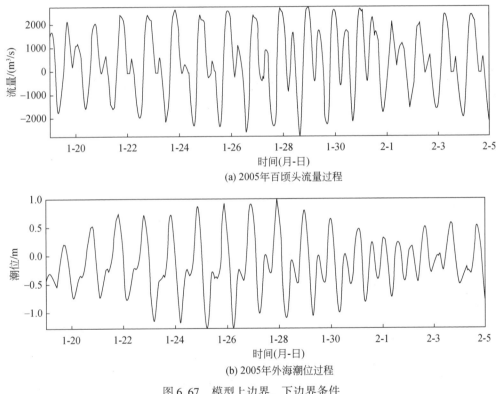

(a) 2005年百顷头流量过程

(b) 2005年外海潮位过程

图 6.67　模型上边界、下边界条件

时间轴上的刻度代表当日 0 点

　　模型范围面积较大，且属于感潮河段，区域内水流运动极其复杂，河道在不同水位时糙率存在差异，因此，模型在设定糙率时采用随水深的变化值，根据每个网格的水深值设定不同的糙率值。通过不同的水文组合，分析模型潮位与原潮位的差异，反复调试模型糙率，直至验证结果合理。糙率的取值经过率定为：

　　当水深 $h \leqslant 1.0$ m 时：$n=2n_1$；

　　当水深 $h>1.0$ m 时：$n=n_1+n_2/h$；

其中，h 为水深，取正值，n_1 为河床砂粒糙率系数，其取值范围为 $0.01 \sim 0.025$，n_2 为河床形态糙率系数，其取值范围为 $0.005 \sim 0.01$。n_1 和 n_2 合称糙率系数。

在模型中，一般采用曼宁系数（M）作为河道糙率（n）的表征，$M = 1/n$，即曼宁系数为河道糙率的倒数，经过计算，1990 年和 2005 年磨刀门水道的曼宁系数如图 6.68 所示。

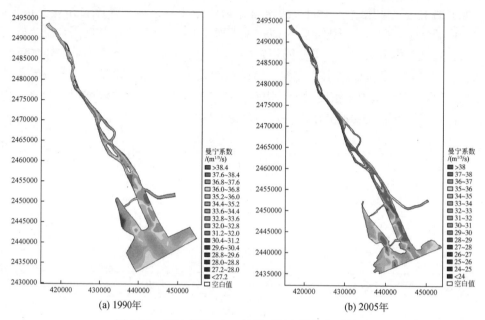

图 6.68　1990 年和 2005 年磨刀门水道曼宁系数图

模型中涡黏系数的估算是十分困难的，一般采用系统默认值。水平涡黏系数的 Smagorinsky 系数 C_s 选定为 $0.25 \sim 1.0$ 的值，本节中选定 C_s 为 0.28，垂向涡黏系数的相关参数的设定推荐使用最小值：$k_{min} = 1.0 \times 10^{-7}$ m²/s²，$\varepsilon_{min} = 5.0 \times 10^{-10}$ m²/s³，yielding $= 1.8 \times 10^{-6}$ m²/s。

模型中扩散系数是盐水入侵模拟的重要基础参数，扩散系数的选定对模型验证精度至关重要。在三维模型中，扩散系数按照方向可分为垂向扩散系数（K_s）和水平扩散系数（K_H）。经查阅资料，垂向紊动扩散系数的量级一般为 $10^{-4} \sim 10^{-3}$ m²/s，水平扩散系数的量级一般为 $1 \sim 10^3$ m²/s。方神光（2012）研究了在不同水平扩散系数下伶仃洋的水体置换率，发现当水平扩散率为 $1 \sim 10$ m²/s 时，珠江口水域的水体置换率变化不大，本书初选水平扩散系数为 10 m²/s，并在此基础上，来选定垂向扩散系数。

在选定水平扩散系数为 10 m²/s 的情况下，将垂向扩散系数分别取为 0.1、0.01、0.001 和 0.0001 四组，即垂向扩散系数每次缩小 10 倍，经对挂定角站在涨潮和落潮期间的盐度进行率定（结果见图 6.69 和图 6.70），由此确定磨刀门水道垂向扩散系数的合理范围。由图可以看出，在垂向扩散系数取为 0.1 时，水体表层盐度在涨落潮期间约为 18 ppt，底层盐度约为 22 ppt，此时的模型计算值与实测值存在较大差异；当垂向扩散系数缩减为 0.01 时，水体表层盐度减至约为 15 ppt[①]，底层盐度约为 21 ppt，由此可见，当垂向扩散系数减小时，由于径潮作用造成的掺混现象减弱，底层盐度不能快速输运到表层，造成底、表层盐度的差值增大，分层现象开始明显，但此时计算值与实测值偏离仍然较远；进一步缩减垂向扩散系数为 0.001 和 0.0001 时，盐度的计算值与实测值比较接近，可以满足模型的精度要求，此时水体表层盐度在涨潮期间约为 11 ppt，落潮期间约为 6 ppt，底层盐度在涨、落潮期间约为 21 ppt，盐度分层现象非常明显。可以认为，当垂向扩散系数取值为 0.001 ~ 0.0001 时，模型能够比较准确地反映出盐水楔现象，适合本次研究工况。

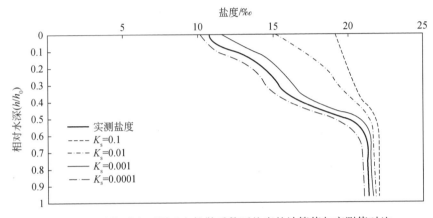

图 6.69　涨潮时在不同垂向扩散系数下盐度的计算值与实测值对比

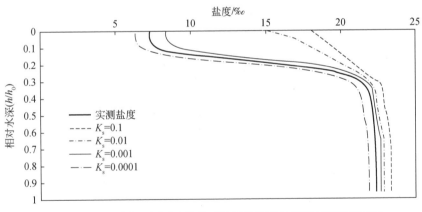

图 6.70　落潮时在不同垂向扩散系数下盐度的计算值与实测值对比

在选定磨刀门水道水域的垂向扩散系数为 0.001 ~ 0.0001 后，进一步率定河道的水平扩散系数，本次率定方案依然分为四组，水平扩散系数分别取为 0.1、1、10 和 100，水平扩散系数每次增大 10 倍，垂向扩散系数统一取为 0.001，率定结果如图 6.71 和图 6.72 所示。从图中可以看出，当水平扩散系数取为 0.1 时，表、底层盐度的计算值和

---

① 1 ppt = 10^{-12}。

实测值偏离较远,随着水平扩散系数的增大,水体表、底层盐度同时增大,当水平扩散系数在 1～10 时,模型的计算值与实测值比较接近,满足模型精度要求,当扩散系数为 100 时,偏差开始增大。由此可以认为,水平扩散系数在 1～10 的范围内是可以满足本次研究工况的。

　　一般来说,模型中的扩散系数实际上为混合扩散系数,包括分子扩散、紊动扩散和剪切扩散等各种因素的影响,也包括由于网格尺寸而不能模拟更小尺度的涡旋引起的扩散,此扩散系数已不再具有简单的物理意义,而是各种因素综合的结果,采用不同的水深地形、数学模型、离散方法及网格大小等得到扩散系数取值会不同,因此,本工况选用的扩散系数具备一定的区域性特征,在其他工况中需要进行进一步的分析和调节。

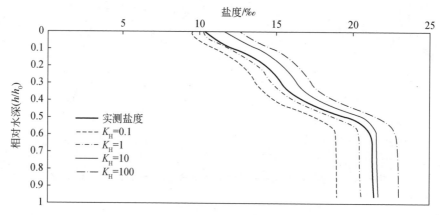

图 6.71　涨潮时在不同水平扩散系数下盐度的计算值与实测值对比

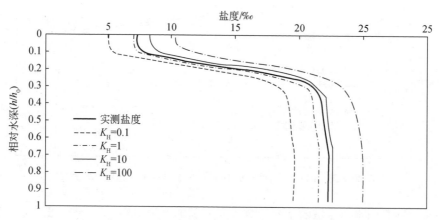

图 6.72　涨潮时在不同水平扩散系数下盐度的计算值与实测值对比

3)　模型验证

(1)　验证标准。

本模型属于河口潮流、盐度三维模型,模型验证包括潮位、流速、流向及流态、盐度等项目。验证精度需要满足水利部《河工模型实验规程》（SL 99—95）和交通部《海岸和河口潮流泥沙模拟技术规程》（JTJ/T 233—98）的规程要求，考虑到本模型构造的复杂性，模型精度要求适当放宽，最大偏差也不应超过水利部《水利工程水利计算规范》（SL 104—95）的要求，具体标准如下。

潮位：高、低潮位时间的相位允许偏差为±0.5 h，最高、最低潮位允许偏差为±10 cm；按照最大偏差不超过《水利工程水利计算规范》（SL 104—95）的要求，则潮位的相对误差应小于潮汐周期的 1/12 或 1 h，峰谷值误差应不大于 10 ~ 20 cm。

流速：憩流时间和最大流速出现的时间允许偏差为±0.5 h，流速过程线的形态基本一致，涨、落潮平均流速允许偏差为±10%；最大偏差不能超过《水利工程水利计算规范》（SL 104—95）的要求，则相位误差应小于潮汐周期的 1/8 或 1.5 h，峰谷值误差绝对值一般应不大于涨、落潮最大流速绝对值之和的 10% ~ 20%。

流向：往复流测点主流流向允许偏差为±10°，平均流向允许偏差为±10°，旋转流时测点流向允许偏差为±15°。

流路：应与原型趋于一致。

盐度：目前国内对于盐度验证精度尚无规范规定，考虑到咸潮运动与泥沙同属于密度分层流，并在数学提法上存在相似性，可以参考数学模型对于泥沙验证的有关要求，即盐度过程变化趋势与原型基本一致，潮段平均盐度允许偏差为±30%。

（2）验证结果。

模型验证选取时间段为 2005 年 1 月 19 日 ~ 2 月 5 日，正好包含了珠江河口潮汐的一个半月周期。潮位验证站点有三灶、竹排沙、竹银、十三顷和大鳌，流速和流向验证站点有竹排沙、竹银和大鳌，盐度验证站点有竹排沙、竹银和大鳌。

模型潮位验证结果见表 6.32 及图 6.73（1990 年地形）和图 6.74（2005 年地形），在 1990 年地形下，高潮位的误差在 0.034 ~ 0.145 m，低潮位的误差在 0.012 ~ 0.140 m，其中挂定角和大鳌站的误差在 10 cm 以内，竹排沙、竹银和十三顷的误差在 15 cm 以内；在 2005 年地形下，高潮位的误差在 0.004 ~ 0.143 m，低潮位的误差在 0.005 ~ 0.136 m，其中，挂定角、十三顷和大鳌的误差在 10 cm 以内，竹排沙、竹银的误差在 15 cm 以内。整体来看，潮位验证精度较高。

表 6.32　不同年代河道地形条件下潮位验证表　　　　　　单位：m

年份	站点	高潮位			低潮位		
		实测值	计算值	误差	实测值	计算值	误差
1990	挂定角	0.90	0.934	0.034	−1.09	−0.999	0.091
	竹排沙	0.88	1.018	0.138	−1.10	−0.977	0.123
	竹银	0.80	0.945	0.145	−0.88	−1.020	−0.140
	十三顷	0.78	0.881	0.101	−0.81	−0.837	−0.027
	大鳌	0.80	0.834	0.034	−0.71	−0.722	−0.012

续表

年份	站点	高潮位			低潮位		
		实测值	计算值	误差	实测值	计算值	误差
2005	挂定角	0.90	0.967	0.067	-1.09	-1.016	0.074
	竹排沙	0.88	1.023	0.143	-1.10	-0.964	0.136
	竹银	0.80	0.942	0.142	-0.88	-0.971	-0.091
	十三顷	0.78	0.789	0.009	-0.81	-0.889	-0.079
	大鳌	0.80	0.796	-0.004	-0.71	-0.715	-0.005

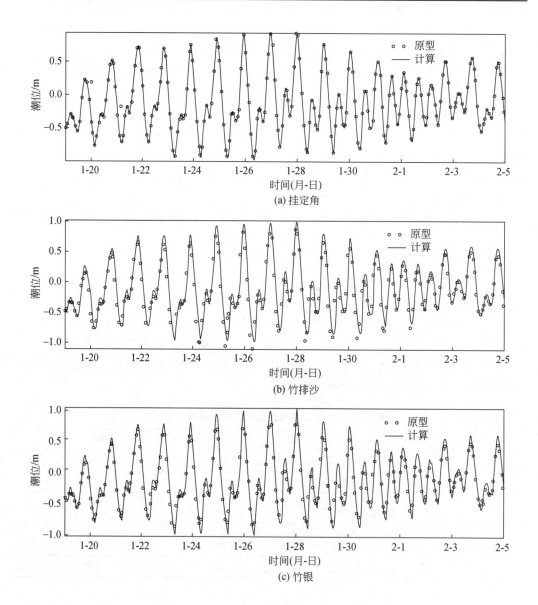

(a) 挂定角

(b) 竹排沙

(c) 竹银

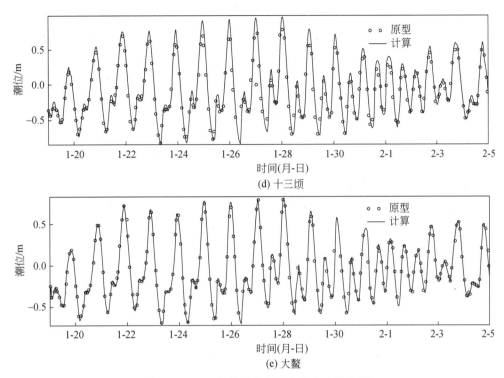

(d) 十三顷

(e) 大鳌

图 6.73 1990 年地形条件下各站点水位验证

时间轴上的刻度代表当日 0 点

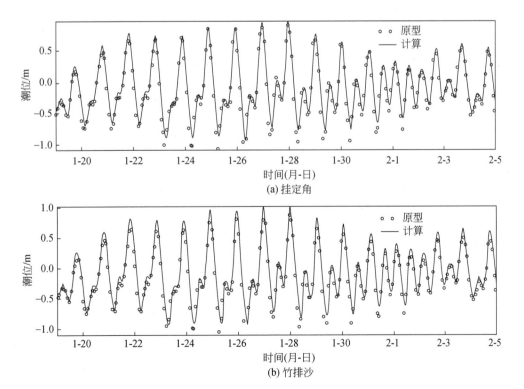

(a) 挂定角

(b) 竹排沙

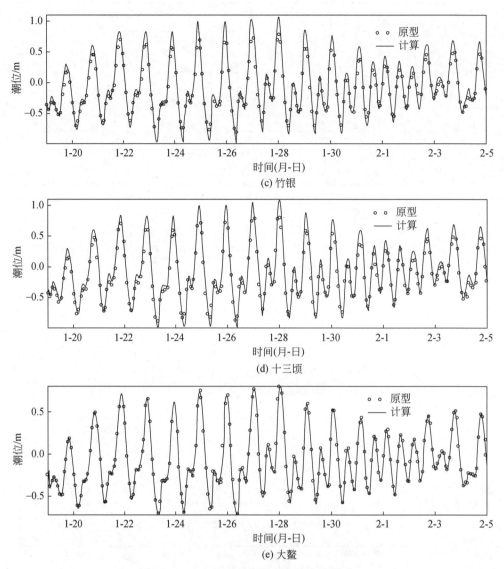

图 6.74　2005 年地形条件下各站点水位验证

时间轴上的刻度代表当日 0 点

模型断面平均流速验证结果见表 6.33 及图 6.75（1990 年）和图 6.76（2005 年），在 1990 年地形下，挂定角流速验证相对误差较大，大潮时相对误差达到 15% 左右，小潮时误差达到 17% 左右，其他站点大潮期间的相对误差在 8%～10%，小潮期间的相对误差在 9%～12%；在 2005 年地形条件下，大潮期间各站点的相对误差在 5%～9%。小潮期间的相对误差在 6%～10%。整体来说，2005 年地形条件下的流速验证相对优于 1990 年地形条件下的验证结果。

表 6.33 不同年代地形下断面平均流速相对误差统计表 单位：%

年份	站点	大潮			小潮		
		涨急	落急	平均	涨急	落急	平均
1990	挂定角	15.3	14.6	15.0	17.1	16.2	16.8
	竹排沙	10.2	9.4	9.8	12.1	11.3	11.5
	大鳌	8.4	8.8	8.6	9.8	9.3	9.7
2005	挂定角	8.4	8.5	8.5	9.8	9.5	8.8
	竹排沙	7.4	6.5	7.0	7.2	6.8	7.1
	大鳌	6.8	5.4	6.2	6.7	6.2	6.5

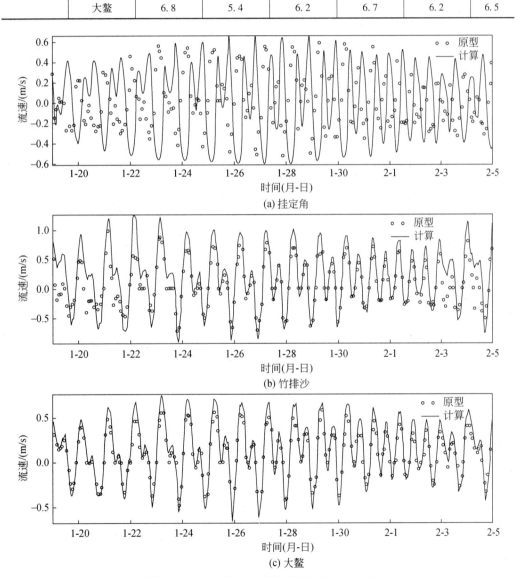

图 6.75 1990 年地形条件下各站点流速验证

时间轴上的刻度代表当日 0 点

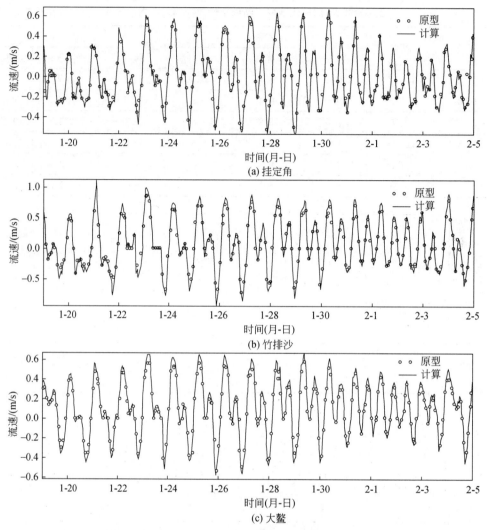

图 6.76　2005 年地形条件下各站点流速验证

时间轴上的刻度代表当日 0 点

　　模型盐度验证结果如图 6.77（1990 年）和图 6.78（2005 年）所示，在 1990 年地形下，小潮期间的盐度过程精度较大潮期间的高，大潮期间的相对误差为 10%～30%，小潮期间的相对误差为 10%～20%；在 2005 年地形下，大潮期间的相对误差为 10%～25%，小潮期间的相对误差为 10%～20%。整体来说，模型的盐度验证精度不如水位和流速的验证结果，整体精度误差为 10%～30%，这是因为盐度的模拟受到外部众多因素的影响，这些因素在模型中通常无法全部表达出来，同时 MIKE3 受到自身 $k\text{-}\varepsilon$ 涡黏性模型假设的限制，在模拟强逆压梯度、二次流及存在旋转和曲率效应等复杂湍流的情况时会出现一些偏差。但模型经过调试可以比较完整的反映整个盐度场变化过程，满足研究的精度要求。

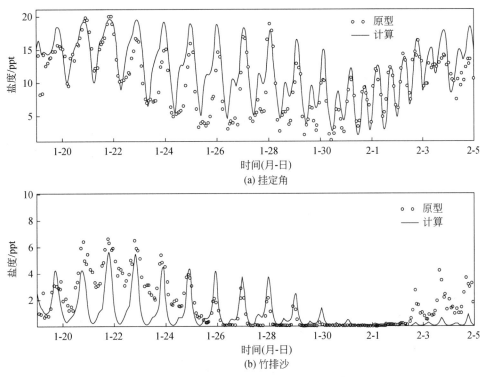

(a) 挂定角

(b) 竹排沙

图 6.77　1990 年地形条件下各站点盐度验证

时间轴上的刻度代表当日 0 点

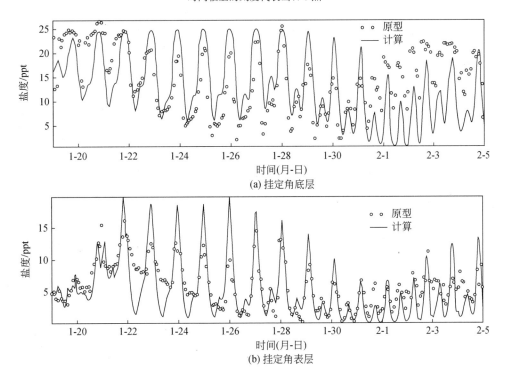

(a) 挂定角底层

(b) 挂定角表层

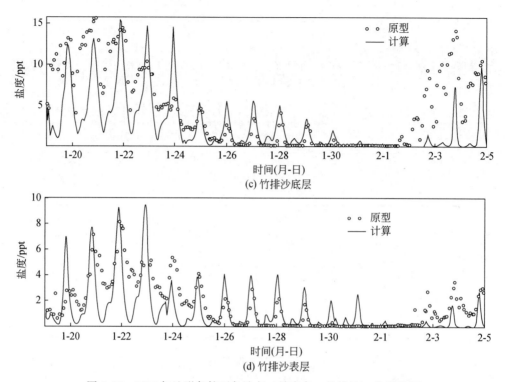

图 6.78　2005 年地形条件下各站点（挂定角、竹排沙）盐度验证

时间轴上的刻度代表当日 0 点

6.2.3　海陆相多要素对盐水入侵的驱动解析

1. 潮汐与径流对盐水入侵的影响

　　本节选取盐通量表征盐水入侵。在河口海岸的研究中，通量通常指的是盐度通量，且常常以单宽通量为研究对象，单宽通量不仅可以用于分析局部物质输送的大小和方向，而且可以通过断面积分来计算出断面通量，用于分析整个断面的输送状态。单宽余流通量机制分析，主要是忽略横向输移，并且将物质浓度和流速分解为垂线平均项和偏差项，再进一步将其分解为潮平均项和潮汐振荡项。研究通量时对于任意物理量 F 记：

$$\overline{F} = \int_{-1}^{0} F d\sigma \tag{6.69}$$

式中，$\overline{F}$ 为物理量 F 的深度平均；σ 为相对水深，水面为 0，水底为 −1。

$$\langle F \rangle = \frac{1}{T} \int_{0}^{T} F dt \tag{6.70}$$

表示 F 的潮平均，F 又可以分解为

$$F = \langle F \rangle + F_{t2}' + F' \tag{6.71}$$

$$F' = F - \overline{F} \tag{6.72}$$

表示 F 和垂向平均值 $\overline{F}$ 的偏离:

$$F'_{t2} = \overline{F} - \langle \overline{F} \rangle \qquad (6.73)$$

表示垂向均值的潮脉动项。

　　类似地,河口区盐通量又可以分为瞬时通量和潮平均通量两种,本节将瞬时变化的速度和盐度分离为 $u = u_0 + u_E + u_T$, $s = s_0 + s_E + s_T$, 分别表示潮平均的垂向平均余流、重力环流项、潮流波动,分别以下标 0、E 和 T 表示:

$$u_0 = \left(\frac{1}{h_0} \int_{h_0}^{\eta} u\, dh \right) ; s_0 = \left(\frac{1}{h_0} \int_{h_0}^{\eta} s\, dh \right) \qquad (6.74)$$

$$u_E = \langle u \rangle - u_0 ; s_E = \langle s \rangle - s_0 \qquad (6.75)$$

$$u_T = u - u_0 - u_E ; s_T = s - s_0 - s_E \qquad (6.76)$$

式中,尖括号表示潮汐周期平均; h_0 为日潮平均水深; η 为水位波动,这样潮汐平均的盐通量可以分解为

$$F_s = \left\langle \int (u_0 + u_E + u_T)(s_0 + s_E + s_T)\, dA \right\rangle$$

$$\approx \left\langle \int (u_0 s_0 + u_E s_E + u_T s_T)\, dA \right\rangle = Q_f s_0 + F_E + F_T = F_A + F_E + F_T \qquad (6.77)$$

式中,通量 Q_f 包含了由于潮流速度和水面波动相位差而形成的 stokes 漂移量,而不仅仅是淡水流量,所以 F_A 称为平流盐通量。F_E 是剪切离散所形成的盐通量,F_T 是潮汐波动所引起的盐通量。

　　为了便于计算分析,观测的盐度和流速数据用三次插值的方法转换为垂向 21 层,每一层以相对水深 σ 表示。对于测量时无法覆盖到的表、底层也进行了外插处理。其中盐度,在表、底层假设其垂向梯度为零;而流速在底层对原始数据进行对数分布拟合,底部粗糙长度设为 0.05 m,在靠近水面没有观测到的地方则采用二次插值外插,最表层也假设其垂向梯度为零。

1) 典型工况的盐通量模拟结果

　　因资料有限,仅 2009 年 12 月 10～23 日有较完整的断面盐度及流速分层数据,2005 年 1 月 20 日～2 月 2 日、2010 年 1 月 7～20 日(该 3 个年份分别对应农历为 2004 年 12 月 11～24 日、2009 年 10 月 24 日～11 月 8 日、2009 年 11 月 23 日～12 月 6 日,且正好 3 个年份均是由小潮期开始的完整的半月超周期长度)有沿磨刀门水道的几个站点的盐度及流速数据,因此本节主要模拟了这 3 年工况下,咸潮上溯时期盐通量变化过程,各工况下数据站点列表见表 6.34。其中 2005 年枯水期盐度上溯程度在近十年属于中等程度,而 2009～2010 年枯水期盐度上溯程度在近十年属于剧烈程度,上溯距离较远,选取这三种工况来研究也具有一定的代表性。

　　1D-3D 盐度耦合模型模拟的 2005 年、2009 年、2010 年 3 年工况下的盐通量半月周期内的变化过程如图 6.79～图 6.81 所示,各图分别给出了测站点 1#、2#、3#、4#、5#、6#的盐通量 F_A、F_E 及总盐通量 F 在一个完整超周期过程中的变化情况,本节均以向海为正方向,向陆为负方向。盐分在河口是累积还是减少取决于总盐通量

的变化。由 3 年工况下的盐通量过程图可知，F_A 始终为正，F_E 则始终为负，说明磨刀门水道平流输运作用下的盐通量变化始终为向海，而垂向环流造成的盐分输运始终为向陆输运。总盐通量变化近似为 F_A 和 F_E 之和，三者在一个完整潮周期内变化幅度相当，表明磨刀门水道河口重力环流通量、平流输运通量在整个河口区的盐分输运中均起重要作用，并且此消彼长，因此，磨刀门水道盐分输运过程始终处于动态平衡状态。

由各图可以看出，3 年工况下盐水上溯时，各盐通量变化均类似。因此本节以 2009 年工况为例分析。由图 6.80 可知沿河道内各测站点均存在一开始小潮期，盐水上溯比较强，重力环流作用较强，使得该时段内重力环流盐通量较大，如测站点 1#，第一天的重力环流盐通量高达 9.30 kg/ms，且超过平流作用的盐通量为 1.53 kg/ms，此时总盐通量为 -7.55 kg/ms，表现为向陆输运，表明此时盐分在水道内各测站点均表现为累积；随着潮汐动力的增强，潮差不断增大，盐水上溯作用进一步增强，但由于此时盐、淡水掺混作用也进一步随着潮差增大而增强，此时重力环流作用减小，由原来的 9.30 kg/ms 减小至 5.86 kg/ms，相对而言，平流作用增强，且第 3 天已达到 13.91 kg/ms，第一次超过重力环流盐通量，此阶段河道内总盐通量为正值，为向海输运，表明此时河道内日平均盐分表现为减小；之后随着潮差进一步增大，在第 7 天左右达到最大，随后又逐渐减小，此时重力环流作用始终表现为小于平流输运作用，盐分在该阶段内均表现为减少，且总盐通量保持在平均值为 14.44 kg/ms 的向海输运速率；而后在第 10 天左右，随着潮差减小到一定程度，河道内盐、淡水掺混作用减弱，分层变得显著，重力环流开始逐渐增强，并由 3.64 kg/ms 增强到 8.45 kg/ms，此阶段平流输运作用相对开始减小，第 12 天仅为 13.98 kg/ms，因此在第 12 天之后，各测站点重力环流增大至 -10.92 kg/ms，平流输运作用盐通量减小为 10.28 kg/ms，且再次大于平流输运作用，盐分又开始在河道内累积，各个测站点的日平均盐度逐渐增大，直到下一个潮周期开始。

但沿河道各测站点间的盐通量变化还存在一些差异。以 2009 年工况（图 6.80）为例，测站点 5#的平流输运作用比测站点 2#大小及变化幅度小，因为测站点 2#处于口门附近，受口门外外海潮汐波动影响较大，而测站点 5#由于处于上游，相对较稳定，变幅较小。且大潮期间，下游测站点会存在重力环流极大值和平流输运作用极小值，这是因为大潮期间由于潮流剪切作用较大，分层较明显导致。

进一步分析磨刀门水道内总盐通量变化，河道在一个潮周期内的大潮转小潮期间至小潮转大潮期间 F 均为负数，表现为累积，这与该时段内潮汐强度小，河道内掺混作用较弱，盐度纵向梯度较大，因此重力环流作用强于平流输运作用，因此河道内盐分表现为累积。而小潮阶段，盐水上溯的越来越远，口门附近站点完全被高盐水控制，盐度纵向梯度逐渐变小，重力环流随之减弱，而上游测站点由于盐水不断的上溯，其盐度纵向梯度增大，重力环流也增强，盐分持续快速累积。小潮转大潮期间，由于河道内掺混作用逐渐增强，下游站点先于上游平流作用大于重力环流作用，盐分开始减少，因此上游站点盐分减少滞后于下游站点。

表 6.34 3 年工况下实测数据站点表

年份	潮位验证站点	盐度验证站点
2005	竹排沙	竹排沙（表层）
	平岗	竹排沙（底层）
	大鳌	平岗（中层）
	三灶	竹银（中层）
2009	灯笼山	广昌（中层）
	竹银	联石湾（中层）
	三灶	平岗（中层）
2010	联石湾	广昌（中层）
	竹银	联石湾（中层）
	三灶	平岗（中层）

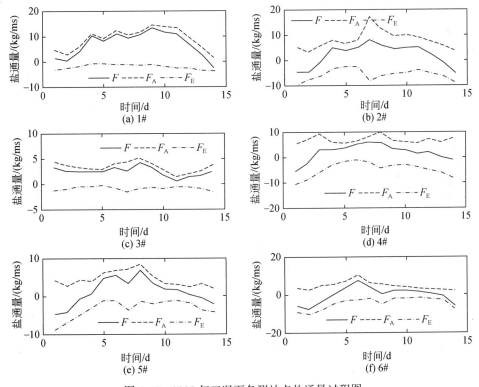

图 6.79 2005 年工况下各测站点盐通量过程图

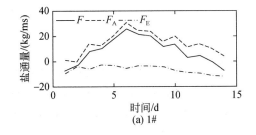

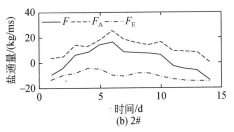

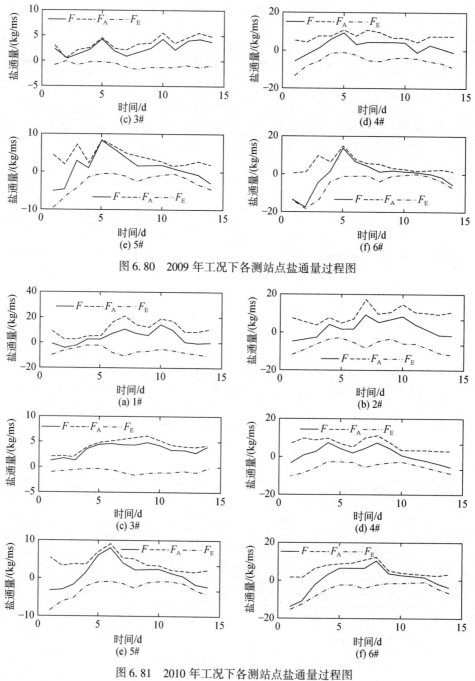

图 6.80　2009 年工况下各测站点盐通量过程图

图 6.81　2010 年工况下各测站点盐通量过程图

2）潮汐动力对盐通量的影响

本节利用基于模型模拟结果的 3 年工况下测点 1#、2#、3#、4#、5#及 6#的一个完整潮周期的盐分输运总通量与同时段口门外潮差过程进行相关分析，结果如表 6.35、图 6.82 ~ 图 6.85 所示。由图可以看出 3 年工况下盐通量与潮差过程均存在大致的正相关关系，且 2005 年工况下相关性高于 2009 年和 2010 年工况，这可能与 2005 年同时段上游来水偏低，且该年份潮差相对较大有关，径流量平均仅为 2679 m^3/s，且前半段的平均径流仅为 2221 m^3/s，明显小于 2009 年前半段的 2811 m^3/s 和 2010 年前半段的 3125 m^3/s，而潮差为 1.66 m，与 2010 年相同，仅小于 2009 年 0.08 m。由表 6.35 可知，3 年工况下大致存在越靠近下游，相关性越好的特点，这与下游靠近外海，受外海潮汐直接影响有关，因此下游站点相对于潮差关系更加显著。2005 年工况和 2010 年工况均存在该特点，以 2005 年为例，1# ~ 6#（除测站点 3#）相关系数分别为 0.81、0.82、0.77、0.78、0.73，依次呈现出越靠近下游，相关性越好的特点，2009 年工况下的情况与 2005 年及 2010 年工况下不太一致，可能与该年份该时段内潮汐动力强，同时径流也较大有关，因此造成其盐通量变化规律比较复杂。且测站点 3# 情况比较特殊，其盐通量变化与潮差之间的相关性较小，可能与其处于洪湾水道有关。洪湾水道为磨刀门水道的一级支流，其受外海潮汐直接影响相对较小。

　　为避免重复，本书以 2005 年工况为例进行分析。1 个完整潮周期中，外海潮差过程及各测站点盐通量变化情况如图 6.85 所示。在第 1 ~ 3 天，外海潮汐处于小潮转中潮期，潮差逐渐增大，由 1.29 m 上升至 1.51 m，此阶段潮差较小，河口内盐、淡水掺混作用逐渐增强，重力环流输运逐渐减弱，但仍大于平流输运作用，此时河道内总的盐通量逐渐减小，但仍处于累积阶段；随后潮差进一步增大，在第 7 天潮差最大，为 2.21 m，此时由于河道内盐、淡水混合较均匀，重力环流作用较弱，且小于平流输运作用，河道内盐通量此处处于向海输运，河道内盐分减少；在第 7 天之后，潮差逐渐减小，掺混作用逐渐减弱，重力环流逐渐增强，并在第 12 天后，再次超过平流输运作用，河道内盐分开始向陆输运，盐分开始累积。河道内总盐通量逐步由向海输运转为向陆输运，进入下一个完整潮周期的循环。

　　潮差主要是通过影响重力环流输运作用从而影响盐通量的，但由于重力环流输运表现为向陆，为负值，存在潮差越小，盐水入侵越剧烈，盐度分层越明显，从而重力环流输运作用越强的特点。因此潮差越小，重力环流输运越小。整体而言，从下游至上游，大致存在越靠近下游，盐通量与潮差的相关系数越高，相关性越好的特点。这是由于越靠近下游，磨刀门水道受外海潮汐影响越大，相关性越好，而越靠近上游，潮汐动力并不能影响那么远，且相对受径流影响较大，相关性相对较小。

表 6.35　3 年工况下各测站点盐通量与潮差相关系数

年份	1#	2#	3#	4#	5#	6#	潮差
2005	0.81	0.82	0.39	0.77	0.78	0.73	1.66
2009	0.69	0.49	0.13	0.55	0.54	0.69	1.74
2010	0.79	0.76	0.74	0.07	0.48	0.65	1.66

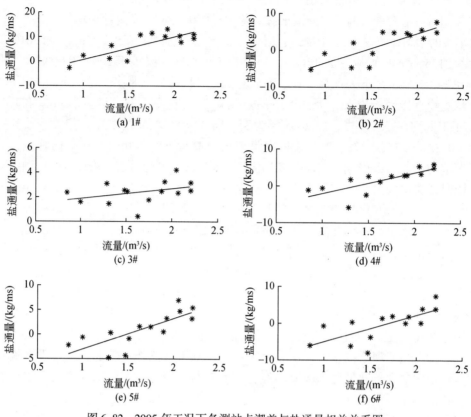

图 6.82　2005 年工况下各测站点潮差与盐通量相关关系图

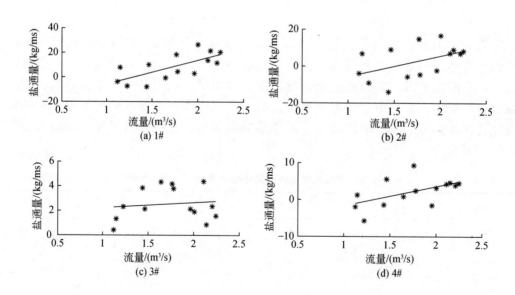

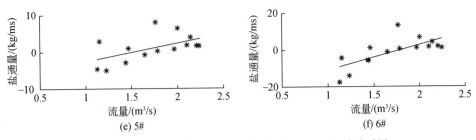

图 6.83　2009 年工况下各测站点潮差与盐通量相关关系图

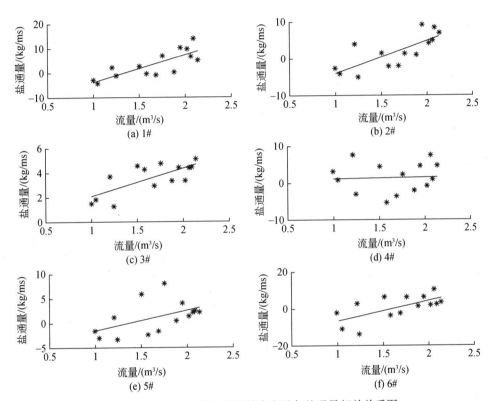

图 6.84　2010 年工况下各测站点潮差与盐通量相关关系图

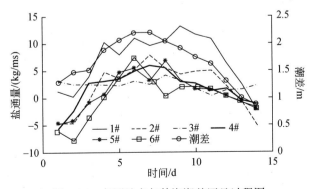

图 6.85　各测站点与外海潮差逐日过程图

3）上游径流对盐通量的影响

本节利用基于模型模拟结果的 3 年工况下测点 1#、2#、3#、4#、5#、6#的一个完整潮周期的盐分输运总通量与同时段上游"马口站+三水站"流量过程进行相关分析，结果如表 6.36、图 6.86～图 6.88 所示。由图可以看出，3 年工况下盐通量与径流过程存在大致的正相关关系，且 2009 年和 2010 年工况下相关性高于 2005 年，这可能与 2005 年同时段上游来水偏低有关，平均仅为 2679 m³/s，且前半段的平均径流仅为 2221 m³/s，明显小于 2009 年前半段的 2811 m³/s 和 2010 年前半段的 3125 m³/s。由表 6.36 可知，3 年工况下大致存在越靠近上游，相关性越好的特点。2005 年工况和 2010 年工况均存在该特点，以 2010 年为例，1#～6#相关系数分别为 0.40、0.51、0.74、0.36、0.65、0.76，依次呈现出越靠近上游，相关性越好的特点，2009 年工况下的情况与 2005 年及 2010 年工况下不太一致，可能与该年份该时段内潮汐动力强，盐通量与潮汐作用之间的相关性远高于与径流之间的相关性有关。

表 6.36　3 年工况下各测站点盐通量与径流相关系数

年份	1#	2#	3#	4#	5#	6#	平均径流/(m³/s)
2005	0.30	0.32	−0.61	0.27	0.30	0.43	2654
2009	0.59	0.56	−0.44	0.34	0.32	0.24	2709
2010	0.40	0.51	0.74	0.36	0.65	0.76	3213

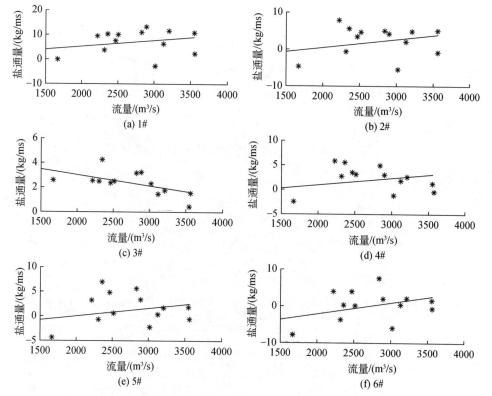

图 6.86　2005 年工况下各测站点径流与盐通量相关关系图

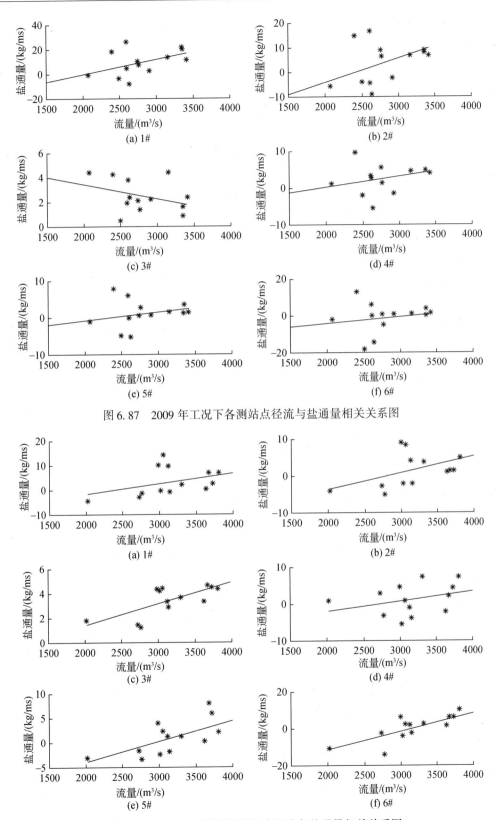

图 6.87　2009 年工况下各测站点径流与盐通量相关关系图

图 6.88　2010 年工况下各测站点径流与盐通量相关关系图

由表 6.36 可知，2010 年工况下测站点 4#相关性显著高于其他站点，可能与其处于洪湾水道有关。洪湾水道为磨刀门水道的一级支流，其受上游径流影响相对较小，其相关性显著高于其他站点为例外。且 2005 年和 2009 年工况下，测站点 4#的相关系数均为负数，说明洪湾水道的盐通量变化具有特殊性，可在今后的研究中，将洪湾水道与磨刀门水道主干道的盐通量变化规律进行深入研究。

为避免重复，本书以 2010 年工况为例分析。1 个完整潮周期中，上游径流过程及各测站点盐通量变化情况如图 6.89 所示。在第 1～2 天，"马口站+三水站"流量小幅下降，由 2766 m³/s 下降至 2019 m³/s，且此时处于小潮阶段，除测站点 4#，各测站点盐通量均为负，表现为向海输运，但盐通量量值在增大，以 1#站点为例，盐通量大小由 1.20 kg/ms，上升至 4.38 kg/ms。因为此时处于小潮阶段，潮汐作用相对较弱，盐、淡水掺混作用较弱，重力环流输运盐通量量值较大，且此时径流仍处于较低的水平，径流影响较弱，因此总盐通量处于增大趋势，河道内盐分累积；第 2～6 天流量持续增大，由 2724 m³/s 上涨至 3673 m³/s，且同时磨刀门水道潮动力不断增强，河道内盐、淡水掺混作用逐渐增强，盐、淡水分层减小，此时河道内重力环流输运作用减弱，平流输运相对增强，因此在第 4 天时，平流输运作用超过重力环流作用，河道内盐分开始表现为向海输运；随后第 6～8 天，"马口站+三水站"流量小幅下降，各测站点盐通量随之逐渐减小，向陆输运作用减弱，以 1#为例，由 10.11 kg/ms 下降至 6.83 kg/ms，此时潮汐动力增强，但由于此时潮流剪切作用很大，分层状态强于中潮期，导致重力环流增大，且此时平流输运作用较小；随后 8～12 天，潮汐动力逐渐减弱，虽然上游径流作用同样很强，但河道内盐、淡水掺混作用减弱，重力环流输运作用增强，因此在第 12 天，重力环流作用再次超过平流输运作用，此时河道内盐分虽然仍累积，但盐分输运动力变弱；第 12 天后，"马口站+三水站"流量持续下降，潮差也逐步减至最小，河道内总盐通量逐步由向海输运转为向陆输运，进入下一个完整潮周期的循环。

径流主要是通过影响平流输运作用从而影响盐通量的，但由于平流输运表现为向海，为正值，因此存在径流越大，平流输运作用越强，平流输运盐通量越大的特点。因此，径流输运越大，平流输运越大，盐通量越大。整体而言，从下游至上游，大致存在越靠近上游，盐通量与径流的相关系数越高，相关性越好的特点。这是由于越靠近上游，磨刀门水道受上游径流影响越大，相关性越好，而越靠近下游，径流并不能影响那么远，且相对受径流影响较大，相关性相对较小。

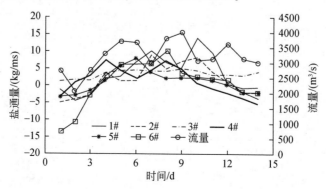

图 6.89　各测站点与上游径流逐日过程图

2. 河道地形变化对盐水入侵的影响

1) 盐水入侵情景组合

本节共选取了 9 种工况来模拟磨刀门水道地形条件变化对盐水入侵的影响，其中工况 1 选取了 2005 年 1 月 19 日 00:00～2 月 5 日 00:00（共 409 h）枯水期实测的流量-水位过程作为基本对照组（图 6.90），在此期间上游流量平均值为 1228 m³/s，低于枯水期的多年平均流量，属于极枯的水平；下游潮位为典型的不规则半日潮，每日有两次涨落潮过程，平均潮差为 0.96 m。因此工况 1 可以代表磨刀门水道枯水期的典型径、潮组合，可以用来作为对照组。

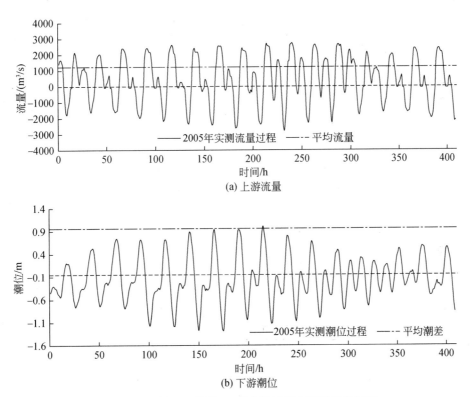

图 6.90　工况 1（对照组）的上游流量和下游潮位过程

组合一（包含工况 2 和 3）的上游边界条件选取枯水期多年平均流量，组合二（包含工况 4 和 5）的上游边界条件选取中水期多年平均流量，组合一、二中的枯水期多年平均流量和中水期多年平均流量是根据马口站多年数据统计得到，分别取值为 1450 m³/s 和 2460 m³/s，组合一和组合二的下游边界条件均为 2005 年枯水期典型潮位过程。组合三（包含工况 6 和 7）的下游边界条件为未来海平面上升 30 cm 下的潮位过程，按照我国海平面监测和分析，我国沿海海平面上升速率为 2.9 mm/a（黄镇国等，1999），100 年后预计可上升 30 cm 左右，因此组合三设置为下边界在未来 100 年海平面上升 30 cm 下的潮位过程，以此研究海平面上升对磨刀门水道咸潮的影响。组合四

（包含工况 7 和 8）的下游边界条件为 50 年一遇的极端潮位过程，极端天文潮短时间内导致海水位骤升，海水大量倒灌，产生咸潮危害，因此组合四下边界选用了 50 年一遇的极端天文潮过程。由于缺乏极端天文潮位过程的数据，本次模拟采用恒定潮位高度，考虑到极端天文潮持续的时间往往只有十几个小时，组合四的模拟时间为 16 h。组合三和组合四的上边界均为 2005 年枯水期的实际流量过程。所有情景组合见表 6.37。

表 6.37　磨刀门水道盐水入侵情景组合

情景组合	工况类别	上边界流量与下边界潮位	年份
对照组	工况 1	2005 年实际流量+2005 年典型潮位过程	2005
组合一	工况 2	枯水期多年平均流量+2005 年典型潮位过程	1990
	工况 3		2005
组合二	工况 4	中水期多年平均流量+2005 年典型潮位过程	1990
	工况 5		2005
组合三	工况 6	2005 年实际流量+海平面上升 30 cm 的潮位过程	1990
	工况 7		2005
组合四	工况 8	2005 年实际流量+50 年一遇的极端潮位过程	1990
	工况 9		2005

以工况 1 作为对照组，组合一（包含工况 2 和 3）和组合二（包含工况 4 和 5）改变了上游的流量过程，下游潮位过程不变；组合三（包含工况 6 和 7）和组合四（包含工况 8 和 9）改变了下游潮位过程，上游流量过程不变。工况 2 和 3、工况 4 和 5、工况 6 和 7、工况 8 和 9 分别为相同径潮组合下不同地形条件下的盐水入侵模拟工况，互为组内对照，以此探究地形条件变化对盐水入侵的影响分析，各种组合的上、下边界情况如图 6.91 和图 6.92 所示。

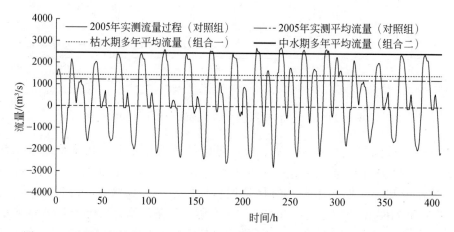

图 6.91　对照组和组合一、组合二的上边界条件（下边界统一为实测潮位过程）

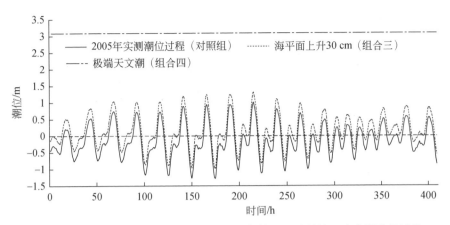

图 6.92　对照组和组合三、组合四的下边界条件（上边界统一为实测流量过程）

按照《海港水文规范》（JTS 145-2—2013）规定，在设定下边界为 50 年一遇的极端天文潮时，要进行高潮和低潮的年频率分析，以此确定极端高潮位。当有 n 个年最高潮位值或最低潮位值 h_i，不同重现期的高潮位和低潮位可采用极值 I 型分布律，按照以下公式计算：

$$h_p = \bar{h} \pm \lambda_{pn} S \tag{6.78}$$

$$\bar{h} = \frac{1}{n} \sum_{i=1}^{n} h_i \tag{6.79}$$

$$S = \sqrt{\frac{1}{n} \sum_{i=1}^{n} h_i^2 - \bar{h}^2} \tag{6.80}$$

式中，h_p 为与年频率 P 对应的高潮位或低潮位值（m），式中高潮位为正号，低潮位用负号；λ_{pn} 为与年频率 P 及资料年数 n 有关的系数，由极值 I 型分布律的 λ_{pn} 表查得；$\bar{h}$ 为 n 年 h_i 的平均值（m）；S 为 n 年 h_i 的均方差（m）；h_i 为第 i 年的年最高潮位值和最低潮位值（m）。

利用三灶站 25 年逐日潮位数据，选取每年的年最高潮位，按照上述公式进行计算，并由极值 I 型分布律的 λ_{pn} 表查得，当 $n=25$ 和 $P=2\%$ 时 $\lambda_{pn}=3.089$，即 50 年一遇的极端潮位为 3.089 m，具体参数见表 6.38 和图 6.93。

表 6.38　磨刀门河口区 50 年一遇设计高潮位计算参数

序列长度	设计潮位参数			
n	$\bar{h}/\text{m}$	S/m	λ_{pn}	h_p/m
26	1.816	0.655	3.074	3.458

2）地形变化对潮位的影响

在分析地形条件变化对磨刀门水道潮位过程的影响时，主要利用了组合一（对照组与组合一情况类似）和组合二进行分析，组合一和组合二在 1990 年和 2005 年两套

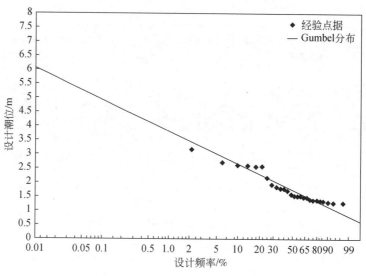

图6.93   磨刀门河口区50年一遇设计高潮位

地形下，下边界采用了相同的潮位过程，因此可以用来分析地形条件变化对磨刀门水道盐水入侵时潮位过程的影响。同时对照组合一和组合二，也可以分析在相同地形条件下，上游径流量的改变对盐水入侵时潮位过程的影响。

（1）潮位过程。

通过设置组合一（包括工况2和3）和组合二（包括工况4和5）的情景，经过MIKE3模型运算，提取河道内挂定角站位置的潮位过程运算结果，组合一的1990年和2005年的地形条件下的枯水期潮位过程如图6.94所示，组合二的1990年和2005年的地形条件下的中水期潮位过程如图6.95所示。从图6.94可以看出，枯水期时2005年地形下的高潮位比1990年地形下的高潮位高约0.1m，低潮位则相对增加了0.2m左右。从图6.95可以看出，中水期时2005年地形下的平均高潮位比1990年地形下的高潮位几乎没有变化，低潮位则相对增加了0.1m左右。由此可见，在相同上游来水条件下，2005年的地形下的高、低潮位较1990年地形下均有不同程度的上升，且低潮位上升幅度要高于高潮位上升幅度。这是大规模的人工围垦，使得2005年磨刀门河口区河道断面较1990年大幅窄缩，潮流涌进时流速加快，阻力减小，造成水位壅高，退潮时顶托作用加强，因此造成高、低潮位不同程度的上升，因此可以认为频繁的人类活动改变了河床底部边界条件，增强了河道网内的水流动力，造成咸水界上移。

对比图6.94和图6.95可知，枯水期的高、低潮位的增加幅度要高于中水期，这是因为外海潮波在向上游传播过程中，会受到底部摩阻及径流的阻滞作用，造成潮能量衰减，枯水期时上游径流的阻滞作用小于中水期，潮流上溯的填充作用导致了枯水期的高、低潮位的增加幅度都要高于中水期。因此可以说，近年来河道地形的改变增加了河道水流动力，且加强作用在枯水期较中水期更加明显。

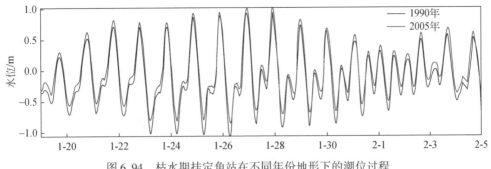

图 6.94　枯水期挂定角站在不同年份地形下的潮位过程

时间轴上的刻度代表当日 0 点

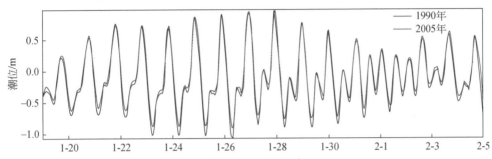

图 6.95　中水期挂定角站在不同年份地形下的潮位过程

时间轴上的刻度代表当日 0 点

（2）潮差。

通过统计不同年代地形条件下，挂定角站在枯水期和中水期时，小潮、中潮和大潮期间的潮差（表 6.39），可以看出，在相同上游来水情况下，2005 年地形条件下枯水期和中水期的潮差较 1990 年地形条件下的潮差并没有明显的改变。外海潮波是由潮汐力作用引起的海洋表面水体稳定的周期性运动，近年来地形条件的改变并没有引起其潮差性质的明显变化。同时，对比同一年份地形条件下枯水期和中水期的潮差可知，枯水期的潮差略微高于中水期的潮差，原因是中水期较枯水期径流作用强烈，潮波沿河道衰减得更快，导致中水期的潮差略微低于枯水期。

表 6.39　不同年份地形条件下挂定角站在枯水期和中水期的潮差统计　　　　单位：m

年份	枯水期			中水期		
	小潮	中潮	大潮	小潮	中潮	大潮
1990	0.770	1.126	1.394	0.768	1.224	1.390
2005	0.772	1.125	1.392	0.765	1.224	1.391

（3）水面线。

不同年份地形条件下磨刀门河道在中水期和枯水期、涨潮和落潮期间沿程水面线如图 6.96 和图 6.97 所示，从两幅图中均可以看出，在磨刀门水道范围内，涨潮时河口水面线高于上游,潮流从河口涌入上游;落潮时,上游水面线高于河口,盐淡混合水从上游退回至河口。同时,可以看出无论是在涨急还是落急情况下,2005 年地形条件下的水面线的坡度都要比 1990 年地形条件下的小,水面线更加平缓。一般来说,河床糙率与水面比降呈正相关关系,因此,可以认为 2005 年河床底部糙率比 1990 年更小,沿程水位比降变缓,河道阻力减小,更加利于进潮。

对比图 6.96 和图 6.97 可以看出,中水期的水面线坡度无论是在涨潮还是落潮时均要高于枯水期,这是因为流量对潮波的阻滞作用,流量越大阻力越大,水面比降也越大,因此进一步说明流量对咸潮的抑制作用,这就是咸潮比较频繁地发生在流量较小的枯水期的原因。

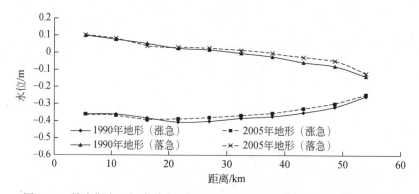

图 6.96　枯水期磨刀门水道在不同年份地形下涨急和落急时的沿程水面线

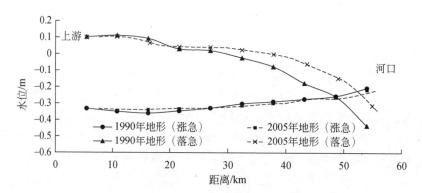

图 6.97　中水期磨刀门水道在不同年份地形下涨急和落急时的沿程水面线

3)地形变化对上溯距离的影响

咸潮上溯距离是衡量盐水入侵影响的最重要的指标,本小节对各种情景组合下的 9 种工况全部进行模拟,以此分析地形、径流和潮汐三者条件变化时,对咸潮上溯距离的影响。组合一、二、三、四均包含 1990 年和 2005 年地形下的工况,可以用来分析地形条件变化对咸潮上溯的影响;组合一和组合二对比对照组改变了上游的径流条件,可以用来分析径流变化对咸潮上溯的影响,组合三和组合四对比对照组改变了下游潮汐条件,可以用来分析潮汐变化对咸潮上溯的影响。

　　在对不同工况下的咸潮上溯距离进行分析计算时，进行了平均化处理，在大潮、中潮和小潮期间的涨憩和落憩时，分别统计计算咸潮上溯的最小平均值、平均值和最大平均值。图6.98为组合一（工况2和3）在1990年和2005年地形条件下，枯水期涨、落憩时的咸潮上溯距离，并作平均化处理，其他组合的计算与此类似（图略）。不同情境组合下的咸潮上溯距离见表6.40。

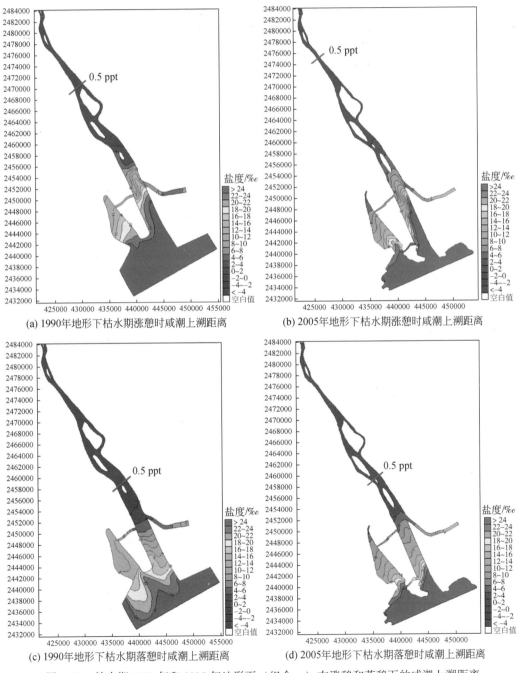

(a) 1990年地形下枯水期涨憩时咸潮上溯距离　　　　　(b) 2005年地形下枯水期涨憩时咸潮上溯距离

(c) 1990年地形下枯水期落憩时咸潮上溯距离　　　　　(d) 2005年地形下枯水期落憩时咸潮上溯距离

图 6.98　枯水期 1990 年和 2005 年地形下（组合一）在涨憩和落憩下的咸潮上溯距离

表 6.40　不同情境组合下磨刀门水道的咸潮上溯距离　　　　单位：km

情景组合	工况类别	年份	咸潮上溯距离		
			最小平均值	平均值	最大平均值
对照组	工况 1	2005	23.5（0）	28.9（0）	40.1（0）
组合一	工况 2	1990	19.7	22.4	33.5
	工况 3	2005	22.3（−1.2）	26.2（−2.7）	38.3（−1.8）
	差值		2.6	3.8	4.8
组合二	工况 4	1990	15.4	19.8	25.3
	工况 5	2005	15.6（−7.9）	20.2（−8.7）	26.2（−13.2）
	差值		0.2	0.4	0.9
组合三	工况 6	1990	26.6	32.5	46.3
	工况 7	2005	27.7（+4.2）	35.2（+6.3）	49.9（+9.8）
	差值		1.1	2.7	3.6
组合四	工况 8	1990	26.4	39.7	58.1
	工况 9	2005	27.8（+4.3）	41.2（+12.3）	59.8（+19.7）
	差值		1.4	1.5	1.7

注：括号内数据为不同工况下的数据与工况 1（对照组）数据的差值

对照组合一的工况 2 和工况 3 的咸潮上溯距离，可以看出在上游为枯水期平均流量、下游为典型潮位过程时，1990 年地形条件下的咸潮上溯距离的最小平均值、平均值和最大平均值分别为 19.7 km、22.4 km 和 33.5 km，2005 年地形条件下的咸潮上溯距离的最小平均值、平均值和最大平均值则分别为 22.3 km、26.2 km 和 38.3 km，可以看出咸潮上溯距离的三项指标在 2005 年地形条件下比 1990 年地形条件下分别增长 2.6 km、3.8 km 和 4.8 km。对照组合二的工况 4 和工况 5 的咸潮上溯距离，可以看出在上游为中水期平均流量、下游为典型潮位过程时，1990 年地形条件下的咸潮上溯距离的最小平均值、平均值和最大平均值分别为 15.4 km、19.8 km 和 25.3 km，2005 年地形条件下的咸潮上溯距离的最小平均值、平均值和最大平均值则分别为 15.6 km、20.2 km 和 26.2 km，可以看出咸潮上溯距离的三项指标在 2005 年地形条件下比 1990 年地形条件下分别增长 0.2 km、0.4 km 和 0.9 km。对照组合三的工况 6 和工况 7 的咸潮上溯距离，可以看出在上游为枯水期典型流量过程、下游潮位过程为未来海平面上升 30cm 的情况时，1990 年地形条件下的咸潮上溯距离的最小平均值、平均值和最大平均值分别为 26.6 km、32.5 km 和 46.3 km，2005 年地形条件下的咸潮上溯距离的最小平均值、平均值和最大平均值则分别为 27.7 km、35.2 km 和 49.9 km，可以看出咸潮上溯距离的三项指标在 2005 年地形条件下比 1990 年地形条件下分别增长 1.1 km、2.7 km 和 3.6 km。对照组合四的工况 8 和工况 9 的咸潮上溯距离，可以看出在上游为枯水期典型流量过程、下游潮位为 50 年一遇的极端天文潮的情况时，1990 年地形条件下的咸潮上溯距离的最小平均值、平均值和最大平均值分别为 26.4 km、39.7 km 和 58.1 km，2005 年地形条件下的咸潮上溯距离的最小平均值、平均值和最大平均值则分别为 27.8 km、41.2 km 和 59.8 km，可以看出咸潮上溯距离的三项指标在 2005 年地形条件下比 1990 年地形条件下分别增长 1.4 km、1.5 km 和 1.7 km。从四组情况均可以看出，地形条件的演变改变了河口区的水动力特征，2005 年河道地形比 1990 年河道地形更为深窄，由于大量采砂等人类活动，造成河道下切不均匀，河底坡度降低，甚至往负比降方向发展，由此导致盐水入侵动力加强，咸潮上溯距离加大，危害加强。

4）地形变化对盐度分层的影响

盐度分层现象是河口区特有的水动力现象，受到斜压梯度力、潮汐掺混和径流平流等综合作用，河口盐度呈现表层盐度小、底层盐度大的现象，由于盐水入侵危害在枯水期最为强烈，因此选取组合一（包括工况 2 和 3）下的磨刀门水道枯水期在 1990 年（工况 2）和 2005 年（工况 3）地形条件下的涨、落潮期间的纵剖面盐度分布进行分析，其他工况分析与此类似（图略），结果分析见表 6.41 和图 6.99。从表 6.41 可以看出，在同一年份地形条件下，均有小潮期间的分层系数大于大潮期间的分层系数，由此进一步说明大潮期间的潮汐掺混作用较小潮期间的强烈，强烈的混合作用破坏了盐水楔结构，导致底层盐度被大量带至上层，盐度分层现象减弱；同时，分层系数从河口到上游呈铃型的分布，即河口区和上游区盐度分层系数较小，中间部分盐度分层系数较大，这是因为在口门处，潮汐作用最为强烈，强烈的混合作用使得盐度分层现象没有很明显，在中间地段，潮汐作用和径流作用均很强烈，底层盐度在斜压梯度力作用下往上游移动，而表层盐度在径流作用下快速下泄，由此造成表、底层盐度差很大，在上游地段，由于盐水入侵距离有限，在上游底、表层的盐度均较小，分层现象又开始减弱。对比不同年代地形条件下的大小潮期间的分层系数（图 6.99）可知，2005 年地形条件下的盐度分层系数的高值区较 1990 年地形条件下有所上移，由于分层现象最明显的区域为盐水楔的楔尖位置，分层系数高值区可以近似表示盐水楔楔尖的位置，由此说明，盐水楔的位置在 2005 年地形条件下较 1990 年有所上移，盐水入侵距离整体有所上移。

同时，从咸潮的涨落潮期间的盐度分布可以看出，在涨潮期间（图 6.100），1990 年地形条件下的垂向盐度分层现象比 2005 年地形条件下的明显，这是因为在涨潮期间，河道内优势流以涨潮流为主，2005 年磨刀门水道河型相比于 1990 年更加窄深，潮流速度更快，加剧了潮流掺混作用，使得垂向混合更加均匀；而在落潮期间（图 6.101），情况正好相反，2005 年地形条件下的垂向盐度分层现象比 1990 年地形条件下的明显，这是因为落潮时，河道内优势流一致向海，但冲淡水主要从表层快速下泄，2005 年地形条件下由于单次潮周期涌入的盐度水比 1990 年地形条件下的多，因此在落潮期间的表层冲淡水下泄速度更快，上游淡水迅速被带至下游，造成表、底层盐度差的增加，因此造成垂向分层现象更加明显。

表 6.41　在不同年份地形条件下大小潮期间的盐度分层系数

测站	到口门的距离/km	1990 年地形		2005 年地形	
		大潮	小潮	大潮	小潮
大横琴	7	0.26	0.53	0.19	0.7
挂定角	15.7	0.24	0.62	0.15	0.65
大涌口	18.9	0.26	0.70	0.23	0.90
灯笼山	20.8	0.34	1.12	0.28	1.22
联石湾	24.5	0.36	1.30	0.27	1.38
马角	26.1	0.35	1.12	0.26	1.34
竹排沙	27.8	0.31	0.82	0.23	1.27
平岗	35.6	0.26	0.51	0.17	0.71
竹银	40.2	0.24	0.42	0.14	0.53

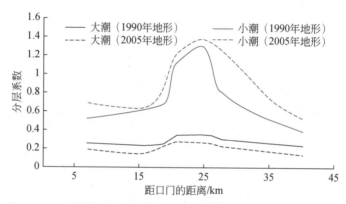

图 6.99　在不同年份地形条件下大小潮期间的盐度分层系数分布图

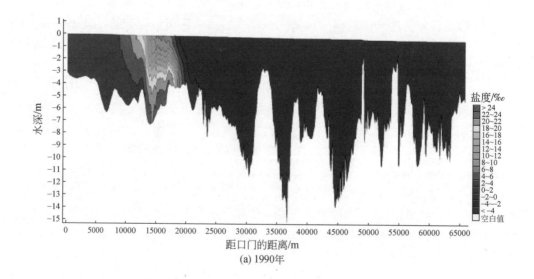

(a) 1990年

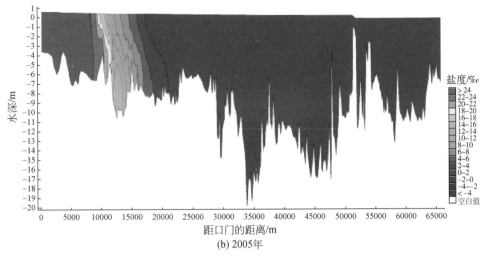

(b) 2005年

图 6.100   1990 年和 2005 年地形条件下枯水期涨潮期间纵剖面盐度分布

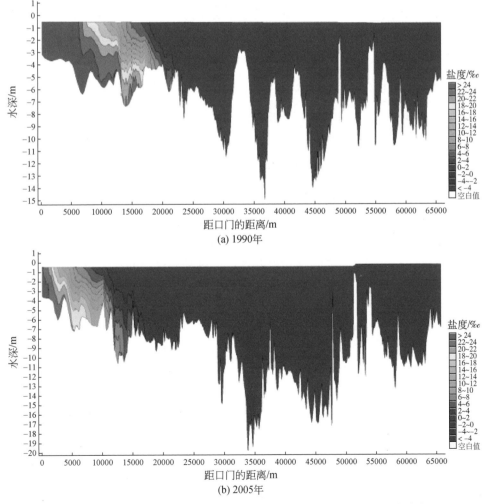

(a) 1990年

(b) 2005年

图 6.101   1990 年和 2005 年地形条件下枯水期落潮期间纵剖面盐度分布

6.3 珠江三角洲河口区盐水入侵预测

6.3.1 盐度变化的短期预报

1. 方法与原理

盐度变化受错综复杂、相互联系、相互制约的多重因素影响，具有高度非线性、多峰值、多时间尺度及随机不确定性等特点。人工神经网络（ANN）具有较强的非线性逼近功能和自学习、自适应、容错性和推广能力等特点；小波分析具有良好的时频多分辨率功能，通过对时间序列的多尺度分析，能够有效识别主要频率成分和提取局部信息。小波神经网络结合了两者的优点，因此适用于盐度变化模拟预测，本节尝试运用小波神经网络对磨刀门水道盐度进行模拟预测。小波神经网络是根据训练误差的反向传播通过梯度下降法调整网络连接权值、阈值和伸缩平移参数的，但此法容易陷入局部最小和引起震荡效应，同时初始的网络连接权值是完全随机制定的，导致学习速度缓慢和效率低下。而遗传算法具有较强的全局搜索能力，有助于提高学习效率，因此本节采用遗传算法优化网络初始值。

1）神经网络

人工神经网络（张立明，1993；张德丰，2009）自 20 世纪 80 年代中期热潮兴起以来，被广泛地应用到非线性科学和人工智能领域当中。人工神经网络通过数学方法对人脑神经系统的结构和功能以及若干基本特性进行理论抽象、简化和模拟，是一种模仿人脑结构及其功能的非线性信息处理系统。神经元是神经网络操作的基本信息处理单位，但单个神经元处理信息的能力是十分有限的，只有将多个神经元相互连接起来，构成一个神经网络体系，才能够对复杂的信息进行识别与处理。大量的神经元通过极其丰富和完善的连接构成了自适应非线性动态系统。每个神经元会随接收到的多个激励信号的大小呈现出兴奋或者抑制状态，而各神经元之间连接信号的强弱，也会根据外部的刺激信号作出自适应变化。网络的学习过程就是神经元之间连接强度随外部的激励信息作出自适应变化的过程。人工神经元是对生物神经元的一个简化和模拟，它是一个多输入、单输出的非线性元件，其输入输出关系可描述为

$$I_i = \sum_{j=1}^{n} w_{ji} x_j - \theta_i \tag{6.81}$$

$$y_i = f(I_i) \tag{6.82}$$

式中，$x_j (j=1,2,\cdots,n)$ 为输入信号；θ_i 为神经元的阈值；w_{ji} 为从细胞 j 到细胞 i 的连接权值；n 为输入信号数目；y_i 为神经元输出；$f(\cdot)$ 为传递函数。

目前世界上有 50 多种神经网络模型（张立明，1993）。根据神经网络的拓扑结构和信息流在其中的传递方式，这些模型大体可以分为三种类型，即前馈网络（feedforward neural networks）、反馈网络（feedback neural networks）和自组织网络（self organizing neural networks)。其中前馈神经网络曾经在人工神经网络发展史有重要的影响，是现在应用最广泛的网络模型之一。前馈网络中有明显的层次关系，信息单方面地从输入层流向输出层，没有反馈信息，经网络处理后由输出层输出。BP（back propagation）网络就是一种单向传播的多层前馈网络，已被证明一个三层前馈网络可以以任意精度逼近任一连续非线性函数。BP算法公式整齐、推理过程严谨、运算过程简单明了，并且具有强大的非线性映射、自适应记忆能力等。BP网络是神经网络的一种重要形式，由于引入了隐含层神经元，提高了其解决问题的能力，采用了误差反向传播算法，从而使网络的学习可以收敛，网络也达到了实用的程度，被广泛地应用到许多领域，取得了良好的效果。本书所用神经网络即为基于BP算法的小波神经网络。

2）小波神经网络

小波神经网络（wavelet neural network，WNN）是20世纪90年代提出来的新型前馈型神经网络，它结合了小波分析理论和神经网络的优点，将小波分析的局部特性与神经网络的自学习特性结合起来。WNN的基本思想是利用小波元（wavelet）来代替神经元（neuron），通过作为一致逼近的小波分解来建立起小波变换与神经网络的连接。结合小波变换良好的时频局化性质与传统人工神经网络的自学习功能，WNN具有小波分解的一般逼近函数的性质与分类特征，并且由于引入了两个新的参变量即伸缩因子和平移因子，从而使其具有更灵活、更有效的函数逼近能力，更强的模式识别能力和容错能力（冯再勇，2007）。另外，它还具有高速运算能力及高度灵活性能，可方便灵活地对成因复杂的未知系数进行建模，因而可以应用于一系列的非线性问题。

小波分析与神经网络的结合有两种方式（刘春雪，2011），一种为辅助式结合方式（离散性小波神经网络），是用小波分析对信号进行预处理，提取数据的小波特征量作为神经网络的输入参量，再利用传统神经网络进行训练，最后再进行小波重构达到模拟预测目的；另一种为嵌套式结合方式（连续小波神经网络），即将BP神经网络的传递函数或网络训练权值用小波基函数训练，它将小波变换与神经网络有机地结合起来，充分继承了小波变换良好的局部化性质并结合ANN的自学习功能，因而具有较强的逼近和容错能力。本书采用的就是这种连续小波神经网络，基本原理如图6.102所示。采用较为常用的Morlet小波函数作为小波基函数，该函数在第5.3节已详细介绍，这里不再重复。

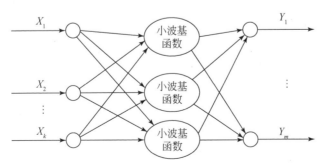

图6.102　小波神经网络拓补结构

小波神经网络结构和学习算法与 BP 神经网络类似，其学习算法步骤如下：

（1）网络参数初始化，即初始化网络每层的连接权值 w、阈值 b 和小波网络的伸缩因子及平移参数 a，b。

（2）输入样本信息，利用输入样本 x、连接权值及阈值计算网络输出 $y(x)$。

（3）计算网络输出与理想输出 y 的平方和误差 E。

$$E_t = \frac{1}{2}\left[y(x_t) - y_t\right]^2 \tag{6.83}$$

（4）误差的反向传播，采用梯度下降法，计算网络各层的连接权值、阈值和伸缩平移参数的调整量，得到网络新的连接权值、阈值和伸缩平移参数。此外为提高网络学习效率和避免陷入局部最小，本书采用引入动量项方法（张立明，1993）改进学习方法，该方法是在反向传播的基础上在每一个权值的变化上加上一个正比于前一个权值的值，有助于网络从误差曲面的局部极小值中跳出。

（5）选取新的样本作为网络输入，重复步骤（2），利用调整得到的新的连接权值和阈值等计算新样本的输出。重复进行该过程，直到所有训练样本都得到训练。

（6）计算网络的累积误差，如果精度达到要求则停止训练，否则继续对该网络进行训练，直到满足精度或达到设定迭代次数为止。

3）遗传算法优化原理

遗传算法（genetic algorithms，GA）最先是由美国 Michigan 大学的 Holland 教授于 1962 年建立的，他和他的学生在研究自然和人工自适应系统时，创造出来的一种基于生物遗传和进化机制自适应概率优化技术（刘涵，2006）。遗传算法以达尔文的进化论、魏茨曼的物种选择学说和曼德尔的遗传学说作为其思想基础，属于一种模拟遗传选择和自然淘汰的生物进化论的计算模型。

为了解决各种优化问题，很多学者提出了各种优化算法，这些优化算法各有各的优点，适用不同的范围，没有绝对完美的优化算法，均存在各自的限制和局限。遗传算法与单纯形法、梯度法、动态规划法、分支定界法等这些传统优化算法相比，它主要有下述几个特点（周明和孙树栋，1999；倪金林，2007）。

（1）遗传算法以决策变量的编码作为运算对象。遗传算法与传统的优化算法在运算对象上存在本质上的差异，绝大多数的传统优化算法是直接利用决策变量的实际值本身来进行优化计算，而遗传算法以决策变量的某种形式的编码为运算对象，处理对象不是决策变量本身这一特点，促使遗传算法在一些无数值概念或者只有代码概念的优化问题处理方面显示出了其独特的优越性。对不同的要求只需设计不同的目标函数，其他单元基本不变，具有广泛的应用领域（梁宇宏和张欣，2009）。

（2）遗传算法使用概率搜索技术。遗传算法属于一种自适应概率搜索技术，其选择、交叉、变异等运算都是以一种概率的方式来进行的，是使用随机工具来指导搜索向着一个最优解前进，增加了其搜索过程的灵活性。

（3）遗传算法直接以目标函数值作为搜索信息。遗传算法仅使用由目标函数值变换来的适应度函数值，就可确定进一步的搜索方向和搜索范围。故不需进行求导求逆运算，对问题既不要求可微，也不要求连续，只要求目标函数和约束条件具有可计算性，不要求梯度存在，可方便地引入各种约束条件，适于处理混合非线性多约束的规划问题。这一特点使遗传算法的应用范围大大扩展。

（4）遗传算法同时从多个搜索点并行进行搜索。遗传算法从多个个体组成的一个初始群体开始搜索过程，在这之中包括了很多群体信息，这些信息可以避免搜索一些不必搜索的点，所以实际相当于搜索了更多的点，这是遗传算法所特有的一种隐含并行性，利用较小的数字串来搜索可行域中的大量区域，从而只花较少的代价就能找到问题的全局近似解，因此，它特别适合于处理复杂的非线性优化问题（邵慧鹤和骆晨钟，2000）。

（5）算法的通用性。即使对原有优化问题进行很小修改，现行的大多数优化方法也可能完全不能使用，而遗传算法只需修改目标函数、适应度函数的定义方式和算法控制参数的设置即可，编码、解码、选择、杂交和变异等操作不需修改。

因此，遗传算法主要有简单易用、鲁棒性强、搜索效率高、适应并行计算以及应用范围广的优点。它提供了一种求解复杂系统优化问题的通用框架，对问题的种类有很强的鲁棒性，不依赖于问题的具体领域，因此它成为信息科学、计算机科学、运筹学和应用数学等诸多学科所共同关注的热点研究领域。

4）遗传算法优化小波神经网络实现

小波神经网络是根据训练误差的反向传播通过梯度下降法调整网络连接权值、阈值和伸缩平移参数。但此法容易陷入局部最小和引起震荡效应，同时初始的网络连接权值是完全随机制定的，导致学习速度缓慢和效率低下。因此本书拟采用遗传算法较强的全局搜索能力优化网络初始值。

以小波神经网络的结构确定遗传个体的长度，种群中的每个个体都包含了一个网络的所有权值和阈值，个体通过适应度函数计算个体适应度值，遗传算法通过选择、交叉和变异操作找到最优适应度值对应的个体，即最优网络连接权值、阈值和伸缩平移参数。遗传算法主要步骤如下：

（1）种群初始化。

遗传个体编码方法采用实数编码法，个体长度由小波神经网络的结构决定，个体由整个网络的连接权值、阈值和伸缩平移参数组成。

（2）适应度函数。

把小波神经网络的训练数据误差 E 作为个体的适应度值 F。

（3）选择操作。

遗传算法选择操作有轮盘赌法、锦标赛法等多种方法，本书采用轮盘赌法，即基于适应度比例的选择策略，每个个体 i 的选择概率 p_i 为

$$f_i = k/F_i, p_i = \frac{f_i}{\sum_{i=1}^{N} f_i} \tag{6.84}$$

式中，F_i 为个体的适应度值，由于适应度值越小越好，所以在个体选择前对适应度值

求倒数；k 为常数；N 为种群个体数目。

（4）交叉操作。

个体采用实数编码，所以交叉操作方法采用实数交叉法，第 k 个染色体 a_k 和第 l 个染色体 a_l 在 j 位交叉操作方法如下：

$$
\begin{aligned}
a_{kj} &= a_{kj}(1-b) + a_{lj}b \\
a_{lj} &= a_{lj}(1-b) + a_{kj}b
\end{aligned}
\tag{6.85}
$$

式中，b 是 $[0,1]$ 的随机数。

（5）变异操作。

选取第 i 个个体的第 j 个基因 a_{ij} 进行变异，变异操作方法如下：

$$
a_{ij} = \begin{cases}
a_{ij} + (a_{ij} - a_{max}) * f(g) & r \geq 0.5 \\
a_{ij} + (a_{min} - a_{ij}) * f(g) & r < 0.5
\end{cases}
\tag{6.86}
$$

式中，a_{max} 为基因的上界；a_{min} 为基因的下界；$f(g) = r_2(1 - g/G_{max})$（$r_2$ 为一个随机数；g 为当前迭代次数；G_{max} 为最大进化次数）；r 为 $[0,1]$ 的随机数。

遗传算法优化小波神经网络的原理过程详细如图 6.103 所示。

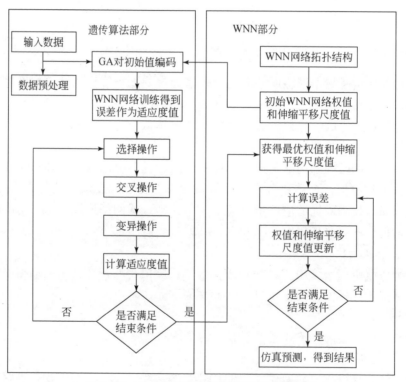

图 6.103　遗传算法优化小波神经网络流程图

2. 盐度预测模型的建立

磨刀门盐水入侵盐度变化受下游潮汐动力和上游径流作用明显，枯水期潮汐动力与上游径流作用对磨刀门水道盐度的影响在一定程度上是此消彼长的关系。根据第 5

章的研究成果，磨刀门盐度变化超前于潮差变化 3 ~ 4 d；磨刀门水道上游径流动力对盐度变化存在逆向驱动作用，盐度变化滞后于马口站和三水站合流量变化，滞时 3 ~ 4 d。

根据磨刀门盐度与潮汐过程、径流过程的时延相关性，本节尝试利用基于遗传算法的小波神经网络建立磨刀门水道盐度预测模型。模型输入端采用上游径流（马口站和三水站合流量），下游潮汐（三灶站潮差过程）；同时盐度序列自身具有一定相关性（路剑飞和陈子燊，2010），由图 6.104 可以看出盐度序列自相关函数曲线存在 15 d 的周期递减波动，且滞后步长在 2 d 以内自相关系数超过 80%，因此将前两天的历史盐度资料也作为模型输入条件；输出端为预测当天的盐度。建立模型如下：

$$y_t = f\left(\frac{1}{x}, z, y_{t-2}, y_{t-1}\right) \tag{6.87}$$

式中，x 为马口站和三水站合流量，由于径流对于盐度变化是抑制作用，因此取其倒数作为模型的输入条件，提前步长由研究站点的盐度和径流的时延相关性决定；z 为三灶站日潮差，滞后步长由研究站点的盐度和潮汐的时延相关性决定；y_{t-1}、y_{t-2} 为第 $t-1$ 天、第 $t-2$ 天研究站点的日均盐度；y_t 为预测当天日均盐度。

此外，由于磨刀门盐度变化超前于潮差变化，因此要先对未知的潮差进行预测。而潮位变化短期内是较为稳定的，且具有一定周期性，受太阳及月球引力的影响，周期性表现在日周期及朔望周期。利用调和分析方法（童章龙，2007）能很好地预测潮位变化，且精度较高。调和分析方法已发展 100 来年，方法上已十分成熟，使本书通过预测潮位计算得到滞后的潮差成为可能。根据三灶站长序列实测资料，计算出其相关

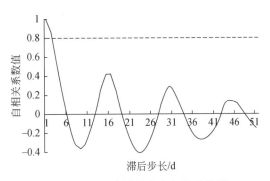

图 6.104 平岗站盐度自相关系数图

调和常数，运用调和分析方法预测出三灶站潮位变化，图 6.105 为 2005 年一个潮周期的潮位预测效果图，由图可知，预测效果较好，能进一步计算出滞后的潮差。

以平岗站为例，建立平岗站的盐度预测模型。由第 4 章的研究成果可知，平岗站盐度超前潮差变化 3.9±0.6 d，盐度变化滞后于径流变化 3.7±0.6 d。因此选取前 3 ~ 4 d 的马口站和三水站合流量和后 3 ~ 4 d 的三灶站日潮差作为模型的输入条件，构建模型如下：

$$y_t = f\left(\frac{1}{x_{t-3}}, \frac{1}{x_{t-4}}, z_{t+3}, z_{t+4}, y_{t-2}, y_{t-1}\right) \tag{6.88}$$

式中，x_{t-3}、x_{t-4} 为第 $t-3$ 天、第 $t-4$ 天的马口站和三水站合流量的倒数；z_{t-3}、z_{t-4} 为第 $t+3$ 天、第 $t+4$ 天的三灶站日潮差；y_{t-1}、y_{t-2} 为第 $t-1$ 天、第 $t-2$ 天平岗站日均盐度；y_t 为预测当天平岗站日均盐度。

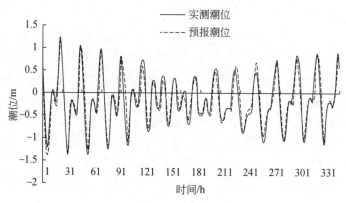

图 6.105　潮位预测效果图

1）数据预处理

为消除样本各个变量由于量纲和单位的影响，减少训练过程中数值运算的复杂程度，需要对样本数据进行归一化处理。本书采用比例压缩法将样本数据归一化到 $[1,2]$ 内，归一化公式如下：

$$X_i = 1 + \frac{x_i - x_{\min}}{x_{\max} - x_{\min}} \tag{6.89}$$

式中，$x_{\max}$ 和 $x_{\min}$ 分别为样本数据中的最大值与最小值；X_i 为归一化后的数据。

2）模型参数设定

设定种群规模为 40，遗传进化代数为 100，交叉概率为 0.4，变异概率为 0.2；对于小波神经网络结构的设定，即如何选取隐含层数和节点数尚未有明确定论，目前主要通过经验公式（叶斌和雷燕，2005），具体设计时还需通过经验公式试凑。本节经过尝试采用单隐含层，确定网络隐含层节点为 15，网络连接权值的学习率为 0.01，伸缩平移参数的学习率为 0.001，网络迭代学习次数为 1000。

3）动态反馈校正

神经网络的训练类型可分为两种，一种是首先设计好网络，然后进行数据收集。在使用神经网络进行预测之前，采用训练样本对神经网络进行训练，在训练结束之后，神经网络的模型也就确定下来不会改变。在使用这种训练好的模型进行预测时，输入数据可能会因为不适应神经网络的模型而产生较大的误差。另一种则通过采用动态反馈的机制来控制神经网络模型进行再训练。如果一开始的输入数据与输出数据太少，导致神经网络模型并不成熟，预测准确度也较低，通过动态反馈机制使神经网络在使用过程中不断得到提炼，准确度也不断得以提高。训练模式如图 6.106 所示。

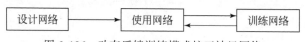

图 6.106　动态反馈训练模式校正神经网络

由于本书已知样本过少且盐度序列往往具有较为剧烈的波动,因此神经网络模型并不成熟,预测精度也较低。为了提高模型的预测精度,本节采用动态反馈校正预测方法,即执行过一天的预测之后,将最新的当天实测数据加入训练集,并用更新后的训练样本重新训练模型,以最新的模型继续开展预测。

4) 模型检验指标

为了评价模型的拟合预测效果,本书选用效果系数、一致性指标两个拟合度度量指标(方宏远,2004)表征:

(1) "效果系数"(coefficient of efficiency),用 E 表示,效果系数 E 越接近 1,则说明预测值越接近实测值,但效果系数 E 对系列中的极值是敏感的,因此需要结合一致性指标 D 判断来消除此影响。

$$E = 1.0 - \frac{\sum\limits_{i=1}^{N} (O_i - P_i)^2}{\sum\limits_{i=1}^{N} (O_i - \bar{O})^2} \qquad (6.90)$$

(2) "一致性指标"(index of agreement),用 D 表示,一致性指标 D 的取值为 0 ~ 1,取值越大,说明模型预测值有得变化与预测值越一致。

$$D = 1.0 - \frac{\sum\limits_{i=1}^{N} (O_i - P_i)^2}{\sum\limits_{i=1}^{N} (|P_i - \bar{O}| + |O_i - \bar{O}|)^2} \qquad (6.91)$$

式中,O 为实测值;P 为模型预测值;$\bar{O}$ 为实测平均值;N 为样本数。

3. 盐度预测结果

本节选取 2003 ~ 2004 年、2006 ~ 2007 年、2007 ~ 2008 年、2008 ~ 2009 年、2009 ~ 2010 年和 2010 ~ 2011 年 6 年枯水期实测资料(上游马口站和三水站合流量、三灶站日潮差与平岗站盐度等同步资料)等 595 组数据放入预测模型。其中,前 545 组数据作为训练集对盐度预测模型进行训练和模拟,后 50 组数据(2011 年 1 月 6 日 ~ 2 月 24 日)共 50 天的数据作为测试集输入已训练完毕的模型,检验模型的预测效果。分析模型的模拟预测结果,结论如下:

(1) 由遗传算法迭代寻优过程及小波神经网络训练过程(图 6.107、图 6.108)可以看出遗传算法种群适应度在 40 代以内几乎已进入收敛,表明遗传算法具有较强的全局搜索能力,这是由于遗传算法具有群体搜索和内在启发式随机搜索的特性,弥补了神经网络易陷入局部最优的缺点。小波神经网络训练速度较快,在迭代次数 100 次内进入收敛,表明通过遗传算法优化网络连接权值的小波神经网络具有较强的学习效率。

(2) 分析各年份枯水期盐度模拟结果拟合度及拟合效果图(表 6.42、图 6.109 ~ 图 6.114)可知,模型模拟盐度效果较为理想,总序列效果系数 E 达到 0.935,一致性指标达到 0.984。从各年份模拟效果来看,以 2009 ~ 2010 年模拟效果最好,效果系数和一致性指标分别为 0.957 和 0.988；2008～2009 年模拟效果相对较差，这是由于 2008～2009年枯水期资料长度太短，其余年份模拟效果系数均在 0.9 以上。

（3）分析测试集模型预测效果对比图（图 6.115）及测试集预测效果表（表 6.43），该盐度预测模型能较好预测盐度变化和趋势，误差主要出现在盐度上升时段和盐度的高峰值上，且采用动态反馈校正预测方法能使模型得到较好的预测效果。由于本书已知样本过少且盐度序列往往具有较为剧烈的波动，因此神经网络模型并不成熟，预测精度也较低。为了提高模型的预测精度，本书采用动态反馈校正预测方法，即执行过一天的预测之后，将最新的当天实测数据加入训练集，并用更新后的训练样本重新训练模型，以最新的模型继续开展预测。由表 6.43 及图 6.115 知，采用动态反馈校正预测后，效果系数由 0.916 提升到 0.950，一致性指标从 0.975 提升到 0.986，且在盐度的峰值预测上有更好的表现。表 6.44、图 6.116 为测试集模型预测效果图及预测波峰相对误差，可以看出，动态反馈校正预测盐度效果较好，相对误差较小。

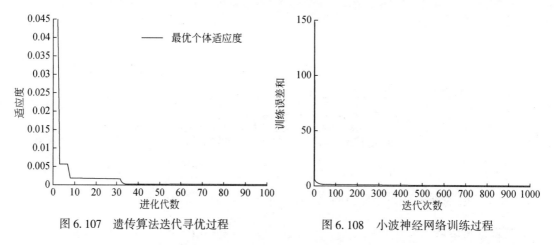

图 6.107　遗传算法迭代寻优过程　　　　图 6.108　小波神经网络训练过程

表 6.42　各年份盐度模拟结果拟合度分析

指标	2003～2004 年	2006～2007 年	2007～2008 年	2008～2009 年	2009～2010 年	2010～2011 年	总序列
E	0.905	0.912	0.941	0.817	0.957	0.946	0.935
D	0.974	0.974	0.984	0.956	0.988	0.986	0.984

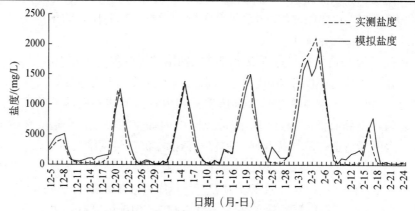

图 6.109　2003～2004 年枯水期盐度模拟效果图

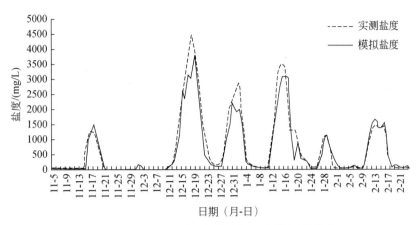

图 6.110　2006～2007 年枯水期盐度模拟效果图

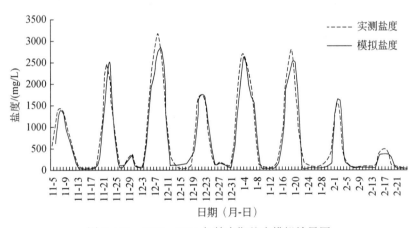

图 6.111　2007～2008 年枯水期盐度模拟效果图

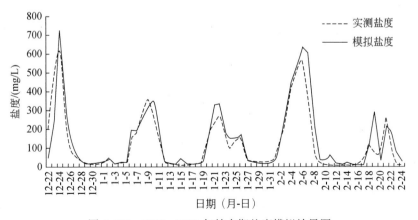

图 6.112　2008～2009 年枯水期盐度模拟效果图

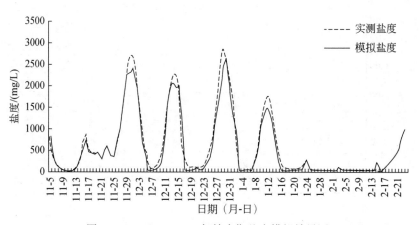

图 6.113　2009～2010 年枯水期盐度模拟效果图

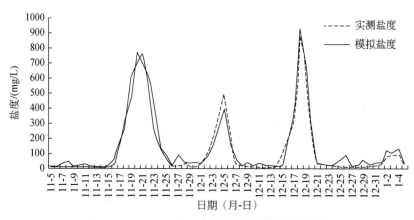

图 6.114　2010～2011 年枯水期盐度模拟效果图

表 6.43　测试集预测效果表

指标	效果系数 E	一致性指标 D
普通预测	0.916	0.975
动态反馈校正预测	0.950	0.986

表 6.44　预测集波峰预测相对误差表　　　　　　　单位：%

指标	波峰 1	波峰 2	波峰 3
普通预测	14	21	23
动态反馈校正预测	4	11	15

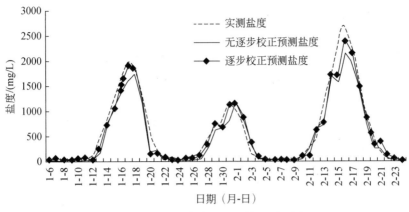

图 6.115　测试集模型预测效果对比图

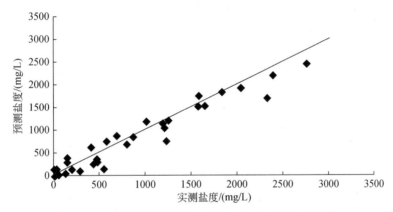

图 6.116　测试集模型预测效果图（动态反馈校正预测）

综上所述，该盐度预测模型能够比较精确地模拟预测磨刀门水道盐度变化。此外，需要注意的是由于模型输入条件中滞后潮差在实际应用中要经过调和分析预测潮位计算求得，因此在实际盐度预测应用中可能会出现误差的叠加，从而导致模型预测精度降低。但由于潮位变化在短期内相对稳定且预测精度较高，所以总体来说该盐度预测模型能应用于实际的盐水入侵盐度预报。同时也表明，基于遗传算法的小波神经网络能较好地应用于盐水入侵盐度变化预测这种资料较为缺乏的非线性、小样本问题。

6.3.2　上溯距离的长期预测

为重点分析未来海平面上升及上游来水变化对盐度分布演变趋势的影响，对潮位变化进行假定，并选取了三种不同频率（97%、95% 和 90%）的上游来水，以此为水文边界条件，预测盐度的上溯距离。

1. 径流潮位趋势分析

对磨刀门上游马口站和三水站的流量序列及外海三灶站的特征潮位序列进行趋势

分析。水文要素常用的趋势分析方法包括 Mann-Kendall 法、Spearman 法、R-S 分析法等。

为消除自相关性影响，同时防止趋势被减弱至无法通过显著性检验的情况，本书选用改进的 TFPW-MK（Mann-Kendall test with trend-free pre-whitening）方法（Yue and Wang，2002）进行潮位趋势分析。

将原始水文序列分别除以序列均值，得到新的序列 X_t，β 为序列 X_t 坡度，构造去趋势化序列 Y_t。

$$\beta = \mathrm{Median}\left(\frac{x_j - x_i}{j - i}\right) \quad \forall\, i < j \tag{6.92}$$

$$Y_t = X_t - \beta \times t \quad t = 1, 2, \cdots, n \tag{6.93}$$

r_1 为 Y_t 一阶自相关系数，若 r_1 值较小，直接用 Mann-Kendall 方法对 X_t 进行检验；否则用 Pre-whitening 方法去除序列中的自相关项，构造新序列 Y'_t，用 Mann-Kendall 方法来检验 Y'_t 的显著性。

$$Y'_t = Y_t - r_1 \times Y_{t-1} + T_t \quad t = 1, 2, \cdots, n \tag{6.94}$$

1）径流趋势分析

收集了磨刀门上游三水站、马口站 1960～2009 年逐月流量资料，利用 TFPW-MK 方法对其进行趋势检验（表 6.45），结果表明，三水站月均流量变化呈总体上升趋势，且趋势变化明显，而马口站月均流量变化呈总体下降趋势，且趋势变化不明显，马口站和三水站总月均流量呈总体上升趋势，趋势变化也不明显。两站点月均流量变化趋势图如图 6.117 所示。

表 6.45　流量趋势检验结果表

站点	FTPW-MK 法	
	统计量（Z）	显著性
三水站	7.39	显著
马口站	-1.37	不显著
马口站+三水站	0.25	不显著

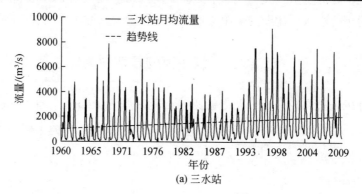

(a) 三水站

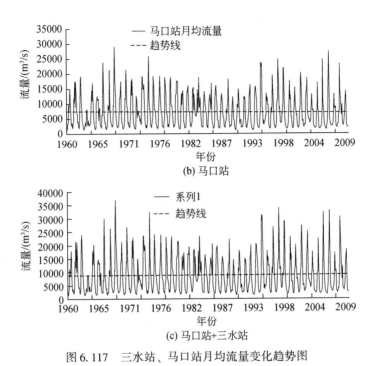

图 6.117 三水站、马口站月均流量变化趋势图

通过对磨刀门上游月均流量的趋势分析，可以发现上游来水有不显著的增长趋势，即上游来水对磨刀门水道盐水入侵的抑制作用变化不大。

2）潮位趋势分析

收集三灶站 1965～2010 年逐月高潮位和低潮位时间序列，利用 TFPW-MK 方法对其进行趋势检验（表6.46），结果表明，三灶站高潮位、低潮位均呈总体上升趋势，且趋势变化明显。月高低潮位变化趋势图如图 6.118 所示。

表 6.46 趋势检验结果表

序列	FTPW-MK 法	
	统计量（Z）	显著性
月高潮位	3.25	显著
月低潮位	5.71	显著

根据图 6.118，分析三灶站高、低潮位整体变化趋势。三灶站月高潮位整体呈上升趋势，平均上升速率为 0.074 mm/月；低潮位整体也呈上升趋势，且上升速率明显高于高潮位，达到 0.144 mm/月。根据陆剑飞等（2009）的研究结果，珠江口海平面上升速度为 0.133～0.333 mm/月，与本次研究低潮位平均上升速率与其比较一致。三灶站低潮位整体上升趋势高于高潮位，表明磨刀门河口区径潮流交互作用、河口地形变化及海平面上升等多因素驱动作用，对低潮位的升幅贡献率高于高潮位。

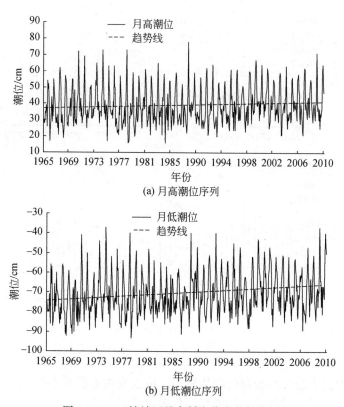

图 6.118　三灶站逐月高低潮位变化趋势图

分析洪水期与枯水期月高、低潮位序列特征值，见表 6.47。枯水期月平均高潮位和月平均低潮位分别达到 40.2 cm 和 -68.8 cm，均高于同期洪水期平均月平均高潮位和月平均低潮位；同时，枯水期高潮位和低潮位上升速率分别达到 0.163 mm/月 和 0.359 mm/月，也高于洪水期高潮位和低潮位上升速率 0.127 mm/月 和 0.212 mm/月。枯水期无论是高、低潮位平均值或是上升速率均较大，且均高于洪水期，表明磨刀门未来盐水入侵现象更为明显，尤其是枯水期咸潮上溯影响范围和程度将进一步加重。

表 6.47　洪水期、枯水期月高、低潮位序列特征值

序列	时期	均值/cm	变差系数 C_v	偏态系数 C_s	上升速率/(mm/月)
月高潮位	洪水期	37.3	0.24	0.56	0.127
	枯水期	40.2	0.31	0.59	0.163
月低潮位	洪水期	-72.6	-0.12	0.48	0.212
	枯水期	-68.8	-0.18	0.40	0.359

2. 不同径潮组合方案设置

由于枯水期咸潮上溯影响最大，对上游来水，本节重点选取频率 97%、95%、90% 保证率下的流量，前面对马口站和三水站月均流量的趋势分析表明马口站和三水

站流量在 1960～2009 年整体趋势变化不明显，但是大量研究已经表明（陈晓红和陈泽宏，2000；柳喜军，2008；姚章民，2009），珠江三角洲地区河网水文特征在 1992 年左右发生了变异，马口站和三水站的分流比也在 1993 年发生了显著变化，表明三水站及马口站流量序列在 1993～2009 年有较好的一致性，故对上游三水站及马口站 1993～2009 年逐日流量资料进行频率分析，得到两站点三种保证率下的流量值见表 6.48。

表 6.48　不同保证率三水站、马口站流量值

频率/%	流量/（m³/s）	
	三水站	马口站
97	108.67	1127.3
95	131.09	1209.46
90	200.59	1451.78

通过三灶站高低潮位的趋势分析，枯水期高潮位和低潮位上升速率分别达到 0.163 mm/月和 0.359 mm/月，即 3.9 mm/a 和 8.6 mm/a，以 2005 年为基准年，按此增长幅度，预计 50 年后，三灶高潮位和低潮位分别增长 195.6 mm 和 430.8 mm，100 年后，三灶高潮位和低潮位分别增长 391.2 mm 和 861.6 mm。

本次模拟将高潮位（低潮位）上升 195.6 mm（430.8 mm）和 391.2 mm（861.6 mm），上游来水频率 97%、95%、90% 作为边界径潮组合，共有 6 个组合，详见表 6.49。

表 6.49　不同径潮组合表

下游潮位/mm	上游流量/（m³/s）	组合编号
+195.6（430.8）	97%	D
	95%	E
	90%	F
+391.2（861.6）	97%	G
	95%	H
	90%	I

注：括号内数值表示低潮位相应的增加尺度

3. 上溯距离预测结果

将表 6.49 中 6 组径潮数据作为一维耦合模型的边界条件，将耦合模型计算所得百顷头水位及相应下游潮位作为磨刀门三维水动力盐度耦合模型的边界，模拟不同水文条件下的盐度分布，模拟时长为 17d。为分析盐度变化对磨刀门区域供水的影响，每日盐度上溯最远距离可以作为一个重要指标。因此，统计出 6 组 1‰、3‰、5‰ 盐度线的表、底层每日上溯最远距离（相对拦门沙），详见图 6.119。

表 6.50 统计了上述水文条件下各盐度线上溯距离。在上游来水频率为 97% 时，若高潮位上升 195.6 mm，1‰ 盐度线表、底层日上溯最远距离分别上移了 14166 m、12629 m；3‰ 盐度线表、底层日上溯最远距离分别上移了 5186 m、7805 m；5‰ 盐度线表、底层日上溯最远距离分别上移了 6006 m、3933 m。若高潮位上升 391.2 mm，1‰

盐度线表、底层日上溯最远距离分别上移了 16882 m、14449 m；3‰盐度线表、底层日上溯最远距离分别上移了 5284 m、8596 m；5‰盐度线表、底层日上溯最远距离分别上移了 6153 m、4698 m。

在上游来水频率为 95% 时，若高潮位上升 195.6 mm，1‰盐度线表、底层日上溯最远距离分别上移了 22488 m、23252 m；3‰盐度线表、底层日上溯最远距离分别上移了 9852 m、14677 m；5‰盐度线表、底层日上溯最远距离分别上移了 10847 m、7070 m。若高潮位上升 391.2 mm，1‰盐度线表、底层日上溯最远距离分别上移了 25504 m、24893 m；3‰盐度线表、底层日上溯最远距离分别上移了 10201 m、15424 m；5‰盐度线表、底层日上溯最远距离分别上移了 11685 m、7622 m。

在上游来水频率为 90% 时，若高潮位上升 195.6 mm，1‰盐度线表、底层日上溯最远距离分别上移了 24937 m、23603 m；3‰盐度线表、底层日上溯最远距离分别上移了 7141 m、14460 m；5‰盐度线表、底层日上溯最远距离分别上移了 12771 m、5547 m。若高潮位上升 391.2 mm，1‰盐度线表、底层日上溯最远距离分别上移了 25894 m、24671 m；3‰盐度线表、底层日上溯最远距离分别上移了 7073 m、15421 m；5‰盐度线表、底层日上溯最远距离分别上移了 12370 m、6417 m。

表 6.50　盐度上溯最远距离统计

来水频率/%	高潮位变化值/mm	上溯距离/m					
		5‰底层		3‰底层		1‰底层	
		绝对值	相对值	绝对值	相对值	绝对值	相对值
97	0	27819	0	25404	0	23294	0
	195.6	31752	3933	33209	7805	35923	12629
	391.2	32517	4698	34000	8596	37743	14449
95	0	24261	0	18043	0	11552	0
	195.6	31331	7070	32720	14677	34804	23252
	391.2	31883	7622	33467	15424	36445	24893
90	0	22482	0	14363	0	5681	0
	195.6	28029	5547	28822	14460	29284	23603
	391.2	28899	6417	29783	15421	30352	24671
97	0	17536	0	22925	0	18248	0
	195.6	23542	6006	28111	5186	32414	14166
	391.2	23689	6153	28209	5284	35130	16882
95	0	11392	0	17691	0	6823	0
	195.6	22239	10847	27543	9852	29311	22488
	391.2	23077	11685	27892	10201	32327	25504
90	0	8320	0	15074	0	1111	0
	195.6	21091	12771	22215	7141	26047	24937
	391.2	20690	12370	22147	7073	27004	25894

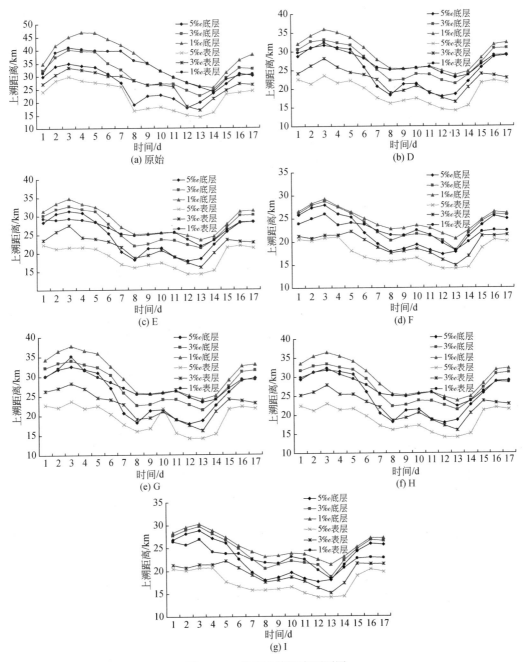

图 6.119　盐度上溯距离预测图

通过上述相关分析，可以进一步说明上游来水及外海潮汐对不同盐度线，以及表、底层影响的差异而导致的上溯距离变化的不同步性。另外可以发现：在上游来水频率一定时，海平面的上升对盐度的上溯是有明显促进作用的，而且对表层的促进影响要大于底层。在海平面上升幅度一定时，上游来水对盐度上溯有明显的抑制作用，而这正是珠江水利委员会多次实施调水压咸补淡的基础理论依据。

据相关统计研究（孔兰等，2010）表明，咸潮上溯界线每上移 1000 m，西北江三角洲地区城乡供水受到影响的人口将会增加 20 万，这对珠江三角洲的经济发展将产生巨大影响。另外，生活、工业、农业用水的极限盐度不同（生活＜工业＜农业），可以根据上游来水及海平面上升对盐度上溯的影响，建立流量–盐度上溯距离、潮位–盐度上溯距离的响应关系，从而准确地预测各盐度线上溯的距离，进而推算出受影响的人口及相关产业。通过适时合理的调整供水构和政策，将受咸潮入侵的影响降到最低。

6.4　小　　结

本章选取珠江三角洲地区的磨刀门水道为研究区，应用水槽物理模型、网河区 1D-3D 水动力盐度耦合模型、基于遗传算法的小波神经网络的盐度预测模型和 TFPW-MK 趋势分析等研究方法，系统探讨海陆相多要素对盐水入侵的驱动效应以及盐水入侵的规律，并预测分析未来盐水入侵对珠江三角洲的影响。得到以下结论：

（1）构建概化水槽物理模型对盐水入侵进行物理模拟，研究咸潮在变化潮汐、径流、水深、盐度影响下的上溯过程，实验结果表明：同一水深条件下，不同盐度的盐水楔前进时的密度弗劳德数相等；在同一盐度下，盐水楔在不同水深中前进时的密度弗劳德数并不一致，但与水体的宽深比有良好的线性关系；潮差对咸潮上溯强度的增减主要体现在其是否破坏盐水楔的形态，若破坏其盐水楔形态，上溯强度将迅速降低；径流对咸潮的抑制效果随着流量的增大而增大。水深的加大则能够有效增加盐水上溯的通道，并使得上游径流的抑咸效果减弱，上溯效果增强；初始盐度场的增大能够明显增大咸潮的上溯强度。

（2）构建网河区 1D-3D 水动力盐度耦合模型对盐水入侵进行数值模拟，研究潮汐、径流与地形变化对咸潮上溯的影响，结果表明：潮汐动力和径流分别通过影响重力环流输运作用和向海的平流输运作用影响盐通量，且潮差和径流均与盐通量存在正相关关系；具体表现为越靠近下游的站点，潮差和盐通量的相关性越好；越靠近上游的站点，径流和盐通量的相关性越好。磨刀门水道地形由宽浅型不断向着窄深型演变，造成若在同一径潮组合下，外海潮流在向上游推进过程中，阻力减小、流速加快，特征潮位升高，带动外海高盐水团的大量涌入，如当海平面上升 30 cm 时，在 1900 年地形下的咸潮平均上溯距离增加约 3.6 km，而在 2005 年地形下则增加约 6.3 km。

（3）基于盐度与径流、潮差序列的时延相关性以及盐度序列自身相关性建立的盐度短期预报模型经动态反馈校正后，效果系数达到 0.950，一致性指标达到 0.986，且在盐度的峰值预测上效果更好，较精确地模拟预测磨刀门水道盐度变化和趋势；进一步依据枯水期高潮位、低潮位上升速率（3.9 mm/a、8.6 mm/a），以及频率 97%、95%、90% 保证率的上游径流，预测了 1‰、3‰、5‰盐度线的表、底层每日上溯最远距离（相对拦门沙）。以上游来水频率 97% 为例，2055 年 1‰盐度线表、底层日上溯最远距离分别上移了 14166 m、12629 m；3‰盐度线表、底层日上溯最远距离分别上移了 5186 m、7805 m；5‰盐度线表、底层日上溯最远距离分别上移了 6006 m、3933 m。

第7章　珠江三角洲网河区水资源脆弱性评价

近年来，随着城市化规模扩展迅速，珠江三角洲已成为我国经济发达、工业化水平和人口密度最大的区域之一。位于河流与海洋双重系统交互面的三角洲地区，面临极端气候事件、海平面上升、咸潮入侵等胁迫因素较多，水资源系统面临着更大挑战。水资源系统的结构是否合理，状态是否健康关系到人民的生命财产安全、经济的发展速度、生态环境的持续发展等重大问题。在变化环境下正确、合理地评价水资源系统的脆弱性，探究推动珠江三角洲地区水资源系统脆弱性演变的主导因素，为积极改善水资源系统结构、提高变化环境的应对能力提供理论依据及指导意义，对促进和加快珠江三角洲地区水利现代化建设乃至社会现代化建设起到推动作用。本章主要从以下两方面开展研究：

（1）基于变化环境下的水资源系统脆弱性的概念、形式和内涵，根据系统脆弱性的构成要素，采用 VSD（vulnerability scoping diagram）评估框架模型，将珠江三角洲水资源脆弱性按"暴露度–敏感性–适应能力"三个维度进行分解，构建珠江三角洲水资源脆弱性评价指标体系，并建立脆弱性评价标准。

（2）运用组合赋权法对选出的指标赋权重，对珠江三角洲地区现状脆弱性和脆弱性演化进行评价，分析珠江三角洲范围内脆弱性的分布情况以及时间尺度上脆弱性的演化规律，最后根据多元线性逐步回归法提取驱动因子，探讨推动水资源系统脆弱性演化的主要原因。

7.1　变化环境下的水资源系统脆弱性理论

7.1.1　水资源脆弱性概念

在气候变化领域里，官方明确提出脆弱性概念的是2001年政府间气候变化委员会（IPCC）第三次评估报告（IPCC，2001），认为脆弱性是系统容易遭受气候变化破坏的程度或范围，取决于系统对气候变化的敏感性和适应性。该概念被广泛地接受和应用，但具体结合水资源研究领域，相关专家和学者纷纷提出了自己的看法：刘绿柳（2002）将水资源脆弱性理解为，水资源系统易于遭受人类活动、自然灾害威胁和损失的性质和状态，受损后难于恢复到原来状态和功能的性质；邹军等（2007）认为特定地域天然或人为的地表水资源系统在服务于生态经济系统的生产、生活、生态功能过程中，或者在抵御污染、自然灾害等不良后果出现过程中所表现出来的适用性或敏感性；冯少辉等（2010）在研究云南滇中地区时提出，水资源脆弱性是指在一定社会历史和科学技术发展阶段，某一地区的水资源在服务于社会经济领域和生态环境领域中易于受到人类活动、自然灾害影响和破坏的性质和状态，受损后缺乏恢复到初始状态的能力的性质；夏军等（2015a，2015b）认为脆弱性是指气候变化对水资源系统造成不利影响的程度，它不仅包含陆地水循环相关的水资源系统在自然变化条件下表现出的敏感性，也包括气候变化导致水资源系统脆弱性变化的部分，是水资源系统对所处气候的变化特征、幅度、速率及其敏感性、适应能力的函数。

总之，脆弱性是水资源系统的内在属性，是社会系统面对各类灾害和胁迫表现出来的易损性质，随着脆弱性研究的拓展和相关学科的交融，水资源脆弱性概念已经从日常生活中的一般含义逐渐演变成一个多要素、多维度、跨学科的学术概念体系。本书以变化环境为研究背景，水资源系统为研究对象，结合珠江三角洲水资源的特点，注重脆弱性的分解维度和表现形式，提出了变化环境下珠江三角洲水资源系统脆弱性的概念：珠江三角洲水资源系统脆弱性是指由水资源、自然环境、社会经济组成的"水资源–自然环境–社会经济"耦合的系统，在气候变化和人类活动的双重胁迫下，水资源系统功能降低并且难以恢复原功能的性质，脆弱性的大小主要取决于系统的暴露度、敏感性和适应性。

7.1.2　内　涵

水资源系统脆弱性的定义，具体可以从以下几个方面进行理解：

（1）水资源系统是一个复杂的大系统，包括社会经济子系统、水生态环境子系统及自然环境。三者相互联系、相互制约、相互作用，共同构成水资源系统。自然环境既是社会经济子系统和水生态环境子系统共同存在的空间环境，又是系统物质和能量的输出者。社会经济子系统，是指由人类建立的文明社会系统，是水资源的主要服务对象，它既是水资源的消费者，也是废污水的排放者，是整个水资源系统的核心。水生态环境子系统，是社会经济子系统与自然环境进行水资源交换的桥梁，既是社会经济子系统水资源的直接输入者，也是废污水排放的直接承载者。三者的关系如图7.1所示。

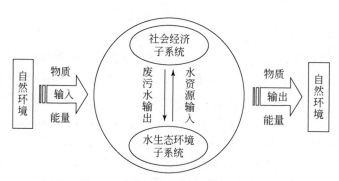

图7.1　水资源系统构成要素关系图

（2）脆弱性是水资源系统的内在属性。脆弱性不是在任何时候都能表现出来，它必须通过外界的胁迫、干扰等自然或人为活动激发产生。导致系统脆弱的根本原因是系统的内部结构，直接原因是外部胁迫。当系统与胁迫相互作用时，系统结构的完善与否对脆弱性会起到放大或缩小的作用。换言之，系统脆弱性的改变是通过改变系统结构而达到的，并通过系统功能的降低体现出来。

7.1.3　变化环境下的内涵

基于对水资源系统结构的理解，可将变化环境影响关系归纳为网络模型图，如图7.2所示，变化环境包括气候变化和人类活动两类，形成对社会经济子系统的"双重胁迫"。其中，气候变化属外部胁迫，主要从降水、气温（蒸发）及海平面上升三个方面影响；人类活动属内部胁迫，主要从土地利用（土地覆盖）、人口密度及水体污染三个方面影响，一方面对社会经济子系统产生直接影响，另一方面通过加剧气候变化产生间接影响。

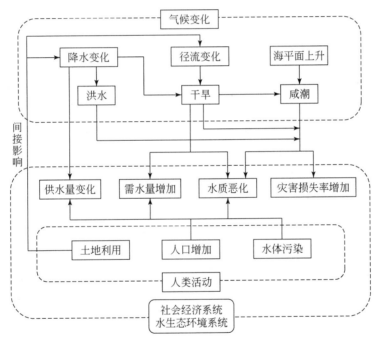

图 7.2　变化环境对水资源系统影响的关系网络模型

在变化环境的背景下，珠江三角洲水资源系统脆弱性的内涵更为丰富，其内涵可延伸为以下几点：

（1）珠江三角洲的经济腾飞导致了珠江三角洲人口迅速增长、经济快速膨胀，水资源脆弱性评价与社会经济发展特点密切相关，因此要考虑社会经济要素。随着珠江三角洲人类社会规模的不断扩张，社会与日俱增的用水需求同有限的水资源的矛盾日益深化；同时，由于城镇化率不断提高，城市化进程加快扩张，人类活动加剧，下垫面发生了巨大变化，植被覆盖率减少，不透水面增加；而且，快速城市化一方面减少了降雨初损量，增加了河道径流，但也增加了城市内涝和流域洪水发生的风险，另外，城市化带来的"热岛效应"使城市平均温度升高,进而增加了蒸发量,导致水资源可利用量减少。因此,指标系统中须考虑人口密度、城镇化率、森林覆盖率、GDP等反映社会经济状况的指标。

(2)变化环境下珠江三角洲地区水文要素变异显著,在水资源脆弱性评价中要突出变化环境下水文过程的变异特征,因此要考虑包含诸多水文要素的水资源系统条件。珠江三角洲地区的水资源量一方面在来水最枯时期有增多的趋势,一定程度上缓解了下游地区的旱情,增强了水资源的安全性;另一方面,在来水最丰时期水量也呈增多趋势,可能诱发洪峰从而加大洪涝灾害的危害程度,从而增加了水资源的脆弱性,自然水循环的变异情势使水资源脆弱性分析更加复杂。因此,指标系统中需考虑降水、高温、暴雨、水资源量、人均水资源量、水资源开发利用率等反映水文水资源系统条件的指标。

(3)高强度的人类活动导致珠江三角洲环境发生剧烈变化,也带来诸多的环境问题,水资源脆弱性评价要反映环境的变化情况,因此要考虑能反映自然环境状况的要素。近年来气候环境问题逐渐成为限制城市发展的主要因素,珠江三角洲地区更不例外,气候变化和人类活动也导致了珠江三角洲水体污染严重,生态系统遭到破坏,河流水质达标率和河流水功能区的达标率均较低,环境问题无疑也成为水资源脆弱性评价的影响因素。因此,指标系统中需考虑废污水排放量、废污水排放达标率、水质达标率、工业用水重复利用率等反映环境状况的指标。

(4)水资源系统功能降低虽然难以恢复,但是针对变化环境下水资源系统的脆弱性问题,仍需提出一系列的应对措施,从而缓解珠江三角洲水资源脆弱性,让珠江三角洲水资源朝着可持续利用的方向发展,珠江三角洲地区作为改革开放的第一梯队,社会经济条件良好,珠江三角洲地区在缓解水资源脆弱性、提高水资源安全性方面投入了大量的人力和物力,不仅修建了大量水利设施,也制定了许多水资源管理政策,因此要考虑珠江三角洲适应能力要素。珠江三角洲适应能力主要体现在工程适应性、人才适应性、社会适应性、经济适应性等多个领域。因此,指标体系中需考虑蓄水工程保证率、千人中卫生人员数、水利人员从业占比、生态环境用水率等反映社会经济和工程技术适应能力的指标。

7.2 珠江三角洲水资源脆弱性评价指标

在对珠江三角洲进行水资源脆弱性研究时,要评价"水资源–自然环境–社会经济"耦合的珠江三角洲地区水资源系统是否脆弱,首要问题是分析珠江三角洲水资源脆弱性的影响因素,其次选用相应的指标构成指标评价体系,从而量化区域水资源脆弱性,这样才能对珠江三角洲水资源脆弱性问题给以科学的评价。因此,构建一个科学且合理的水资源脆弱性评价指标体系,是实现水资源脆弱性定量评价的首要且重要的步骤。

7.2.1 指标选取原则

目前国内外尚无统一、具有代表性、普遍适用的水资源脆弱性评价指标体系。因此，在借鉴国内外水资源脆弱性评价指标的基础上，构建珠江三角洲水资源脆弱性指标评价体系时，应该遵循以下原则。

1) 变化环境原则

针对变化环境下珠江三角洲地区水资源系统脆弱性评价，应突出变化环境的特征，将变化环境纳入指标体系，本书选取极端气候指标表征气候变化，环境污染指标表征人类活动，作为胁迫程度指标；选取用水指标变化指标表征社会经济发展情况，作为敏感性指标。

2) 全面性原则

水资源系统是一个复杂巨系统，选取指标表征其脆弱性如何能不顾此失彼是一个关键，它直接关系到脆弱性评价指标的科学性，因此必须全面考虑导致系统脆弱性的各方面。本章指标体系选取中，一方面充分考虑了气候异常和人类活动引起的环境变化，并结合珠江三角洲地区的实际情况，综合考虑上游来水变化和下游咸潮上溯；另一方面根据胁迫程度、敏感性和适应性 3 个维度进行指标的选取，并对同一表征内容候选多个指标，保障指标体系的全面性。

3) 代表性原则

数量繁多的指标难免给计算和数据收集带来困难，也增大了工作量，所以合理地选取具有代表性的指标是指标构建考虑的重点，应尽可能地构建数量较少、覆盖面较广的指标。本章指标体系框架构建上采用了"目标层–维度层–主题层–指标层"的层次结构进行分析，其中维度层分为胁迫、敏感和适应三个方面，胁迫又分为自然胁迫和人为胁迫两个主题，通过分层分类方法降低系统的复杂程度，进而减小指标重复程度；而后又对表征同一内容的近似指标进行筛选，选取涵盖信息最全又与其他指标相关性最小的指标，保障指标体系的代表性。

4) 定性分析原则

定性分析能对系统脆弱性机制进行直观分析，使得指标体系在逻辑上具有较好的合理性，是指标选取较易理解和常用的分析方法。本章在指标初选阶段，根据脆弱性形成机制进行定性分析，衡量具体哪些指标能从供需关系、水环境质量和水灾害等方面表征胁迫程度、敏感性和适应性，直观上把握指标选取方向。

5) 定量计算原则

为减少单纯通过定性分析得出结果的主观性，增强指标选取的数据支持，应采用定量计算做判断，使结果更为客观。本章首先采用聚类分析的方法对候选指标进行分类，然后对同类指标进行非参数检验，删除相关性较小的指标，选取代表性强的指标，使最终指标体系更为科学合理。

6）可操作性原则

指标选取是为后期统计计算服务的，因此指标选取时应考虑可操作性，应尽量选取容易收集或易于计算的指标。本章选取的指标基本为《水资源公报》《广东社会统计年鉴》《广东年鉴》等较易获得的数据，对于诸如咸潮上溯距离、浓度等数据较难收集的指标，尽量选取替代指标增强可操作性。

7.2.2　指标体系设计方法

1. 理论框架与模型

目前建立水资源脆弱性指标评价体系的方法众多，尚无统一的指标体系来评价水资源脆弱性，但尽管理论框架众多，仍较缺乏突出变化环境下水资源特点的指标评价体系，也较少有学者把社会经济变化、人类活动影响、自然环境演变与水资源系统耦合在一起来建立水资源脆弱性评价指标体系，而且，目前的水资源脆弱性指标评价体系仍较多停留在脆弱性的成因层面，而针对脆弱性的适应能力指标分析较少，但随着社会经济的发展，适应能力已越发成为水资源脆弱性评价的重要维度。

珠江三角洲是一个特定地域范围的复杂耦合系统，也是一个随自然环境演变和社会经济发展而变化的动态系统，因此，所设计的指标评价体系必须能够反映珠江三角洲地区供需情况、经济发展情况、适应能力等，全方位体现珠江三角洲脆弱性的水资源脆弱性影响因素。因此，构建珠江三角洲水资源脆弱性评价指标体系，应该充分探讨珠江三角洲水资源脆弱性在变化环境下的概念和内涵，结合可持续发展理论和人地关系理论的指导思想（田亚平等，2013），充分借鉴国内外已有成果，建立能全面反映珠江三角洲水资源自然环境、人类活动影响及其相互关系的评价指标体系。

Polsky 等（2007）最早提出了 VSD（vulnerability scoping diagram）模型，VSD 模型将系统脆弱性明确定义为"暴露度–敏感性–适应能力"三个维度，各个维度均具有不同内涵和针对性，采用"目标层–准则层–因素层–指标层–参数层"逐级递进、依次细化的方式组织数据，这一模型不仅能够反映变化环境下水资源脆弱性的暴露程度和敏感程度，还体现了"水资源–自然环境–社会经济"耦合系统的适应能力。目前，该理论框架已较为成熟，伴有规范化评价的 8 个步骤（陈佳等，2016），对脆弱性评价的解构符合整合分析趋势，可以系统地指导研究人员构建指标评价体系。目前众多研究案例已采用该评价框架对系统脆弱性进行研究，并在不同领域取得成效。在变化环境这一背景下，学者也普遍认为暴露度（exposure）、敏感性（sensitivity）和适应能力（adaptive capacity）是构成系统脆弱性的核心要素，系统脆弱性是在这三个要素相互作用、相互联系下逐渐形成的（李平星和陈诚，2014）。因此，本书采用 VSD 模型，将社会经济系统、自然环境系统与水资源系统联系起来，从"暴露度–敏感性–适应能力"三个维度构建珠江三角洲水资源脆弱性指标体系。

2. 基于 VSD 模型的脆弱性成因分析

根据上节确定的 VSD 模型,对珠江三角洲水资源脆弱性影响因素进行定性分析如下。

1) 暴露度指标

暴露度(exposure)指系统经历气候环境及社会的压力或冲击的程度,主要考虑灾害的空间集聚性及区域对灾害威胁的暴露性(田亚平等,2013)。暴露度越高,水资源系统受到灾害风险胁迫的程度越大,系统脆弱性往往越高。对于珠江三角洲地区水资源系统而言,可以通过社会经济子系统和资源环境子系统表征。

(1) 社会经济系统。

1985~2015 年,珠江三角洲人口数量迅猛增长,经济社会迅速发展,直接导致社会经济系统水资源需求量的强烈增长,1985~2015 年珠江三角洲的总用水量增加了约50%,水资源供需矛盾日益突出;快速城市化导致珠江三角洲不透水面积不断增加,间接改变下垫面的结构和性质,增加了城市内涝和流域洪水发生的风险;大量的生活工业废污水、废弃物排入水体,直接影响水体水质,出现水质型缺水。由此可见,人口密度大、水资源的需求量大、水资源的供需矛盾尖锐、水资源空间分布不均、不透水地面增加等,这些正是珠江三角洲水资源脆弱性的主要胁迫因素。因此,可以通过人口密度、房屋建筑施工面积、单位面积废污水排放量、用水模数等指标反映社会经济系统对水资源系统暴露度的影响。

(2) 资源环境系统。

总体而言,珠江三角洲地区位于南方湿润地区,水资源总量十分丰富,然而,珠江三角洲地区的不同地级市之间,地表径流量差异较大,如肇庆市的本地水资源量高达 125.54 亿 m³,而深圳市必须靠外调水量才能维持城市的正常运作,因此,在评价地级市水资源脆弱性时,必须考虑水资源系统条件对各地级市水资源系统暴露度的影响。同时,珠江三角洲的极端环境突出,主要包括强降水、高温以及风暴潮、咸潮灾害,珠江三角洲近 30 年发生过多次洪涝灾害、台风灾害,在同等强度暴雨洪水下,若单位面积人口数越多、耕地百分比越大、GDP 越高、社会经济越发达,洪涝灾害越严重。尤其是珠江三角洲地区作为经济发展中心区,其经济的辐射范围十分广泛,损失程度又被无形扩大。因此,在进行水资源评价时,可以通过降水量、气温、咸潮等典型的气候胁迫因子对水资源系统暴露度的影响。

2) 敏感性指标

敏感性(sensitivity)是指暴露单元容易受到胁迫的正面或负面影响的程度,通过社会经济子系统和水生态子系统在受到胁迫时所处的状态或产生的变化来表征(李平星和陈诚,2014)。敏感性越高,系统受到灾害风险胁迫时表现得越敏感,系统脆弱性往往越高。对于珠江三角洲地区水资源系统而言,可以通过社会经济发展情况和资源环境变化情况表征。

（1）社会经济发展。

社会经济发展与水资源系统是一个相互影响、相互作用的耦合系统，人口的增长、经济的发展必将对水资源系统带来压力，水资源敏感性的突出表现主要为地区经济发展水平与水资源系统条件的不匹配，社会经济发展越快，外界扰动越大，水资源系统压力越大，系统敏感性越强，因此，在评价水资源系统脆弱性时，可以通过社会经济指标的变化从侧面反映出水资源系统可能受到的影响及产生的变化，因此可以通过人口自然增长率、GDP 增长率等社会经济发展变化的指标表征社会经济发展状况对水资源系统造成的影响。

（2）资源环境变化。

自然环境的变化直接体现水资源系统对气候变化和人类活动的敏感性，在构建指标评价体系时，是不可或缺的指标，因此，可以通过水资源的变化量，如年降水量变化量、本地水资源量变化量、水资源开发利用率等指标表征资源环境的敏感性。

3）适应能力指标

适应能力（adaptive capacity）是系统能够处理、适应胁迫及从胁迫造成的后果中恢复的能力（李平星和陈诚，2014）。适应能力是一种可改变和可调节的潜在的状态参数，通过人为干预或管理进行提升，主要涉及政策、社会经济、科学技术、教育医疗等层面的内容。面对同等干扰，适应能力越强，系统恢复到平衡状态的可能性越大，受损程度越低，脆弱性越小。对于珠江三角洲地区水资源系统而言，可以通过社会经济水平和工程技术水平表征。

（1）社会经济水平。

在水资源系统中，为提高系统应对外界胁迫的适应性，常通过建设供水工程、节水工程、污水处理工程等水利工程来实现，但不论是工程硬件设施还是管理软件设施均需要一定的经济支持，因此，可以用人均 GDP、失业率、城镇化率等表征经济系统对水资源系统的适应能力；在应对珠江三角洲地区台风洪涝、水质型缺水、水资源浪费、供需矛盾等水资源问题时，必须考虑包含教育、医疗水平等在内的社会适应能力，人类社会是否能够调动充分的社会资源应对水资源问题，是缓解水资源脆弱性的关键，因此，可以用教师数、学生数反映地级市教育水平，用床位数、卫生工作人员数反映医疗水平等社会经济发展水平，从而表征社会系统对水资源系统的适应能力；水利系统的发展主要看水利人才队伍的建设，唯有人才能创造、应用并推广新科技，才能完善水政管理体制，提高管理效率，进而增强系统的适应能力，因此，还可以用水利投资占比、水利人才规模表征水利系统对水资源系统的适应能力。

（2）工程技术水平。

在社会经济子系统中，供水和防灾在工程建设上往往具有一致性，常通过建设蓄水工程实现非洪水期供水和防灾减灾，达到降低自身脆弱性的目的。在用水方面，随着人口增长、经济社会的发展，需水量呈不断上升的趋势，若漫无止境地向河道取水，水资源终究会有不堪重负的一天，为了使水资源永续利用、社会可持续发展，推广节水技术不失为一个有效的办法，通过减少污水排放降低对水环境的污染。在水环境方面，水体对污染物有自我降解的能力，若污染物排放速度超过水体自净速度，自净能力就会下降引起水质恶化，因此可通过建设污水处理厂及其配套设施，使废污水达标排放，减少污染物直接进入河道，可见提升工程技术水平都能有效提高水资源系统的适应性。

7.2.3 基于 VSD 模型的珠江三角洲水资源脆弱性评价指标

结合 7.2.2 节所述，通过对 VSD 模型的三个维度进行定性分析，珠江三角洲水资源脆弱性的影响指标多达数百个，若考虑所有相关的指标，研究体系会过于庞大，无法开展综合评价研究。因此，本书参考国内外研究成果，遵循 7.2.1 节指标选取原则，按照 7.2.2 节水资源脆弱性指标体系建立的思路和原则，结合变化环境下珠江三角洲水资源脆弱性的内涵及特点，列出候选指标，参考专家经验和意见对常用指标进行初步筛选，在筛选指标时，应该优先分析各子系统中较普遍使用的具有代表性的指标；其次根据现有的统计、实测资料筛选出定量指标，最后筛选所得的指标应能从不同角度、不同层面客观地反映珠江三角洲地区的水资源状况。

综上所述，本书基于 VSD 模型对珠江三角洲水资源系统脆弱性进行评价，通过暴露度、敏感性、适应能力三个维度的指标揭示变化环境下水资源系统脆弱性内涵及特点，并以此作为指标体系的准则层，分别考虑每个维度下的水资源脆弱性影响因素，在各维度层中分别遴选出 9～16 个指标，最终构建了反映珠江三角洲水资源脆弱性的递阶层次的指标评价体系，见表 7.1，形成共 39 个指标的水资源脆弱性评价指标集。

研究的基础数据主要来源于广东省水利厅提供的《广东省水资源公报》、广东省环境保护厅提供的《广东省环境状况公报》、国家统计局及广东省统计局提供的《广东省统计年鉴》《中国城市年鉴》，气象数据来源于中国气象数据网（http：//data.cma.cn/site/index.html），主要包括日降水量、日最高气温、日最低气温，部分缺测的指标数据采用趋势外推法进行确定，其余不可直接获取的数据，则根据其内涵，由已有数据进行计算获取。现对每个指标的计算方法按照准则层进行分述，具体如下。

1）暴露度

水资源系统暴露度准则层包含社会经济和资源环境 2 个因素层，共 9 项指标。

（1）社会经济系统。社会经济系统因素层由 6 项指标组成：①人口密度，是表征各地人口密集程度的指标，是指单位面积土地上所居住的人口数，该指标计算公式为常住人口/土地面积。②房屋建筑施工面积占比，是表征各地土地利用变化的指标，是指年内施工的全部房屋建筑面积占土地面积的比例，该指标计算公式为年内房屋建筑施工面积/土地面积。③建成区绿化覆盖率，是表征各地土地利用变化的指标，指在城市建成区的绿化覆盖率面积占建成区的百分比，指标数据可通过《广东统计年鉴》直接获取。④粮食亩产，粮食作物是水密集型农产品，该指标计算公式为粮食产量/粮食播种面积。⑤单位面积废污水排放量，是表征各地废污水排放密集程度的指标，该指标计算公式为废污水排放量/土地面积。⑥用水模数，是指各地单位面积土地上用掉的水资源量，该指标计算公式为总用水量/土地面积。

表 7.1 珠江三角洲水资源脆弱性指标评价体系

目标层 A	准则层 B	因素层	指标层 C	指标单位	指标代码	指标性质
珠江三角洲水资源脆弱性评价（A）	暴露度（B1）	社会经济系统	人口密度	人/km²	C1	+
			房屋建筑施工面积占比	%	C2	+
			建成区绿化覆盖率	%	C3	−
			粮食亩产	t/hm²	C4	−
			单位面积废污水排放量	万 t/km²	C5	+
			用水模数	万 m³/km²	C6	+
		资源环境系统	水资源模数	万 m³/km²	C7	−
			降水量	mm	C8	−
			年特大暴雨天数	d	C9	+
	敏感性（B2）	社会经济发展	GDP 增长率	%	C10	−
			人均 GDP 增长率	%	C11	−
			万元 GDP 废污水排放量	万 t/万元	C12	+
			万元 GDP 用水量	m³/万元	C13	+
			万元工业增加值用水量	m³/万元	C14	+
			产业供水基尼系数	—	C15	+
			人口自然增长率	%	C16	+
			人均水资源占有量	m³/人	C17	−
			人均耕地面积	亩/人	C18	−
			人均居民生活用水量	m³/人	C19	+
		资源环境变化	年降水量变化量	亿 m³	C20	−
			本地水资源量变化量	亿 m³	C21	−
			水资源开发利用率	%	C22	+
			耕地面积变化量	10³ hm²	C23	−
	适应能力（B3）	社会经济水平	失业率	%	C24	+
			城镇化率	%	C25	−
			人均 GDP	元	C26	−
			经济密度	元/km²	C27	−
			职工平均工资	元	C28	−
			千人中卫生机构床位数	张/千人	C29	−
			千人中卫生机构人员数	人/千人	C30	−
			千人中专任教师数	人/千人	C31	−
			千人中在校生数	人/千人	C32	−
			环保人员占从业人员比重	%	C33	−
			环境治理投资占 GDP 比重	%	C34	−
		工程技术水平	生态环境用水率	%	C35	−
			工业用水重复利用率	%	C36	−
			工业废水排放达标率	%	C37	−
			蓄水工程保证率	%	C38	−
			灌溉渠系水利用系数	%	C39	−

注：指标性质为"+"，表示该指标数值越高，脆弱性越高，为正向驱动作用；指标性质为"−"，表示该项指标数值越低，脆弱性越高，为负向驱动指标。指标性质的确定主要依据生态、环境、经济、社会等领域的已有研究成果进行确定

（2）资源环境系统。资源环境系统因素层由 3 项指标组成：①水资源模数，是指各地单位面积水资源的数量，该指标计算公式为本地水资源量/土地面积。②降水量，表征一个水资源状况，反映地区降水的多寡，指标数据可直接用《广东省水资源公报》查出。③年特大暴雨天数，是表征各地极端气象灾害的指标，特大暴雨指每日超过 250 mm 的降雨，指标数据可通过中国国家气象局提供的数据统计得出。

2）敏感性

水资源系统敏感性准则层包含社会经济和资源环境 2 个因素层，共 14 项指标。

（1）社会经济发展。社会经济发展因素层由 10 项指标组成：①GDP 增长率，是衡量地区经济发展速度的重要指标，该指标计算公式为（当年的 GDP-上一年的 GDP）/上一年的 GDP×100%。②人均 GDP 增长率，是衡量地区经济发展速度的重要指标，该指标计算公式为（当年的人均 GDP-上一年的人均 GDP）/上一年的人均 GDP×100%。③万元 GDP 废污水排放量，是反映地区内经济发展所排放的废污水量的重要指标，该指标计算公式为废污水排放量/国民总收入。④万元 GDP 用水量，是反映地区内经济发展所需水资源量的重要指标，该指标计算公式为总用水量/国民总收入。⑤万元工业增加值用水量，是反映地区内工业增加值所需水资源量的重要指标，该指标计算公式为工业用水量/工业增加值。⑥产业供水基尼系数，是反映各产业供水公平性的重要指标，主要考察各产业供需水比值的关系，其值越小，表明各产业供水公平性越好，采用三角形面积法进行计算。⑦人口自然增长率，是反映人口发展速度和制定人口计划的重要指标，表明人口自然增长的程度和趋势，该指标计算公式为（年内出生人数-年内死亡人数）/年平均人口数×1000‰。⑧人均水资源占有量，表征人类对区域内水资源的拥有量，反映水资源相对人类的资源禀赋，该指标计算公式为本地水资源量/常住人口。⑨人均耕地面积，反映国家或区域社会发展水平的重要指标，该指标计算公式为总耕地面积/常住人口。⑩人均居民生活用水量，表征人类生活用水对水资源的压力影响，该指标计算公式为居民生活用水量/常住人口。

（2）资源环境变化。资源环境变化因素层由 4 项指标组成：①年降水量变化量，是衡量一个地区降水多少的数据，是反映该地区水资源状况的其中一项指标，该指标计算公式为年降水量-多年平均年降水量。②本地水资源量变化量，是一个地区当年内所有地表水和地下水的总量，是衡量一个地区水资源情况的一个指标，该指标计算公式为本地水资源量-多年平均本地水资源量。③水资源开发利用率，是指流域或区域用水量占水资源总量的比率，体现的是水资源开发利用的程度，该指标计算公式为用水总量/水资源总量。④耕地面积变化量，反映地区土地利用变化的情况，该指标可通过《广东省统计年鉴》直接获取。

3）适应能力

水资源系统适应能力准则层包含社会经济和工程技术 2 个因素层，共 16 项指标。

（1）社会经济水平。社会经济水平因素层由 11 项指标组成：①失业率，指失业人口占劳动人口的比率，旨在衡量闲置中的劳动产能，是反映一个国家或地区失业状况的主要指标，该指标计算公式为失业人口/劳动人口。②城镇化率，是一个国家或地区经济发展的重要标志，也是衡量一个国家或地区社会组织程度和管理水平的重要标志，该指标计算公式为城镇人口/常住人口。③人均 GDP，是发展经济学中丈量经济发展情况的指标，也是一项重要的宏观经济指标，能够较为准确的衡量地区人民的生活水平，该指标计算公式为 GDP 总量/常住人口。④经济密度，反映一个地区单位面积国民生产总值，该指标计算公式为国民生产总值/土地面积。⑤职工平均工资，表明一定时期职工工资收入的高低程度，是反映职工工资水平的主要指标，该指标计算公式为报告期实际支付的全部职工工资总额/报告期全部职工平均人数。⑥千人中卫生机构床位数，反映地区社会保障水平，该指标计算公式为卫生机构床位数/常住人口。⑦千人中卫生机构人员数，反映社会保障水平，该指标计算公式为卫生机构人员数/常住人口。⑧千人中专任教师数，表明地区教育水平，该指标计算公式为专任教师数/常住人口。⑨千人中在校生数，表明地区文化水平，该指标计算公式为在校生数/常住人口。⑩环保人员占从业人员比重，是反映地区环保人员投入规模的指标，环保建设的发展主要看人才队伍的建设，唯有人才能创造、应用并推广新科技，能完善环保管理体制，提高管理效率，进而增强系统的适应能力，该指标计算公式为环保人员数/人口总数×100%。⑪环境治理投资占 GDP 比重，是反映区域环境建设情况的重要指标，一般该比值越大环境建设越好，该指标计算公式为环境治理投资额/国民生产总值。

（2）工程技术水平。工程技术水平因素层由 5 项指标组成：①生态环境用水率，是反映区域水生态系统状况的重要指标，该指标的计算方式为生态用水量/总用水量×100%。②工业用水重复利用率，是工业用水中重复利用的水量与总用水量的比值，反映工业用水效率的重要指标，该指标的计算公式为工业水重复利用量/工业用水量×100%。③工业废水排放达标率，是反映地区水环境管理状况和工业废水达标排放率情况的指标，与工业废水处理率有关，该指标的计算方式为工业废水达标排放量/废污水排放总量×100%。④蓄水工程保证率，反映区域蓄水工程的供水能力和水资源的可调度能力，是该地区对蓄水工程供水依赖程度的体现，该指标的计算方式为蓄水工程供水量/总供水量×100%。⑤灌溉渠系水利用系数，灌溉渠系的净流量和毛流量之比值为渠系水利用系数，它是反应灌区各级渠道的运行状况和管理水平的综合性指标，该指标的计算方式为灌溉渠系净流量/灌溉渠系毛流量。

7.2.4 评价等级与标准

为了对水资源脆弱性的状况进行定量评价，使水资源脆弱性在时空上具有可比性，需要建立水资源脆弱性的评价等级及评价标准。然而，目前国内外关于水资源脆弱程度尚无统一的评价标准，针对珠江三角洲水资源脆弱性的研究更是寥寥无几。因此，本书在建立珠江三角洲水资源脆弱性评价等级及评价标准时，主要遵循以下几个原则：①优先采用我国及国外已有的标准；②结合水资源脆弱性的概念及内涵；③考虑珠江三角洲地区社会发展水平、水资源及环境特点；④参照发达国家的用水水平；⑤参考南方地区水资源脆弱性等级划分的研究成果（邹君，2010；崔东文，2013；潘争伟等，

2016）；⑥咨询专家意见、进行实地考察。

在划分脆弱性评价等级时，首先应确定每个评价指标的分级标准。为不失等级划分的一般性，本书根据研究区脆弱性实际情况和研究的需要，将珠江三角洲水资源脆弱性评价等级划分为 5 个级别，从 I 级到 V 级分别为不脆弱、轻度脆弱、中等脆弱、较强脆弱和强脆弱，各级定义可参考刘绿柳（2002）的研究。具体划分方法如下：首先，考虑 1985～2015 年研究区域内各指标的极大值及极小值，用二者做差求出极差后，将其五等分，此时得到 4 个等分点，相邻的两个点的算数平均值即为水资源脆弱性的临界值，共划分为 5 个等级，具体数值见表 7.2。

表 7.2　各指标等级评价分级标准

指标	指标单位	不脆弱	轻度脆弱	中等脆弱	较强脆弱	强脆弱
人口密度	人/km²	483.57	1526.28	2916.57	4306.85	5349.56
房屋建筑施工面积占比	%	0.20	0.78	1.55	2.33	2.91
建成区绿化覆盖率	%	48.63	40.75	30.23	19.72	11.83
粮食亩产	t/hm²	6.95	5.57	3.73	1.89	0.51
单位面积废污水排放量	万 t/km²	0.0007	0.0021	0.0040	0.0060	0.0074
用水模数	万 m³/km²	16.02	35.33	61.08	86.83	106.15
水资源模数	万 m³/km²	0.01	0.01	0.01	0.01	0.01
降水量	mm	1.49	1.20	0.82	0.44	0.16
年特大暴雨天数	d	4.81	7.25	10.50	13.75	16.19
GDP 增长率	%	33.92	27.68	19.35	11.03	4.78
人均 GDP 增长率	%	25.26	20.21	13.47	6.74	1.68
万元 GDP 废污水排放量	万 t/万元	0.02	0.07	0.13	0.20	0.25
万元 GDP 用水量	m³/万元	594.45	2341.52	4670.95	7000.38	8747.45
万元工业增加值用水量	m³/万元	136.17	521.89	1036.19	1550.49	1936.21
产业供水基尼系数	—	0.35	0.44	0.55	0.67	0.75
人口自然增长率	%	10.56	32.93	62.75	92.58	114.94
人均水资源占有量	m³/人	4559.75	2500.00	1500.00	750.00	331.16
人均耕地面积	亩/人	887.94	710.84	474.72	238.59	61.49
人均居民生活用水量	m³/人	232.29	404.37	633.81	863.26	1035.34
年降水量变化量	亿 m³	381.73	254.49	127.24	31.82	5.1
本地水资源量变化量	亿 m³	39.76	28.40	17.04	5.68	1.2
水资源开发利用率	%	20.21	35.00	45.00	55.00	93.19
耕地面积变化量	10³hm²	7.69	6.17	4.14	2.11	0.59
失业率	%	0.29	0.88	1.65	2.43	3.01
城镇化率	%	94.76	79.03	58.05	37.08	21.35
人均 GDP 元	元	148159.88	118684.50	79384.00	40083.50	10608.13
经济密度	元/km²	8.22	6.57	4.38	2.19	0.55
职工平均工资元	元	72966.07	58616.86	39484.57	20352.29	6003.07
千人中卫生机构床位数	张/千人	56.98	45.67	30.60	15.52	4.21
千人中卫生机构人员数	人/千人	84.22	69.49	49.85	30.21	15.48

续表

指标	指标单位	不脆弱	轻度脆弱	中等脆弱	较强脆弱	强脆弱
千人中专任教师数	人/千人	103.53	83.61	57.06	30.51	10.60
千人中在校生数	人/千人	53.73	43.24	29.25	15.26	4.77
环保人员占从业人员比重	%	0.68	0.63	0.57	0.50	0.45
环境治理投资占 GDP 比重	%	2.42	2.00	1.44	0.88	0.46
生态环境用水率	%	5.21	4.18	2.79	1.41	0.37
工业用水重复利用率	%	84.31	68.87	48.27	27.68	12.23
工业废水排放达标率	%	94.84	85.89	73.95	62.02	53.06
蓄水工程保证率	%	64.18	51.62	34.88	18.13	5.57
灌溉渠系水利用系数	%	0.60	0.54	0.46	0.38	0.32

7.3　珠江三角洲水资源脆弱性现状评价

7.2 节已经构建了珠江三角洲水资源脆弱性的指标评价体系，本节以 2015 年为现状年，采用模糊物元方法对珠江三角洲水资源脆弱性进行现状评价：将指标体系所包含的诸多指标转化为一个能反映整个体系特点的综合指数，以此对区域的水资源脆弱性进行综合评估与分析。

7.3.1　权　重　计　算

1. 赋权方法

评价一个指标对评价整体造成的影响时，需要用权重值来衡量各评价指标的影响大小，指标权重的设计是否合理，直接影响水资源脆弱性评价结果。因此，本书在总结前人研究成果的基础上，采用层次分析法与熵权法相结合的主客观组合赋权的方法进行指标权重计算，二者相互补充，使最终确定的权重同时反映主观信息和客观信息。

本书的准则层 B 采用层次分析法计算权重，理由如下：本书是从暴露度、敏感性及适应能力三个维度设计的指标体系，考虑到珠江三角洲地区作为社会经济发展的第一梯队，在各个时期，影响水资源脆弱性的主导维度均有不同；此外，本书各个准则层下的指标个数相差较大，如暴露度准则层只有 9 个指标，而适应能力准则层有 16 个指标，若直接采取单一方法计算指标权重，将使结果产生较大误差，综上所述，采用层次分析法计算准则层 B 的权重。

本书的指标层 C 采用熵权法计算权重，理由如下：指标层指标众多，不便于比较，熵权法避免了人为主观性影响，而且能够较为客观地反映各指标携带信息量的大小，因此，采用熵权法计算的指标层 C 的权重。

1）层次分析法

层次分析法（AHP）（章文波和陈红艳，2006）的过程如下：首先构造递阶层次结构模型，形成"目标层–准则层–指标层"多等级层次关系；然后根据上一层某因素构造与之有关因素之间的判断矩阵 $Q_k = (q_{ij})$，其中 q_{ij} 表示 X_i 与 X_j 关于某个评价指标的相对重要性程度之比的赋值，k 表示上一层的某评价指标，这些赋值可以由决策者直接提供，多采用 1~9 标度法（Saaty）赋值（表 7.3）；计算层次单排序（各层次各个因素对上一层某因素的相对重要程度）和层次总排序（指标层相对目标层总目标的重要性系数）；对各层次的矩阵 Q_k 进行一致性检验，当平均随机一致性指标 RI（RI 取值见表 7.4）和一致性指标 CI 的比值 CR 满足 $CR = \dfrac{CI}{RI} < 0.10$ 时，则判断矩阵有可接受的不一致性，否则认为判断矩阵的不一致性不能接受；最后确定指标权重 ω_i，对通过一致性检验的矩阵 Q_k 计算出最大特征值满足 $\lambda_{max} = n$，其所对应的唯一一个非负特征向量经过归一化处理后得到各指标的权重向量 $(\omega_1, \omega_2, \cdots, \omega_n)^T$。

其中，一致性指标为

$$CI = \frac{\lambda_{max} - n}{n - 1} \tag{7.1}$$

$$\lambda_{max} = \frac{1}{n} \sum_{i=1}^{n} \frac{\sum_{j=1}^{n} a_{ij} \omega_j}{\omega_i} \tag{7.2}$$

表 7.3　Saaty 标度及其含义

标度	含义
1	表示 X_i 比 X_j 同等重要
3	表示 X_i 比 X_j 稍微重要
5	表示 X_i 比 X_j 明显重要
7	表示 X_i 比 X_j 强烈重要
9	表示 X_i 比 X_j 极端重要
2，4，6，8	介于以上两相邻判断的中间值
倒数	赋值 q_{ij} 存在关系 $q_{ij} = 1/q_{ji}$

表 7.4　评价随机一致性指标 RI 值

n	2	3	4	5	6	7	8	9	10	11	12	13	14	15
RI	0	0.58	0.89	1.12	1.24	1.32	1.42	1.46	1.49	1.52	1.54	1.56	1.58	1.59

2）熵值法

熵值法（章文波和陈红艳，2006）的过程如下：首先将评价对象记为 $A = (a_{ij})_{m \times n}$（$i = 1, 2, \cdots, m; j = 1, 2, \cdots, n$），$a_{ij}$ 表示第 i 个样本第 j 个指标的属性值。对样本数据标准化处理，计算第 j 个指标第 i 个样本所占的比重 q_{ij}；然后计算第 j 个指标的熵值 γ_j；再计算第 j 个指标的差异系数 θ_j；最后计算得到第 j 个指标的权重 ω_j。

其中，对于正向指标，指标数据越大，脆弱度越大，系统越脆弱。其标准化方法为

$$q_{ij} = \frac{x_{ij} - \min x_{ij}}{\max x_{ij} - \min x_{ij}} \tag{7.3}$$

对于反向指标，指标数据越大，脆弱度越小，系统越稳定。其标准化方法为

$$q_{ij} = \frac{\max x_{ij} - x_{ij}}{\max x_{ij} - \min x_{ij}} \tag{7.4}$$

式中，q_{ij} 为标准化数据；x_{ij} 为指标实测值；$\max x_{ij}$ 为指标 x_{ij} 的最大值；$\min x_{ij}$ 为指标 x_{ij} 的最小值。

$$\gamma_j = -k \sum_{i=1}^{m} q_{ij} \ln q_{ij} \quad (j = 1, 2, \cdots, n, k \geqslant 0, \gamma_j \geqslant 0) \tag{7.5}$$

$$\theta_j = 1 - \gamma_j \quad (j = 1, 2, \cdots, n) \tag{7.6}$$

$$\omega_j = \frac{\theta_j}{\sum_{j=1}^{n} \theta_j} \quad (j = 1, 2, \cdots, n) \tag{7.7}$$

2. 准则层 B 权重

本书咨询多名专家意见后得知，珠江三角洲地区从 1985～2015 年，在各个时期水资源系统均呈现出不同的特点。改革开放初期，即 1985～1995 年，珠江三角洲地区刚刚实行改革开放，在该时期，社会建设和经济发展刚刚起步，由于科学技术、社会保障水平较为落后，水利投资占比较少，对于外界灾害胁迫等的抵抗力不足，遇到暴雨洪涝等突发事件，水资源系统应对能力不足，适应能力较差，但总体而言，水资源量较为丰富，环境状况良好，变化环境对水资源系统影响较小，在此时期水资源系统暴露度较小，因此，结合专家咨询意见，此时水资源系统的三个维度层的权重重要性排序为适应能力>敏感性>暴露度；1995～2005 年，是我国的第九个和第十个五年计划期间，该期间，国民经济快速发展，珠江三角洲作为改革开放的排头兵，经济高速增长，这一时期，为了发展，珠江三角洲各地区对资源攫取程度较重，水资源敏感性较为突出，但与此同时，随着水利事业的投入、工程技术的进步，水资源系统适应能力得到逐步提升，因此，结合专家咨询意见，此时水资源系统的三个维度层的指标权重排序为敏感性>适应能力>暴露度；进入 21 世纪后，即 2005 年后，经济社会发展到一定程度，基础设施建设和社会保障体系进一步完善，水资源系统适应能力继续增强，但在此期间，为了发展导致资源环境耗竭较大，生活生产用水量和废污水量不断增加，供需关系进一步紧张，而且，不合理的人类活动使咸潮等灾害事件频发，生态环境逐步恶化，水质达标率低，珠江三角洲水质型缺水问题突出，可知变化环境对水资源系统影响显著，此时水资源系统暴露度较为突出，因此，结合专家咨询意见，此时水资源系统的三个维度指标权重排序为暴露度>敏感性>适应能力。

根据 7.2.3 节珠江三角洲水资源脆弱性指标体系，设定目标层 A 为水资源系统脆弱性，准则层 B1～B3 分别为暴露度、敏感性、适应能力。按照层次分析法的计算方法求解准则层指标权重，不同阶段的目标层 A 与准则层 B 构成的判断矩阵见表 7.5～表 7.7。

表 7.5　1985～1995 年目标层 A 与准则层 B 构成的层次判断矩阵及一致性检验

A	B3	B2	B1	权重 ω_i
B3	1	2	3	0.5396
B2	1/2	1	2	0.2970
B1	1/3	1/2	1	0.1634

注：CI = 0.0046，RI = 0.5823，CR = 0.0079<0.10

表 7.6　1995～2005 年目标层 A 与准则层 B 构成的层次判断矩阵及一致性检验

A	B2	B3	B1	权重 ω_i
B2	1	2	3	0.5396
B3	1/2	1	2	0.2970
B1	1/3	1/2	1	0.1634

注：CI = 0.0046，RI = 0.5823，CR = 0.0079<0.10

表 7.7　2005～2015 年目标层 A 与准则层 B 构成的层次判断矩阵及一致性检验

A	B1	B2	B3	权重 ω_i
B1	1	2	3	0.5396
B2	1/2	1	2	0.2970
B3	1/3	1/2	1	0.1634

注：CI = 0.0046，RI = 0.5823，CR = 0.0079<0.10

3. 指标层 C 权重

由于每一准则层下，均具有多个指标，每个指标是实测值，因此，为了使指标权重具备客观性，指标层权重采用熵权法进行计算。根据熵权法的计算方法及过程，计算出各个维度层下的单指标权重。

（1）暴露度准则层下各项指标熵权 W_1 的计算结果见表 7.8。

表 7.8　暴露度指标熵权

指标	C1	C2	C3	C4	C5	C6	C7	C8	C9
熵权	0.1772	0.1016	0.0733	0.0806	0.1586	0.1286	0.0973	0.1223	0.0605

将暴露度准则层下各指标的熵权绘制成柱状图 7.3，可以看出：

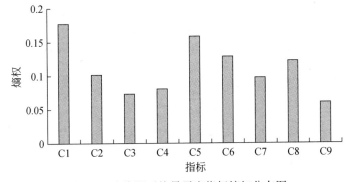

图 7.3　水资源系统暴露度指标熵权分布图

在暴露度准则层中，有 5 项指标的指标权重超过 0.1，分别为人口密度（C1）>单位面积废污水排放量（C5）>用水模数（C6）>单位面积降水量（C8）>房屋建筑施工面积（C2），共占 0.6883 的权重；其余指标权重稍小，均在 0.06~0.10。权重分布既突出了水资源系统暴露的主要影响因素为人口压力、发展压力、土地利用变化压力，其余指标分布也较为集中，这与珠江三角洲地区的实际情况较为相符，结果较为合理可信。

（2）敏感性准则层下各项指标熵权 W_2 的计算结果见表 7.9。

表 7.9　敏感性指标熵权

指标	C10	C11	C12	C13	C14	C15	C16
熵权	0.0364	0.0466	0.0658	0.0900	0.0701	0.0591	0.0769
指标	C17	C18	C19	C20	C21	C22	C23
熵权	0.1385	0.0743	0.0635	0.0628	0.0571	0.1174	0.0414

将敏感性准则层下各指标的熵权绘制成柱状图 7.4，可以看出：

在敏感性维度中，有 2 项指标的指标权重超过 0.1，分别为人均水资源占有量（C17）>水资源开发利用率（C22），共占 0.2559；其他指标分布较为均匀，主要集中在 0.04~0.08。权重分布既突出了水资源系统敏感性的主要影响源自气候变化和人类活动，其余指标分布也较为集中，这与珠江三角洲地区的实际情况较为相符，结果较为合理可信。

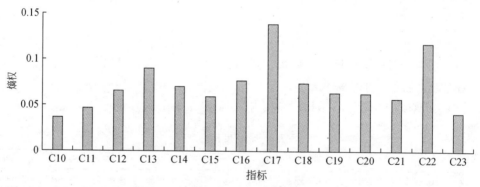

图 7.4　水资源系统敏感性指标熵权分布图

（3）适应能力准则层下各项指标熵权 W_3 的计算结果见表 7.10。

表 7.10　适应能力指标熵权

指标	C24	C25	C26	C27	C28	C29	C30	C31
熵权	0.0867	0.1007	0.0637	0.0355	0.0580	0.0507	0.0570	0.0706
指标	C32	C33	C34	C35	C36	C37	C38	C39
熵权	0.0456	0.0579	0.0475	0.0457	0.0861	0.0744	0.0647	0.0552

将适应能力准则层下各指标的熵权绘制成柱状图 7.5，可以看出：

在适应能力准则层中，只有城镇化率（C25）的指标权重超过 0.1 的指标，为 0.1007；工业用水重复利用率（C36）、失业率（C24）、工业废水排放达标率（C37）紧随其后，分布于 0.07 ~ 0.10；其余的指标权重较小，分布于 0.04 ~ 0.07。权重分布既突出了水资源系统适应能力的主要影响因素为城市化水平、工程技术水平和居民生活水平，其他指标分布也较为均匀，这与珠江三角洲地区的实际情况较为相符，结果较为合理可信。

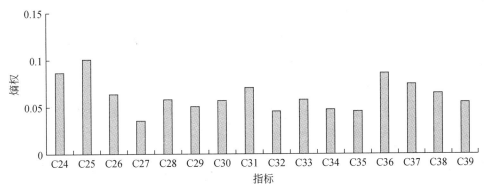

图 7.5 水资源系统适应能力指标熵权分布图

7.3.2 现 状 评 价

1. 脆弱性评价方法

我国的蔡文教授在 20 世纪 80 年代初提出了物元分析理论，采用促进事物转化的思路来解决不相容问题，适用于多因子评价问题。此方法的优点是可以无丢失地综合各种因素的全部信息，并能以定量的数值表示评价结果，从而较完整、客观地反映事物质量的综合水平，目前已被广泛应用于生态环境、水资源承载力、生态系统健康等综合评价研究中。水资源脆弱性评价中，水资源脆弱性的概念具有模糊性，而且涉及的评价指标较多，各指标之间具有多样性，其单项指标评价结果也具有不相容性，而模糊物元模型以解决不相容问题为核心，充分考虑了各影响因素之间的联系，使评价结果更加客观、合理。因此本书采用模糊物元分析法对珠江三角洲水资源脆弱性进行评价。模糊物元方法介绍如下。

1）确定模糊物元和复合模糊物元

假定水资源脆弱性评价对象为 $M_i(i=1,2,3,\cdots)$，反映水资源脆弱性的 n 个指标称为特征 $C_i(i=1,2,3,\cdots)$，特征值 C 的大小用量度值 x 表示，则任何事物均可用三要素——"对象 M、特征 C、量度值 x"表示，并将有序三元组 $R=(M,C,x)$ 称为物元，当量值 C 具有模糊性时，则将其称为模糊物元，记为

$$模糊物元（R）=\begin{bmatrix} & 事物 \\ 特征 & 模糊量值 \end{bmatrix}=\begin{bmatrix} & M \\ C & x \end{bmatrix}$$

通常事物都是复杂的，因此也具有多个特征，当对象 M 有 n 个特征，记为 C_1，C_2，C_3，$\cdots$，C_n，其相应的度量值为 x_1，x_2，x_3，$\cdots$，x_n 时，则可构成复合（模糊）物元，并将 R 称为 n 维模糊物元。如果 m 个对象的 n 维模糊物元组合在一起，便构成 m 个事物的 n 维复合模糊物元 $R_{mn}=(x_{ij})m\times n(i=1,\cdots,m;j=1,\cdots,n)$，记作：

$$模糊物元（R_{mn}）=\begin{bmatrix} & M_1 & M_2 & \cdots & M_m \\ C_1 & x_{11} & x_{21} & \cdots & x_{m1} \\ C_2 & x_{12} & x_{22} & \cdots & x_{m2} \\ \vdots & \vdots & \vdots & \vdots & \vdots \\ C_n & x_{1n} & x_{2n} & \cdots & x_{mn} \end{bmatrix}$$

2）计算从优隶属度模糊物元

从优隶属度是指各单项指标的模糊量度值 x，从属于标准方案下的评价指标所相应的模糊量度值的隶属程度（黄乾等，2007）。对于评价对象而言，有的指标度量值越大越优，而有的指标越小越优，因此，有必要根据指标特性，将评价指标分成正向评价指标（即指标度量值越大，水资源越脆弱），和负向评价指标（即指标度量值越小，水资源越脆弱），采取不同的公式进行计算各指标的从优隶属度，本书遵循隶属度最大原则，采用下式计算指标从优隶属度。

对于正向指标，指标数据越大，脆弱度越大，系统越脆弱。计算公式为

$$\mu_{ij}=\frac{x_{ij}}{\max x_{ij}} \tag{7.8}$$

对于反向指标，指标数据越大，脆弱度越小，系统越稳定。其标准化方法为

$$\mu_{ij}=\frac{\min x_{ij}}{x_{ij}} \tag{7.9}$$

式中，u_{ij} 为指标 x_{ij} 的从优隶属度；x_{ij} 为指标实测值；$\max x_{ij}$ 为指标 x_{ij} 的最大值；$\min x_{ij}$ 为指标 x_{ij} 的最小值。

经计算后所得到的复合模糊物元即为从优隶属度模糊物元：

$$从优隶属度模糊物元=\begin{bmatrix} & M_1 & M_2 & \cdots & M_m \\ C_1 & U_{11} & U_{21} & \cdots & U_{m1} \\ C_2 & U_{12} & U_{22} & \cdots & U_{m2} \\ \vdots & \vdots & \vdots & \vdots & \vdots \\ C_n & U_{1n} & U_{2n} & \cdots & U_{mn} \end{bmatrix}$$

3）计算标准模糊物元

m 个对象的 n 维复合模糊物元 R_{mn} 中，每个评价指标量值的最大值或最小值组成的模糊物元 R_{0n} 称为 R_{mn} 的标准模糊物元，记作：

$$R_{0n} = \begin{bmatrix} & M_0 \\ C_1 & x_{01} \\ C_2 & x_{02} \\ \vdots & \vdots \\ C_n & x_{0n} \end{bmatrix}$$

由于在步骤 2）中，我们已经将指标度量值转换为从优隶属度，消除了指标方向的影响，因此，R_{mn} 中各指标的最大值通常为 1。

4）计算差平方复合模糊物元

标准模糊物元 R_{0n} 中各元素与从优隶属度复合模糊物元 R_{mn} 中各项差的平方，即 $\Delta_{ji} = (x_{0i} - U_{ji})^2$，组成差平方复合模糊物元 R_Δ，即

$$\text{差平方复合模糊物元 } R_\Delta = \begin{bmatrix} & M_1 & M_2 & \cdots & M_m \\ C_1 & \Delta_{11} & \Delta_{21} & \cdots & \Delta_{m1} \\ C_2 & \Delta_{12} & \Delta_{22} & \cdots & \Delta_{m2} \\ \vdots & \vdots & \vdots & \vdots & \vdots \\ C_n & \Delta_{1n} & \Delta_{2n} & \cdots & \Delta_{mn} \end{bmatrix}$$

5）计算指标权重

评价一个指标对评价整体造成的影响时，需要用权重值来衡量各评价指标的影响大小，指标权重的设计是否合理，直接影响水资源脆弱性评价结果。7.3.1 节介绍了本书指标权重的计算方法。

6）计算欧式贴近度复合模糊物元

贴近度一词是指被评价对象与标准对象之间相互贴近的程度，值越大，说明二者越接近，反之，值越小，说明二者越疏远，因此，根据贴进度的大小，可以对评价对象进行优劣排序，也可以根据贴近度的大小进行分类。通常对于多指标、多样本的模糊物元综合评价，会采用模糊算子 $M(\cdot, +)$ 算法计算欧式贴近度 ρH_j：

$$\rho H_j = 1 - \sqrt{\sum_{J=1}^{n} \omega_i \Delta_{ji}} \tag{7.10}$$

式中，ρH_j 为第 n 个评价方案与所建立的标准方案之间的相互接近程度，若 ρH_j 值越大，表明二者两者越接近，反之，则相差越远；ω_i 为指标层第 i 个指标的权重值。则可根据其计算结果，分别构造 3 个准则层的欧式贴近度复合模糊物元：

$$R_{\rho H} = \begin{bmatrix} & M_1 & M_2 & \cdots & M_m \\ \rho H_j & \rho H_1 & \rho H_2 & \cdots & \rho H_m \end{bmatrix}$$

7）计算综合脆弱度

目前，学者普遍认为，系统的脆弱性由暴露度（EI）、敏感性（SI）和适应能力

（AI）三个要素构成，且脆弱性可以表达成三个要素之间的关系式：$V=F(\text{EI},\text{SI},\text{AI})$，其中，$V$ 表示水资源系统脆弱度。因此，本书采用加权平均函数关系式确定珠江三角洲水资源系统的综合脆弱度：

$$V=W_1 \cdot R_{1_{\rho H}}+W_2 \cdot R_{2_{\rho H}}+W_3 \cdot R_{3_{\rho H}} \tag{7.11}$$

式中，V 为水资源系统综合脆弱度；$W_i(i=1,2,3)$ 分别为三个准则层相对于目标层的权重；$R_{i_{\rho H}}(i=1,2,3)$ 分别为三个准则层的欧式贴近度复合模糊物元。V 值越大，水资源系统脆弱程度越高，反之，水资源系统脆弱程度越低。

2. 现状评价结果

1）暴露度评价

采用模糊物元评价方法，结合 7.3.1 节计算出的暴露度维度层下指标权重 $W_j(j=1,2,\cdots,39)$，计算 2015 年水资源系统暴露度维度层的欧式贴近度，即欧式复合模糊物元 ρH，计算结果见表 7.11，并利用 ArcGIS 工具绘制出图 7.6。

表 7.11　暴露度欧式贴近度计算结果

评价单元	广州市	深圳市	珠海市	佛山市	惠州市	东莞市	中山市	江门市	肇庆市
ρH	0.3614	0.4435	0.2465	0.3380	0.2409	0.4199	0.3635	0.2200	0.2001

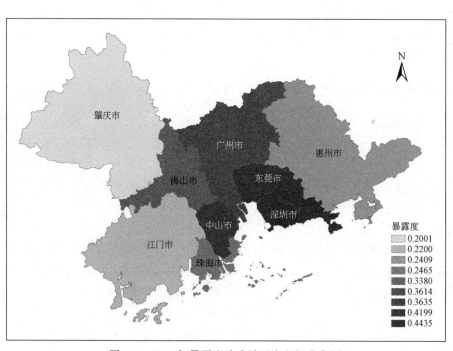

图 7.6　2015 年暴露度欧式贴近度空间分布图

根据表 7.11 及图 7.6 可以得出以下几点结论：

（1）从暴露度的评价数值来看，暴露度的评价数值主要分布在 0.2001～0.4435，珠江三角洲 9 个地级市的平均值为 0.3149，最小值为肇庆市的 0.2001，最大值为深圳市的 0.4435，极差为 0.2235，标准差为 0.0849。说明珠江三角洲各地级市水资源系统暴露度评价数值分布较为集中，暴露度差异不显著。

（2）从暴露度等级分布来看，按计算得到的贴近度大小进行排序，珠江三角洲各地级市水资源系统暴露度从大到小依次为深圳市（0.4435）>东莞市（0.4199）>中山市（0.3635）>广州市（0.3614）>佛山市（0.3380）>珠海市（0.2465）>惠州市（0.2409）>江门市（0.2200）>肇庆市（0.2001）。9 个地级市的水资源系统暴露度主要分布于轻度和中等程度之中。其中，肇庆市的暴露度为 0.2001，接近Ⅰ级，暴露度较低，占总评价样本的 11.11%；4 个地级市的水资源系统暴露度接近Ⅱ级，属于轻微暴露程度，分别为江门市 0.2200、惠州市 0.2409、珠海市 0.2465、佛山市 0.3380，占总评价样本的 44.44%；4 个地级市的水资源系统暴露度接近Ⅲ级，属于中等暴露程度，分别为深圳市 0.4435、东莞市 0.4199、广州市 0.3614、中山市 0.3635，占总评价样本的 44.44%。评价结果说明，珠江三角洲地区虽然位于亚热带湿润气候区，但由于降水资源的时空分布不均匀、各地级市发展速度不一，水资源系统承受的外界胁迫压力不一，水资源禀赋较差、城市化进程较快的城市，如深圳市、东莞市等，水资源暴露度数值显然较高。评价结果与实际情况相符，说明基于熵权法和层次分析法的模糊物元方法评价结果合理可靠，建立的评价体系适合珠江三角洲水资源脆弱性评价。

（3）从空间分布来看，根据图 7.6 可知，珠江三角洲各地级市水资源系统暴露度分布呈现明显的"中间高、两侧低"的分布态势。其中：①深圳市的水资源系统暴露度为 0.4435，居于珠江三角洲首位，水资源系统压力大、风险性突出，究其原因可知，深圳市经济发达，2015 年人口密度居珠江三角洲首位，达到 5697.13 人/km²，人口密集程度最高，水资源需求压力突出，但是深圳市受水资源条件约束，本地水资源量有限，仅为 18.49 亿 m³，需要靠东江调入水量才能保障城市的发展，因此深圳市因发展带来的水资源承载压力十分显著，而且深圳市城市化水平已经到 100%，城市建设用地比重大，不透水面积相对多，所以其水资源暴露度明显高于其他地区；②东莞市的暴露度为 0.4199，仅次于深圳市，究其原因可知，东莞市是以发展第二产业为主的城市，工业用水比重大，占总用水量的 41.64%，废污水排放总量为 20400 万 t，居珠江三角洲首位，更容易造成水资源污染，水资源系统压力大，而且东莞市的人口密度达到 3355.21 人/km²，仅次于深圳市，高密度的人口带来高压力水资源需求，水资源受人类活动影响突出，然而东莞市同深圳市相似，本地水资源量仅为 23.56 亿 m³，而且目前尚未从外流域调水，因此其暴露度也十分突出；③中山市和广州市地处珠江三角洲中心，主要发展第三产业，人口密度超过 1800 人/km²，均为人口密集地区，人类活动对水资源需求较大，用水量也较为突出，但由于广州市内有珠江、增江、流溪河等水道，水资源量更加丰富，而中山市因为靠近出海口，咸潮上溯造成的水质型缺水严重，因此广州市的暴露度较中山市稍低；④佛山市与东莞市较为相似，也是以发展第二产业为主的城市，人口密度也较为突出，但是，佛山市废污水排放量为 10700 万 t，约为东莞市的一半，水资源系统承压相对较低，而且佛山市河流水系纵横，境内有近20条水道，水资源量相对丰富，因此暴露度比东莞市靠后；⑤珠海市、惠州市、江门市经济水平相对其他地区属于中等水平，人口较少，对水资源的需求相对较小，而且江门市、惠州市等周围分布有多条水道，水资源量相对其他地区较为充沛，缓和了区域内水资源需求量，所以暴露度等级较低；⑥肇庆市境内水资源丰富，高达163.47亿 m^3，约为深圳市的9倍，而且肇庆市人口密度最低，仅为272.62人/km²，经济发展压力小，因此暴露度最低，水资源系统压力较小。综上所述，可以定性分析出暴露度的主要影响因子为人口压力、经济发展压力以及水资源条件，这一结论可以为后续的驱动因子分析提供参考和验证。

2）敏感性评价

采用模糊物元评价方法，结合7.3.1节计算出的敏感性维度层下指标权重 $W_j(j=1,2,\cdots,39)$，计算2015年水资源系统敏感性维度层的欧式贴近度，即欧式复合模糊物元 ρH，计算结果见表7.12，并利用 ArcGIS 工具绘制出图7.7。

表7.12 敏感性欧式贴近度计算结果

评价单元	广州市	深圳市	珠海市	佛山市	惠州市	东莞市	中山市	江门市	肇庆市
ρH	0.3545	0.3932	0.3105	0.3601	0.2501	0.3347	0.3680	0.2967	0.1890

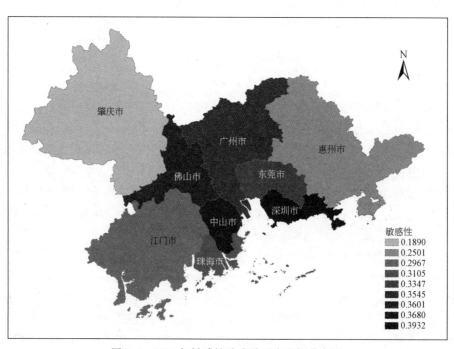

图7.7 2015年敏感性欧式贴近度空间分布图

根据敏感性模糊物元的评价结果及图7.7可以得出以下几点结论：

（1）敏感性的评价数值来看，敏感性的评价数值分布较为集中，主要分布在0.1890~0.3932，珠江三角洲9个地级市的平均值为0.3174，最小值为肇庆市的0.1890，最大值为深圳市的0.3932，极差为0.2043，标准差为0.0608。说明珠江三角洲各地级市实践水资源系统的敏感性差异不显著。

（2）从敏感性等级分布来看，按计算得到的贴近度大小进行排序，珠江三角洲9个地级市的水资源系统敏感性从大到小依次为深圳市（0.3932）>中山市（0.3680）>佛山市（0.3601）>广州市（0.3545）>东莞市（0.3347）>珠海市（0.3105）>江门市（0.2967）>惠州市（0.2501）>肇庆市（0.1890），9个地级市的水资源系统敏感性主要分布于轻度和中等程度之中。其中4个地级市的水资源系统敏感性接近Ⅱ级，敏感性轻微，分别为珠海市0.3105、惠州市0.2501、江门市0.2967、肇庆市0.1890，占总评价样本的44.44%；5个地级市的水资源系统敏感性接近Ⅲ级，分别为广州市0.3545、深圳市0.3932、佛山市0.3601、东莞市0.3347、中山市0.3680，占总评价样本的55.56%。评价结果说明，经济发展快、水资源条件差的城市水资源系统敏感性较强；经济条件相对落后、水资源丰富的城市水资源系统敏感性较为轻微，评价结果与实际情况相符，说明基于熵权法和层次分析法的模糊物元方法评价结果合理可靠，建立的评价体系适合珠江三角洲水资源脆弱性评价。

（3）从空间分布来看，根据图7.7可知，珠江三角洲9个地级市的水资源系统敏感性分布呈现明显的"中间高、两侧低"的分布态势。其中：①深圳市敏感性突出的原因主要是因为经济社会发展与水资源分布不匹配，深圳市城市化程度高，用水强度大，但是人均水资源占有量极低，仅为162 m³/人，按照国际标准属于严重缺水地区，而且对水资源攫取过度，水资源开发利用率超过75%，远超于国家警戒线，极强的水资源开发利用和供需矛盾导致深圳敏感性突出；②中山市、佛山市、广州市、东莞市、珠海市的敏感性较为接近，可以发现这5个地级市的人均水资源量均处于1000 m³缺水线下，而水资源开发利用率高，水资源对当地的经济社会发展形成较大约束，因此，这些城市的敏感性也较为突出；③江门市、惠州市、肇庆市敏感性较低，主要是因为本地水资源较为丰富，对变化环境不太敏感。

3）适应能力评价

采用模糊物元评价方法，结合7.3.1节计算出的适应能力维度层下指标权重$W_j (j=1,2,\cdots,39)$，计算2015年水资源系统适应能力维度层的欧式贴近度，即欧式复合模糊物元ρH，计算结果见表7.13，并绘制出图7.8。

表7.13 适应能力欧式贴近度计算结果

评价单元	广州市	深圳市	珠海市	佛山市	惠州市	东莞市	中山市	江门市	肇庆市
ρH	0.3873	0.2987	0.3898	0.3911	0.4246	0.3965	0.4163	0.4329	0.4328

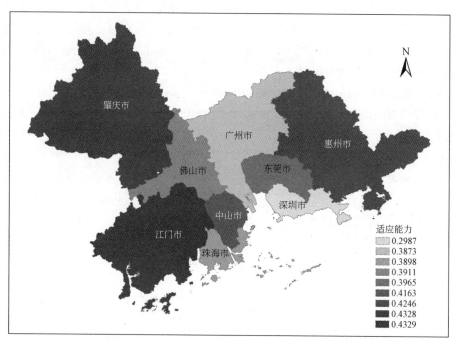

图 7.8　2015 年适应能力欧式贴近度空间分布图

根据适应能力上述评价结果及图 7.8 可以得出以下几点结论：

（1）从适应能力的评价数值来看，适应能力的评价数值主要分布在 0.2987 ~ 0.4329，珠江三角洲 9 个地级市的平均值为 0.3967，最小值为深圳市的 0.2987，最大值为江门市的 0.4329，极差为 0.1343，标准差为 0.0388。说明珠江三角洲各地水资源系统的适应能力差异不显著。

（2）从适应能力等级分布来看，按计算得到的贴近度大小进行排序，珠江三角洲 9 个地级市的水资源系统适应能力数值从大到小依次为深圳市（0.2987）＜广州市（0.3873）＜珠海市（0.3898）＜佛山市（0.3911）＜东莞市（0.3965）＜中山市（0.4163）＜肇庆市（0.4328）＜江门市（0.4329），根据本书定义，适应能力越强，评价所得数值越小，因此，适应能力由强至弱依次为深圳市＞广州市＞珠海市＞佛山市＞东莞市＞惠州市＞中山市＞肇庆市＞江门市。根据评价结果可知，9 个地级市的水资源系统适应能力主要分布于较低和中等程度，其中，3 个地级市的水资源系统适应能力接近 Ⅱ级，适应能力较强，分别为广州市 0.2015、深圳市 0.1692、珠海市 0.2671，占总评价样本的 33.33%；6 个地级市的水资源系统适应能力接近 Ⅲ级，适应能力为中等程度，分别为佛山市 0.2970、惠州市 0.3386、东莞市 0.3190、中山市 0.3478、江门市 0.4103、肇庆市 0.3703，占总评价样本的 66.67%。评价结果说明，城市化水平较高、经济较为发达的地区，适应能力较强。

（3）从空间分布来看，根据图 7.8 可知，珠江三角洲 9 个地级市的水资源系统适应能力分布呈现明显的"中间低、两侧高"的分布态势，也即"珠江三角洲中部城市适应能力强，两侧城市适应能力相对较弱"。总体来看，适应能力的分布与当地经济发展水平及工程技术条件有着密切的关系，适应性高的地区，集中在珠江三角洲的核心经济地带，广州市和深圳市除了经济发展迅速，社会保障和医疗教育水平也具备明显的优势，如广州市、深圳市的人均 GDP 是江门市、肇庆市的 3～4 倍，医疗保障水平和教育条件也明显优于其他地市，而且随着国家"三条红线"制度的实施，广州市、深圳市作为珠江三角洲经济发展的排头兵，积极推进水利现代化建设，因此表现出了高适应能力，中山市和惠州市适应能力较弱，主要是因为节水水平较低，环境治理投资占比少，而肇庆市、江门市等，经济发展水平相对落后，水利设施建设投入有限，工程技术水平也有待提高，因此适应能力最低。

4）综合脆弱性评价

在本书中，以 2015 年为现状水平年对珠江三角洲的整体情况进行水资源脆弱性现状综合评价时，需知道各个地级市对于珠江三角洲水资源脆弱性的影响程度，即建立珠江三角洲 9 个地级市的权重。在分析地级市权重时，只需要突出共性指标和关键性指标。参考专家意见，在水资源脆弱性评价中，地市的重要程度往往与经济增长、人口数量及供排水情况密切相关，因此，本书选用 2015 年人口总数、人均 GDP、人均水资源量、人均供水量及人均废污水排放量等指标计算各地市的权重。根据 2015 年的指标数据（表 7.14），按照式（7.12）和式（7.13）进行归一化处理。

表 7.14 珠江三角洲地级市权重指标数据

地级市	人口密度 /（人/km²）	人均 GDP /（元/人）	人均水资源量 /（m³/人）	人均供水量 /（m³/人）	城镇人均废污水 排放量/（t/人）
指标方向	+	−	−	−	+
广州市	1862.5	136188.0	651.3	489.8	235.7
深圳市	5697.1	157985.0	162.3	174.9	142.0
珠海市	1182.6	124706.0	864.1	308.8	149.6
佛山市	1956.6	108298.6	393.9	303.3	195.0
惠州市	419.1	66230.7	2639.9	437.8	167.2
东莞市	3355.2	75616.1	285.4	226.9	190.4
中山市	1900.4	94029.7	484.5	493.4	255.7
江门市	475.5	49608.0	2630.4	615.9	124.4
肇庆市	272.6	48669.9	4026.8	505.0	100.5

注："+"表示正向指标，"−"表示反向指标

对于指标 $x_{ij}(j=1,2,\cdots,9)$ 若为正指标，则令其：

$$q_{ij} = \frac{x_{ij}}{\sum\limits_{j=1}^{9} x_{ij}} \tag{7.12}$$

若为反向指标，则采用：

$$q_{ij} = \frac{1/x_{ij}}{\sum\limits_{j=1}^{9} x_{ij}} \tag{7.13}$$

式中，q_{ij} 为归一化结果。

再计算各地市的权重值：

$$w_j = \frac{\sum_i q_{ij}}{\sum_{i,j} q_{ij}} \quad (j = 1,2,\cdots,9) \tag{7.14}$$

经计算后得到珠江三角洲地区各地级市的权重 w_j，考虑到各地级市的社会经济发展水平、实际水资源及土地面积占比情况，需要进一步借助专家经验对脆弱性指标权重进行判断。最终确定：深圳市的权重为 0.17，广州市的权重为 0.15，东莞市的权重为 0.13、佛山市的权重为 0.12，珠海市、惠州市和中山市的权重为 0.09，江门市和肇庆市的权重为 0.08，最终权重值见表 7.15。

表 7.15　珠江三角洲地区各地级市权重值

地级市	广州市	深圳市	珠海市	佛山市	惠州市	东莞市	中山市	江门市	肇庆市
权重	0.15	0.17	0.09	0.12	0.09	0.13	0.09	0.08	0.08

根据准则层权重计算结果及式（7.11），计算出 2015 年各地级市综合脆弱度，进而根据表 7.15 的各地级市权重值，计算出珠江三角洲的综合脆弱度。上述计算结果见表 7.16，并利用 ArcGIS 工具将各地级市综合脆弱度结果绘制成图 7.9。

表 7.16　珠江三角洲各地级市综合脆弱度评价结果

地级市	广州市	深圳市	珠海市	佛山市	惠州市	东莞市	中山市	江门市	肇庆市	珠江三角洲
综合脆弱度	0.3636	0.4049	0.2889	0.3533	0.2737	0.3908	0.3734	0.2776	0.2348	0.3418

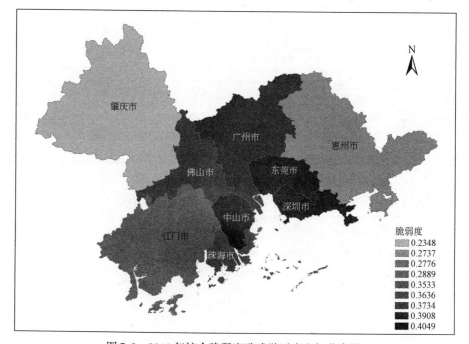

图 7.9　2015 年综合脆弱度欧式贴近度空间分布图

根据综合脆弱度评价结果及图 7.9 可以得出以下几点结论：

（1）从脆弱度的评价数值来看，脆弱度的评价数值分布较为集中，主要分布在 0.2348～0.4049，珠江三角洲 9 个地级市的脆弱度评价数值的平均值 0.3290，最小值为肇庆市的 0.2348，最大值为深圳市的 0.4049，极差为 0.1701，标准差为 0.0573，说明珠江三角洲各个地级市之间的水资源脆弱性差异不显著；珠江三角洲整体脆弱度为 0.3418，属于轻度脆弱，可以判断珠江三角洲现状水资源系统总体上脆弱性状况良好，近十年来珠江三角洲推行水利现代化建设，通过全省和各地市防灾减灾体系建设、水资源工程建设，珠江三角洲水利工程建设已经达到一定水平，为缓解珠江三角洲水资源问题做出了巨大贡献。

（2）从脆弱性的等级分布来看，根据水资源系统脆弱度大小进行排序依次为深圳市（0.4049）＞东莞市（0.3908）＞中山市（0.3734）＞广州市（0.3636）＞佛山市（0.3533）＞珠海市（0.2889）＞江门市（0.2776）＞惠州市（0.2737）＞肇庆市（0.2348）。按照水资源脆弱性评价等级标准，珠江三角洲 9 个地级市的水资源脆弱度主要为轻度脆弱和中度脆弱。为了研究需要，根据研究结果，将珠江三角洲的 9 个地级市的水资源脆弱程度分为四类，分别为偏高度脆弱、中度脆弱、偏轻脆弱度、轻度脆弱。本次评价中，共有 2 个地级市的水资源系统为偏高度脆弱，分别为深圳市 0.4049、东莞市 0.3908，占总评价样本的 22.22%；共有 3 个地级市的水资源系统脆弱度接近中度脆弱，分别为中山市 0.3734、广州市 0.3636、佛山市 0.3533，占总评价样本的 33.33%；共有 3 个地级市的水资源系统为偏轻度脆弱，分别为珠海市 0.2889、江门市 0.2776、惠州市 0.2737，占总评价样本的 33.33%；只有 1 个地级市的水资源系统脆弱度接近轻度脆弱，即肇庆市 0.2246，占总评价样本的 11.11%。

（3）从脆弱性的空间分布来看，根据图 7.9 可知，珠江三角洲水资源系统脆弱度分布在方位上呈现出明显的"中间高、两侧低"的分布态势；在地形上呈现出"平原区高、山地丘陵区低"的分布规律；从水系上看，接近入海口门处的地级市水资源脆弱性较高，而河流中上游地区脆弱性较低。其中：①深圳市的水资源脆弱度为 0.4049，居于珠江三角洲首位，水资源系统安全性最差，究其原因可知，深圳市城市化水平高，人口密度居于珠江三角洲首位，生产生活用水量突出，可是本地水资源量仅占珠江三角洲地区的 3.09%，水资源禀赋极差，但却承载着珠江三角洲 19.37% 的人口，社会经济发展水平与水资源条件极为不匹配，水资源需求压力极为突出，此外，由于早期人类活动对深圳市境内水环境的破坏，目前深圳河的两个监测断面水质均属于劣 V 类，因此，深圳市的水资源脆弱度明显高于其他地区；②东莞市的水资源脆弱性为 0.3908，仅次于深圳市，究其原因可知，东莞市是以发展第二产业为主的城市，工业废污水排放量最大，但是东莞市工业废水排放达标率与工业废污水排放量不相适应，水资源污染问题突出，2013 年，东莞运河的樟村、石鼓、虎门镇口三个监测断面的水质均为 V 类，而且，东莞市的人口密度仅次于深圳市，同样为人口密集区，高密度的人口带来高压力水资源需求，供需矛盾突出，然而东莞市同深圳市相似，本地水资源量较少，水资源开发利用率早已超过 70%，处于超高水资源压力状态，因此其脆弱性也十分突出；③中山市水资源脆弱度为 0.3734，除了人口密度大、用水规模大、水资源禀赋差等相似原因外，还因为中山市近年来大力发展经济建设，大量的土地被开发，城市不透水面积增加，而且，中山市生产生活用水效率低，万元 GDP 用水量高达 63.23 m³，此外，由于中山市靠近河流出海口，受咸潮影响突出，水质型缺水严重，因此水资源系统脆弱度也极高；④广州市地处珠江三角洲中心，以发展第三产业为主，也属于人口密集地区，人类活动对水资源需求较大，用水量也较为突出，但由于广州市内有珠江、增江、流溪河水道，本地水资源量相对丰富，人均水资源占有量达到 651.28 m³，而且广州市经济水平更高，水资源适应能力更强，因此广州市的脆弱性较中山市稍低；⑤佛山市的产业结构与东莞市较为相似，也是以发展第二产业为主的城市，人口密度和废污水排放量均较为突出，但是，佛山市水资源脆弱度为 0.3533，比东莞市低，主要因为佛山市河流水系纵横，境内有近 20 条水道，过境水资源量相对充沛，而且佛山市的水厂供水规模大，供水效率高，供需基本平衡，此外，佛山市经济发展水平强于东莞市，水利设施建设投资、水环境保护力度比东莞市大，因此脆弱性比东莞市靠后；⑥珠海市、江门市、惠州市的经济水平和城市化水平相对落后，人口规模及城市运作对水资源的需求相对较小，经济发展与水资源条件基本匹配，因此水资源脆弱度偏低；⑦肇庆市脆弱度等级最低，仅为 0.2348，主要是因为肇庆市占地面积最大，为珠江三角洲的 27.19%，境内江河纵横，溪流密布，水资源储量高，因此肇庆市境内水资源不仅能够满足其自身发展，还担负着深圳市、香港市、东莞市等地的供水，境内蓄水工程保证率最高，达到 60%，而且肇庆市人口密度最低，仅为 272.62 人/km²，经济发展规模较小，水资源脆弱度等级最低，水资源安全性最高。评价结果与实际情况相符，说明基于熵权法的模糊集对分析模型评价结果合理可靠，本书建立的评价体系适用于珠江三角洲的水资源脆弱性评价。

7.4 水资源脆弱性演变及驱动因子分析

7.3 节采用模糊物元方法对珠江三角洲水资源脆弱性进行了现状评价，评价结果符合实际情况，说明模糊物元方法在珠江三角洲水资源脆弱性研究中得到了较好应用，因此，本章采用模糊物元方法对近 30 年来珠江三角洲各地级市的水资源脆弱性演变规律进行研究。

7.4.1 水资源脆弱性演变分析

1. 权重计算

本节对珠江三角洲各地级市的水资源脆弱性进行演变评价，值得注意的是，珠江三角洲的各个地级市有其独特的水资源特点和社会经济特点，因此，在对每个地级市进行纵向比较时，为了更好地突出各个地级市自身的特点，体现地级市差异，本节采用熵权法计算珠江三角洲各个地级市下的指标权重，通过反映出指标携带信息的不同来体现地区差异性。

1）暴露度指标权重

暴露度计算结果见表 7.17，不难发现，社会经济水平对各地级市水资源系统暴露度的影响均比较突出。房屋建筑施工面积占比（C2）这一指标的权重在广州市、珠海市、东莞市、中山市、江门市、肇庆市等，均排在首位，说明城市化水平、土地利用变化对水资源系统影响较为突出；单位面积废污水排放量（C5）这一指标权重在广州市、深圳市、珠海市、肇庆市等也位于突出地位，说明工业发展水平对各地级市水资源系统影响也较为明显；人口密度（C1）这一指标权重在深圳市和东莞市的权重排序中较为突出，因为深圳市和东莞市都是人口密集城市，人口压力对水资源系统暴露度影响大；年特大暴雨天数（C9）这一指标权重在惠州市、江门市等较为突出，气象灾害带来的影响使得水资源系统暴露度较高。

2）敏感性指标权重

敏感性计算结果见表 7.18，不难发现，万元 GDP 废污水排放量（C12）及万元 GDP 用水量（C13）的指标权重在各地级市中均处于领先地位，说明用水效率的影响在各地水资源系统敏感性影响中占突出地位；人口自然增长率（C16）这一指标的权重在深圳市、珠海市、佛山市、东莞市、江门市等较为突出，说明人口变化对水资源系统的敏感性的影响占重要地位；此外，江门市水资源开放利用率（C22）这一指标权重较为突出。

表 7.17　各地级市暴露度准则层下指标权重

指标	广州市	深圳市	珠海市	佛山市	惠州市	东莞市	中山市	江门市	肇庆市
C1	0.1013	**0.2413**	0.0837	0.1115	0.0982	**0.1386**	0.1228	0.0693	0.0412
C2	**0.1518**	0.0844	**0.2199**	**0.1342**	**0.2208**	**0.2074**	**0.2249**	**0.1904**	**0.1894**
C3	**0.1230**	**0.1528**	0.0499	0.0564	0.0788	0.1234	0.0412	**0.1769**	0.1107
C4	0.1198	0.0557	**0.1232**	**0.2155**	**0.2259**	**0.1780**	0.1225	0.1027	**0.1792**
C5	**0.1354**	**0.1419**	**0.1447**	**0.1375**	0.0838	0.0591	0.0532	0.1012	**0.1763**
C6	0.0880	0.0822	0.1139	0.0577	0.0438	0.1041	**0.1600**	0.0511	0.0921
C7	0.0722	0.1064	0.1085	0.0920	0.0464	0.0475	**0.1713**	0.1068	0.0672
C8	0.1205	0.0852	0.0626	0.0673	0.0766	0.0513	0.0453	0.0904	0.0755
C9	0.0880	0.0500	0.0936	0.1280	**0.1258**	0.0906	0.0588	**0.1112**	0.0685

注：加粗数字为各地级市指标权重前三位，对应最重要的指标

表 7.18　各地级市敏感性准则层下各指标权重

指标	广州市	深圳市	珠海市	佛山市	惠州市	东莞市	中山市	江门市	肇庆市
C10	0.0558	0.0303	0.0280	0.0442	0.0392	0.0438	0.0810	0.0333	0.0548
C11	0.0617	0.0359	0.0316	0.0523	0.0431	0.0337	0.0288	0.0339	0.0529
C12	**0.1749**	**0.1998**	**0.2014**	**0.1705**	**0.1820**	**0.1695**	**0.1461**	**0.1263**	**0.1740**
C13	**0.1402**	**0.1457**	**0.1845**	**0.1556**	**0.1726**	**0.1581**	**0.1385**	**0.1329**	**0.1597**
C14	0.0962	0.0737	0.0578	0.0749	0.0665	0.0593	0.0433	0.1088	0.0984
C15	0.0523	0.0589	0.0770	0.0648	0.0835	0.0462	0.0880	0.0561	0.0822
C16	0.0650	**0.2066**	**0.1516**	**0.1260**	0.0854	**0.1661**	0.0989	**0.1228**	0.0461

指标	广州市	深圳市	珠海市	佛山市	惠州市	东莞市	中山市	江门市	肇庆市
C17	0.0648	0.0290	0.0297	0.0557	0.0615	0.0666	0.0523	0.0546	0.0646
C18	0.0509	0.0279	0.0313	0.0335	0.0477	0.0554	0.0451	0.0256	0.0384
C19	0.0687	0.0426	0.0319	0.0404	0.0510	0.0492	0.0512	0.0607	0.0596
C20	0.0600	0.0439	0.0536	0.0465	0.0549	0.0329	0.0312	0.0346	0.0386
C21	0.0329	0.0321	0.0298	0.0396	0.0310	0.0302	0.0361	0.0353	0.0397
C22	0.0413	0.0436	0.0527	0.0597	0.0513	0.0579	0.0875	**0.1477**	0.0605
C23	0.0350	0.0302	0.0392	0.0364	0.0302	0.0309	0.0721	0.0275	0.0306

注：加粗数字为各地级市指标权重前三位，对应最重要的指标

3）适应能力指标权重

适应能力计算结果见表7.19，不难发现，工业废水排放达标率（C37）这一指标的权重在珠江三角洲的8个地级市中均处于领先地位，说明水环境治理水平突出体现了各地级市水资源系统的适应能力；城镇化率（C25）这一指标的权重在深圳市、珠海市、佛山市等排序靠前，说明城市建设越快，经济发展水平越快是水资源系统适应能力的重要体现。

表7.19 各地级市适应能力准则层下各指标权重

指标	广州市	深圳市	珠海市	佛山市	惠州市	东莞市	中山市	江门市	肇庆市
C24	0.0967	0.0287	0.0521	0.0132	0.0339	0.0841	0.0298	0.0342	0.0579
C25	0.0751	**0.1360**	**0.1284**	0.0256	0.0718	0.0943	0.0965	0.0661	0.0982
C26	0.0370	0.0385	0.0403	**0.1796**	0.0378	0.0418	0.0422	0.0458	0.0406
C27	0.0347	0.0376	0.0408	**0.2608**	0.0369	0.0412	0.0407	0.0447	0.0400
C28	0.0402	0.0398	0.0404	**0.1473**	0.0409	0.0498	0.0678	0.0401	0.0449
C29	**0.1090**	0.0542	0.0489	0.0063	0.0376	0.0579	0.0547	0.0458	0.0481
C30	0.0495	0.0432	0.0444	0.0068	0.0304	0.0471	0.0400	0.0311	0.0381
C31	0.0309	0.0557	0.0650	0.0084	**0.1436**	0.0479	0.0641	0.0294	0.0711
C32	0.0707	0.0531	0.0686	0.0215	0.0541	0.0524	0.0724	0.0690	0.0625
C33	0.0650	0.0752	0.0741	0.0018	0.1027	0.1009	0.0817	0.0887	0.0737
C34	0.0385	0.0545	0.0652	0.0466	0.0800	0.0749	0.0943	0.0958	**0.1088**
C35	0.0299	0.0621	0.0301	**0.2313**	0.0458	0.0394	0.0320	0.0474	0.0336
C36	0.0837	0.0948	0.0702	0.0292	0.0431	0.0457	0.0545	0.0326	0.0526
C37	**0.1178**	**0.1275**	**0.1312**	0.0083	**0.1288**	**0.1241**	**0.1318**	**0.1308**	**0.1411**
C38	0.0664	0.0485	0.0439	0.0085	0.0610	0.0502	0.0524	**0.1437**	0.0318
C39	0.0549	0.0505	0.0565	0.0046	0.0517	0.0483	0.0450	0.0548	0.0570

注：加粗数字为各地级市指标权重前三位，对应最重要的指标

2. 各地级市脆弱性演变评价结果

本书旨在揭示近30年来珠江三角洲各地级市水资源脆弱性的演变特征，因此每隔5年选取一个时间节点，共7个时间节点。用模糊物元方法对上述7个时间节点的珠江三角洲各地级市水资源脆弱性进行研究，得到脆弱度的演化过程，限于篇幅，在此仅列出计算结果，暴露度、敏感性、适应能力、综合脆弱性欧式贴近度计算结果见表7.20。

表 7.20　1985~2015 年珠江三角洲各地级市水资源演变评价

评价单元	评价内容	不同年份评价结果						
		1985	1990	1995	2000	2005	2010	2015
广州市	暴露度	0.3352	0.3582	0.3857	0.3936	0.3663	0.3707	0.3681
	敏感性	0.4264	0.3388	0.2435	0.2177	0.2106	0.2275	0.2365
	适应能力	0.4295	0.4746	0.3283	0.2924	0.2664	0.2580	0.2532
	综合脆弱度	0.4132	0.4153	0.3125	0.2686	0.2526	0.3098	0.3102
深圳市	暴露度	0.2628	0.2890	0.3578	0.4163	0.4215	0.4661	0.4603
	敏感性	0.3018	0.2139	0.1653	0.1742	0.2790	0.1923	0.2060
	适应能力	0.4914	0.4313	0.3258	0.3093	0.2864	0.2501	0.2495
	综合脆弱度	0.3977	0.3435	0.2834	0.2539	0.3045	0.3695	0.3713
珠海市	暴露度	0.2114	0.2345	0.2474	0.2528	0.2361	0.3113	0.2962
	敏感性	0.4122	0.2582	0.2148	0.1732	0.2176	0.1674	0.1730
	适应能力	0.5792	0.4866	0.3737	0.3361	0.2994	0.2806	0.2715
	综合脆弱度	0.4695	0.3776	0.3058	0.2346	0.2450	0.2635	0.2555
佛山市	暴露度	0.2683	0.3233	0.3177	0.3507	0.3047	0.3621	0.3183
	敏感性	0.3728	0.3285	0.2236	0.2289	0.2568	0.2337	0.2396
	适应能力	0.5518	0.5058	0.3921	0.3626	0.3081	0.3204	0.3012
	综合脆弱度	0.4523	0.4234	0.3299	0.2885	0.2799	0.3172	0.2922
惠州市	暴露度	0.2789	0.1453	0.1534	0.1646	0.1489	0.2179	0.2301
	敏感性	0.3568	0.2673	0.1685	0.1620	0.1659	0.1657	0.1647
	适应能力	0.6708	0.4618	0.3549	0.3260	0.2892	0.2756	0.2725
	综合脆弱度	0.5135	0.3523	0.2666	0.2111	0.1998	0.2118	0.2176
东莞市	暴露度	0.2338	0.2242	0.2570	0.3153	0.3331	0.3965	0.4068
	敏感性	0.3120	0.2668	0.1830	0.1950	0.2880	0.2350	0.2270
	适应能力	0.5224	0.4699	0.3282	0.3698	0.3236	0.3032	0.2846
	综合脆弱度	0.4127	0.3695	0.2734	0.2666	0.3060	0.3433	0.3432
中山市	暴露度	0.2263	0.2368	0.2561	0.2566	0.3230	0.4762	0.4823
	敏感性	0.3724	0.3372	0.2288	0.2203	0.2891	0.2329	0.2607
	适应能力	0.5879	0.5877	0.3917	0.3604	0.3221	0.3008	0.3030
	综合脆弱度	0.4048	0.3660	0.3211	0.2678	0.3044	0.3323	0.3402
江门市	暴露度	0.2470	0.222	0.2537	0.2547	0.2397	0.2476	0.2374
	敏感性	0.3549	0.2847	0.1767	0.1913	0.2072	0.1480	0.2153
	适应能力	0.4780	0.4851	0.3455	0.3033	0.2802	0.2643	0.3618
	综合脆弱度	0.4037	0.3826	0.2804	0.2349	0.2342	0.2207	0.2512
肇庆市	暴露度	0.1467	0.1577	0.1591	0.1558	0.1512	0.1465	0.1510
	敏感性	0.4449	0.2930	0.1963	0.2067	0.2004	0.1581	0.1632
	适应能力	0.7121	0.5239	0.3874	0.3453	0.3172	0.3050	0.2876
	综合脆弱度	0.5404	0.3955	0.2933	0.2395	0.2271	0.1759	0.1770

　　通过对各地级市综合脆弱度进行绘图分析，可以发现以下三类脆弱性典型变化规律。

1) 脆弱度先下降后上升

根据表 7.20 及图 7.10 可知，1985~2015 年，深圳市、东莞市、中山市的水资源脆弱性的演变特征具有相似性：均表现出先下降后上升的趋势，其中，2000 年以前脆弱度呈下降趋势；2000 年以后脆弱度呈上升趋势，水资源系统脆弱度升高，说明近年来这 3 个地级市水资源风险越发突出，水资源安全性减弱，需要高度重视深圳市、东莞市及中山市的水资源问题。

2) 脆弱性波动下降

根据表 7.20 及图 7.11 可知，1985~2015 年，广州市、珠海市、佛山市和江门市的水资源脆弱度演变特征具有相似性：虽然脆弱性变化幅度各不相同，但都具有波动式变化的特点；从脆弱度发展的走势上看，各地级市均呈现出下降趋势。虽然这 4 个地级市水资源脆弱性整体下降，但下降幅度不显著，而且水资源脆弱度反复波动，说明水资源系统较为敏感，在今后需进一步加强水资源抗风险能力。

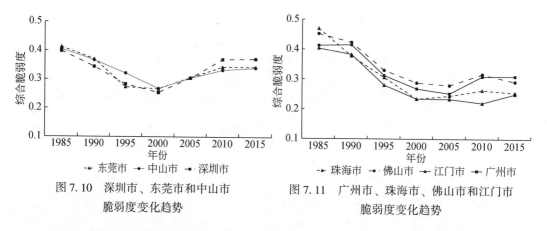

图 7.10 深圳市、东莞市和中山市
脆弱度变化趋势

图 7.11 广州市、珠海市、佛山市和江门市
脆弱度变化趋势

3) 脆弱度显著下降

根据表 7.20 及图 7.12 可知，1985~2015 年，惠州市和肇庆市的水资源脆弱度演变特征具有相似性：脆弱度均显著下降，虽然惠州市在 2005 年后脆弱度呈现出轻微上升趋势，但总体而言下降较为明显，说明惠州市及肇庆市的水资源系统较为安全稳定。

为了更加系统全面地分析各地级市的演变特点和演变成因，同时为了避免赘述，本书在上述三类脆弱度演变特点中分别选取一个典型地级市（深圳市、佛山市、惠州市）进行脆弱性演变分析，分析结果如下。

3. 典型地级市脆弱性演变特征分析

1) 深圳市

如图 7.13 所示，1985~2015 年，深圳市水资源系统暴露度数值由 1985 年的0.2628 上升至 2015 年的 0.4603，数值不断增大，说明深圳市水资源暴露度逐渐加剧；

敏感性数值呈现"先下降，后上升，再下降，再上升"的波动式变化，整体趋势下降，由 1985 年的 0.3018 下降至 2015 年的 0.2060，说明深圳市水资源系统敏感性逐渐减低；适应能力数值由 1985 年的 0.4914 减少至 2015 年的 0.2495，数值逐渐减少，说明深圳市水资源系统适应能力稳步增强；综合脆弱度呈现"先下降，后上升"的波动式变化，1985 年脆弱度最高为 0.3977，2000 年脆弱性最低为 0.2539，2015 年再次上升为 0.3503，整体趋势下降，说明脆弱度略微减弱。但是，需要警惕的是，2000 年以来，深圳市水资源脆弱度呈现出上升趋势，说明近年来深圳市水资源系统安全性降低，风险性升高。

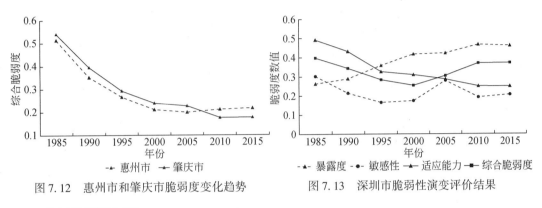

图 7.12　惠州市和肇庆市脆弱度变化趋势　　图 7.13　深圳市脆弱性演变评价结果

分析其原因如下：

（1）发展早期，由于深圳市社会经济发展刚起步，医疗设施、科学教育、水利工程设施等社会基础建设较差，适应能力也较差，因此呈现出较高脆弱性。

（2）随着改革开放的大力推进，深圳市作为经济特区，大量人力、物力、财力涌入，经济快速发展，社会建设逐步改善，深圳市率先在珠江三角洲建设了调水工程（东深调水工程和深圳东部调水工程），水资源系统适应能力加强，因此综合脆弱度逐渐减弱。

（3）21 世纪初，深圳市经历了高速城市化的过程，主要表现为：①深圳市人口骤增，人口密度由 1985 年的 276 人/km² 迅猛增加增至 2000 年的 3710 人/km²，2015 年人口密度更是高达 5697 人/km²，增长了近 20 倍；②由于人口的快速增长，用水量不断增加，1985 年深圳市总用水量约为 3.5 万 m³，2015 年增加到约 20 万 m³，增长了近 5 倍，但是由于深圳市本地水资源有限，水资源供需矛盾加剧，水资源系统暴露度显著增强，水资源系统风险性增加；③同时，由于人类活动剧烈，直接造成深圳境内水质污染严重，广东省环境保护厅公布的水质年报中，2000 年深圳河径肚监测断面的水质为 I 类水，而 2005～2013 年多次为Ⅲ类及Ⅳ类水，自 2000 年后，深圳河砖码头和河口的监测断面水质一直为劣 V 类，深圳河流水质已明显低于国家二类水要求，因此，综合以上几点原因，2000 年后，深圳市水资源系统脆弱性再次上升。

（4）为了缓解高密度人口带来的水资源需求压力，提升供水保障率，深圳市开源节流，同时，大力发展节水和中水回用技术，不断提高用水效率和用水效益，因此，2010 年后水资源脆弱性上升速度有所减缓，不容忽视的是，2000～2015 年深圳市的水资源脆弱性仍呈上升态势，水资源系统安全性降低，风险性升高。

综上所述，深圳的水资源脆弱性呈现波动下降主要受水资源系统禀赋和社会经济状况的影响。

2）佛山市

如图 7.14 所示，1985～2015 年，佛山市水资源系统暴露度数值呈现出"先上升，后下降，再上升，再下降，再上升，再下降"的波动式变化，整体趋势上升，由 1985年的 0.2683 上升至 2015 年的 0.3183，说明佛山水资源系统暴露度逐渐增大；敏感性数值呈现出"先下降，后上升，后下降，再上升"的波动式变化，整体趋势下降，由 1985 年的 0.3728 下降至 2015 年的 0.2396，说明佛山市水资源系统敏感性逐渐减低；适应能力数值呈现出"先下降，后上升，再下降"的波动式变化，整体趋势下降，由 1985 年的 0.5518 减少至 2015 年的 0.3012，说明佛山市水资源系统适应能力稳步增强；综合脆弱度呈现"先上升，后下降，再上升，再下降"的波动式变化，整体趋势下降，由 1985 年的 0.4523 下降至 2015 年的 0.3172，说明佛山市水资源系统脆弱度逐渐减弱，水资源安全性往较好趋势发展，但是，佛山市水资源系统脆弱度波动性较强，说明佛山市水资源系统抗风险能力较差，水资源系统较为敏感。

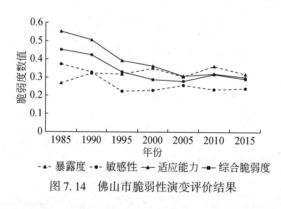

图 7.14　佛山市脆弱性演变评价结果

分析其原因如下：

（1）发展早期，佛山市供水、排水、污水处理和环境治理等水利工程的投入较少、建设相对滞后，水资源系统适应能力较差，因此 1985 年佛山市水资源系统呈现出高脆弱性。

（2）随着水利投入的增加、水利工程的建设，规范了供水管网、提高了供水保证率、增强了防洪抗灾能力、保障了水源地水质，水资源系统适应能力增强，敏感性降低，因此，1985～2005 年，水资源系统脆弱度随之逐渐降低。

（3）但在社会经济的高速发展下，佛山市大量的土地被征用为建设用地，2005 年佛山房屋建筑施工面积为 3293 万 m^2，2015 年上升至 8062 万 m^2，10 年时间增加了 10倍，不透水面积的增加对水资源系统带来不利影响，并且，佛山市是一个以工业为主导、三大产业协调发展的制造业城市，粗放式的发展模式导致废污水排放量显著，同时由于人口密度的增加，人类活动对水资源系统的影响加剧，大量废污水排放入河，广东省环境保护厅公布的《环境状况公报》中，2000 年以来佛山市水资源质量状况明显下降，部分河段如西南涌、芦苞涌、佛山水道等也因为受到严重污染而失去了利用价值，水环境子系统遭到破坏，治理难度大，因此，2005 年前后，水资源系统脆弱度逐渐升高。

（4）为了保障城市的正常运作，近年来，佛山市投入了大量财力、物力改善水环境问题，不仅加大了水资源管理和水环境保护的力度，制定了相关的政策法规，还修建了大量的供水工程，提升了水资源系统的适应能力，同时，佛山市大力提升工业用水效率，万元 GDP 用水量显著减少，1985 年，佛山市万元 GDP 用水量高达 3360 m³/万元，而 2015 年仅为 42 m³/万元，30 年间减少了近 80 倍，用水效率显著提高，此外，佛山市也注重废污水的处理，新建了大量污水处理厂，工业废水排放达标率由 1985 年的 54%上升至 2015 年的 97%，污水排放得到显著控制，综上所述，供水工程、节水工程和污水治理工程的扩建使得佛山市水环境状况好转，如此便形成了水资源脆弱度波动式变化且水资源系统往较好态势发展的特点。

综上所述，佛山的水资源脆弱性呈现波动下降主要受产业布局及供用水工程技术的影响。

3）惠州市

如图 7.15 所示，1985～2015 年，惠州市水资源系统暴露度数值呈现出"先下降，后上升，再下降，再上升"的波动式变化，由 1985 年的 0.2789 下降至 2015 年的 0.2301，整体趋势基本保持不变，说明惠州市水资源系统暴露度变化不显著；敏感性数值呈现"先下降，后上升，再下降"的波动式变化，整体趋势下降，由 1985 年的 0.3568 下降至 2015 年的 0.1647，说明水资源系统敏感性逐渐减低；适应能力数值逐渐减小，由 1985 年的 0.6708 减小至 2015 年的 0.2176，说明适应能力稳步增强；综合脆弱度呈现"先下降，后上升"的波动式变化，由 1985 年的 0.5135 下降至 2015 年的 0.2176，整体趋势下降，说明脆弱度逐渐减弱。惠州市水资源系统整体状况良好，但近年来脆弱性的缓慢抬升情况也应引起重视。

分析其原因如下：

（1）惠州市陆地面积 1.12 万 km²，广东省三大水系之一的东江及其支流西枝江横贯境内，境内集雨面积达 100 km² 以上的河流有 34 条，境内水库容量超过 16 亿 m³，水资源相当丰富，是供给香港、深圳、广州等地的主要水源，因此发展前期水资源暴露度较小，但改革开放初期，水资源系统仍呈现出较高脆弱性，主要是因为初期

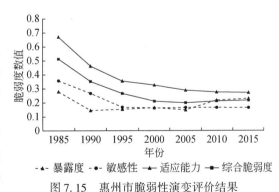

图 7.15 惠州市脆弱性演变评价结果

城市发展缓慢，经济条件落后，基础设施建设不足，水利设施分布少，对暴雨洪涝等气象灾害抵御不足，水资源适应能力差，因此水资源系统脆弱度高。

（2）随着经济水平的提升，惠州市城镇水平不断提高，对环境污染、水资源保护给予了更多的重视，经济建设、医疗建设、文化建设、水利现代化建设等齐头并进，水资源系统适应能力不断增强，但同时，由于惠州市水资源充沛，惠州市居民对节水不够重视，人均居民生活用水量由 1985 年的 42 m³ 增长至 2005 年的 65 m³，增长了近 55%，因此 2005 年前，惠州市水资源总体呈现良好发展态势，脆弱性不断降低，但降低速度有所减缓。

（3）2005 年后，惠州市水资源脆弱度出现轻微的抬升，主要原因是"十一五"期间，由于惠州市毗邻广州市、东莞市、深圳市，大量人口和企业涌入惠州市，人口的增加直接导致社会用水量的增加，城市建设用地的增加直接导致城市不透水面的增加，这些变化对惠州市的水资源系统带来了一定的压力，因此，惠州市水资源脆弱性增强。

综上所述，惠州市的脆弱性整体态势向好，但近年来脆弱度的上升，水资源脆弱性主要受社会发展和用水效率的影响。

7.4.2　水资源脆弱性变化驱动分析

珠江三角洲各地级市中，深圳市作为经济特区，其在珠江三角洲的经济地位首屈一指，2015 年深圳市第一产业增加值占全市生产总值的比重不到 0.1%，第二和第三产业增加值占全市生产总值的比重分别为 42.7% 和 57.3%，目前深圳市的发展以第三产业为重心。佛山市地处珠江三角洲腹地，2015 年佛山市三次产业结构为 2：62：36，结合佛山市三次产业用水结构（35：56：9），不难看出，佛山市在大力发展第二、三产业的同时，其第一产业的发展也未停滞，而是采取当代工业发展理念和科学技术手段，促进传统农业向旅游、生态及外汇农业不断转型，目前佛山市的经济发展以第二产业为主，第一、第三产业也共同发展。惠州市位于广东省中南部，是广东省的一个主要产粮区同时也是供给香港蔬菜、生猪的主要生产基地，目前惠州市第三产业总体规模扩大，成为其经济增长的亮点；2015 年惠州市三次产业结构为 8：52：40，虽然第一产业产值占比较低，但与珠江三角洲其他地级市相比，惠州市第一产业的产值占比较大，是珠江三角洲第一产业的主要区域之一。同时，结合 5.1 节演变评价的结果，深圳市、佛山市、惠州市分别代表了水资源脆弱性变化的不同特点，因此，本节选取深圳市、佛山市和惠州市这三个典型地级市，对其水资源系统进行驱动因子分析。

1. 驱动因子提取方法

水资源脆弱性驱动因子的研究，是科学、合理、安全和高效地使用水资源的前提和关键。水资源脆弱性是多种因素共同影响所导致的，不同的水资源脆弱性评价结果、不同的评价对象，其反映的水资源问题均不一样，其中，驱动因子是指导致水资源脆弱性发生变化的主要的自然和社会经济因素，是水资源脆弱性变化的动力因素（余中元等，2014）。因此，评价水资源脆弱性，要能抓住水资源脆弱性的实质，就要从复杂指标、多层次体系中辨识出核心指标，发掘水资源管理关键性控制指标。

驱动因子是指导致水资源脆弱性发生变化的主要的自然环境和社会经济因素，是水资源脆弱性变化的内在动力或外在力量。影响水资源脆弱性的驱动因素有很多，一般地，水资源脆弱性的驱动因素来自于 4 个方面：其一是区域的水资源系统条件，不仅包括本区域水资源的禀赋，还包括该区域对水资源的开发利用程度和供水水平；其二是区域的社会经济系统的影响，社会经济系统从区域社会发展状况、总体经济水平和用水公平性对区域水资源脆弱性进行影响和干预；其三是用水效率系统的作用，用水效率系统从用水情况、用水效率、节水水平影响着区域水资源的脆弱性；其四是生态环境系统的制约，生态环境通过环境治理和环境建设对水资源脆弱性其作用。

目前，被大多数国内外研究者认可的驱动因子研究方法主要有两种："多元线性逐步回归法"和"偏相关系数法"，本节利用多元线性逐步回归分析法进行水资源脆弱性的驱动分析，解析水资源脆弱性的驱动因子（叶春等，2012）。

多元线性逐步回归确定驱动因子的方法已广泛应用于环境预测、环境监测、环境评价等多个环境领域。该方法是建立 m 个自变量的多元线性回归分析的数学模型，通过逐步回归分析来确定驱动因子，即每引入一个变量同时检验方程中各个自变量的显著性，合格保留、不显著剔除，反复进行直到再没有显著的变量可以引入为止，并形成驱动力模型，多元化线性回归方程还能直接比较各驱动因子的驱动力大小，标准化数据的回归系数的绝对值越大，说明该因子的驱动力越大（余中元等，2014）：

$$Y = \beta_0 + \beta_1 X_1 + \beta_2 X_2 + \cdots + \beta_m X_m + E \tag{7.15}$$

式中，Y 为因变量；X 为自变量；β 为待定系数；E 为随机误差项，表示除 X 以外其他随机因素对 Y 影响的总和。

2. 驱动因子分析结果

1）深圳市

本节分别对深圳市 1985～2015 年暴露度、敏感性、适应能力的指标数据及相应的评价结果进行回归分析，得到深圳市水资源暴露度、敏感性和适应能力的驱动因子，结果见表 7.21。

表 7.21　多元线性逐步回归模型结果

准则层	指标代码	指标名称	标准化数据回归系数
暴露度	C6	用水模数	0.198
	C5	单位面积废污水排放量	−0.042
敏感性	C19	人均居民生活用水量	−0.163
	C15	产业供水基尼系数	0.126
	C16	人口自然增长率	−0.037
	C21	本地水资源量变化量	0.026
适应能力	C25	城镇化率	0.203
	C36	工业用水重复利用率	−0.192
	C37	工业废水排放达标率	0.169
	C35	生态环境用水率	0.060
	C33	水利人员占从业人员比重	0.008

根据表 7.21 可知：

（1）深圳市水资源暴露度的 2 个驱动因子分别为用水模数和单位面积废污水排放量，且用水模数和单位面积废污水排放量指标均为正向驱动因子。分析 1985～

2015 年深圳市暴露度指标数据可知，深圳市用水模数显著上升，单位面积废污水排放量呈现增加后减少的趋势，因此，1985～2015 年深圳市水资源系统暴露度不断增大，但在 2000 年后增加速度减缓。此外，根据标准化数据回归系数的绝对值可知，深圳市水资源暴露度的驱动因子的强弱顺序为用水模数>单位面积废污水排放量。

（2）深圳市水资源敏感性的 4 个驱动因子分别为人均居民生活用水量、产业供水基尼系数、人口自然增长率、本地水资源。其中，本地水资源量变化量为负向驱动因子；人均居民生活用水量、产业供水基尼系数、人口自然增长率为正向驱动因子。分析 1985～2015 年深圳市敏感性指标数据可知，这 4 项指标均波动变化，因此，深圳市水资源系统敏感性也呈现出波动变化。此外，根据标准化数据的回归系数的绝对值可知，深圳市水资源敏感性的驱动因子的强弱顺序为人均居民生活用水量>人口自然增长率>产业供水基尼系数>本地水资源量变化量。

（3）深圳市水资源适应能力的 5 个驱动因子分别为城镇化率、生态环境用水率、工业用水重复利用率、工业废水排放达标率、水利人员占从业人员比重，且这 6 个指标均为负向驱动因子。分析 1985～2015 年深圳市适应能力指标数据可知，城镇化率、生态环境用水量等 6 个指标均呈上升趋势，因此，深圳市适应能力增强。此外，根据标准化数据的回归系数的绝对值可知，深圳市水资源适应能力的驱动因子的强弱顺序为城镇化率>工业用水重复利用率>工业废水排放达标率>生态环境用水率>水利人员占从业人员比重。

综上所述，深圳市作为以第三产业为主导的人力资源密集型城市，结合各准则层驱动因子排序情况来看，环境治理水平和社会经济水平的提升是减缓深圳市水资源脆弱度的主要驱动因素，水资源禀赋差和人口压力的增大是加剧深圳市水资源脆弱度的主要驱动因素。计算结果符合深圳市的实际情况，结果较为合理可靠。

2）佛山市

本节分别对佛山市 1985～2015 年暴露度、敏感性、适应能力的指标数据及相应的评价结果进行回归分析，得到佛山市水资源暴露度、敏感性和适应能力的驱动因子，结果见表 7.22。

根据表 7.22 可知：

（1）佛山市水资源暴露度的 4 个驱动因子分别为人口密度、单位面积废污水排放量、建成区绿化覆盖率、房屋建筑施工面积占比。建成区绿化覆盖率为负向驱动因子，人口密度、单位面积废污水排放量、房屋建筑施工面积为正向驱动因子，人口密度越大、房屋建筑施工面积占比越高、单位面积废污水排放量越多水资源暴露度越大。分析 1985～2015 年佛山市暴露度指标数据可知，佛山市人口密度、房屋建筑施工面积显著上升，而单位面积废污水排放量波动下降，建成区绿化覆盖率变化幅度较小，因此，佛山市水资源系统暴露度波动上升，此外，根据标准化数据的回归系数的绝对值可知，佛山市水资源暴露度的驱动因子的强弱顺序为人口密度>单位面积废污水排放量>房屋建筑施工面积占比>建成区绿化覆盖率。

表 7.22　多元线性逐步回归模型结果

准则层	指标代码	指标名称	标准化数据回归系数
暴露度	C1	人口密度	0.140
	C5	单位面积废污水排放量	0.081
	C2	房屋建筑施工面积占比	−0.048
	C3	建成区绿化覆盖率	0.030
敏感性	C13	万元 GDP 用水量	0.528
	C12	万元 GDP 废污水排放量	−0.436
	C20	年降水量变化量	0.295
	C14	万元工业增加值用水量	0.043
适应能力	C37	工业废水排放达标率	0.181
	C36	工业用水重复利用率	0.055
	C34	环境治理投资占 GDP 比重	0.045
	C38	蓄水工程保证率	−0.027

（2）佛山市水资源敏感性的 4 个驱动因子分别为万元工业增加值用水量、年降水量变化量、万元 GDP 用水量、万元 GDP 废污水排放量。其中，年降水量变化量为负向驱动因子；万元 GDP 工业增加值、万元 GDP 用水量、万元 GDP 废污水排放量为正向驱动因子。分析 1985～2015 年佛山市敏感性指标数据可知，佛山市万元 GDP 工业增加值、万元 GDP 用水量、万元 GDP 废污水排放量显著下降，年降水量波动变化，因此，佛山市水资源系统敏感性波动下降，此外，根据标准化数据的回归系数的绝对值可知，佛山市水资源敏感性的驱动因子的强弱顺序为万元 GDP 用水量>万元 GDP 废污水排放量>年降水量变化量>万元工业增加值用水量。

（3）佛山市水资源适应能力的 4 个驱动因子分别为工业用水重复利用率、环境治理投资占 GDP 比重、工业废水排放达标率、蓄水工程保证率。这 4 个指标为正向驱动因子。分析 1985～2015 年佛山市适应能力指标数据可知，1985～2015 年佛山市工业用水重复利用率显著上升，蓄水工程保证率波动下降，环境治理投资占 GDP 比重和工业废水排放达标率均波动上升，因此，佛山市水资源系统适应能力虽然呈现轻微波动，但适应能力仍然得到了增强，此外，根据标准化数据的回归系数的绝对值可知，佛山市水资源适应能力的驱动因子的强弱顺序为工业废水排放达标率>工业用水重复利用率>环境治理投资占 GDP 比重>蓄水工程保证率。

综上所述，佛山市作为以第二产业主导，第一、第三产业协调发展的制造业城市，结合各准则层驱动因子排序情况来看：用水效率水平、社会经济水平、环境治理水平及供水水平的提升是减缓佛山市水资源系统脆弱度的主要驱动因素，计算结果符合佛山市的实际情况，结果合理可靠。

3）惠州市

本节分别对惠州市 1985～2015 年暴露度、敏感性、适应能力的指标数据及相应的评价结果进行回归分析，得到惠州市水资源暴露度、敏感性和适应能力的驱动因子，结果见表7.23。

表 7.23　　多元线性逐步回归模型结果

准则层	指标代码	指标名称	标准化数据回归系数
暴露度	C4	粮食亩产	0.149
	C9	年特大暴雨天数	0.066
	C2	房屋建筑施工面积占比	0.051
敏感性	C13	万元 GDP 用水量	0.300
	C14	万元工业增加值用水量	0.074
	C18	人均耕地面积	0.033
	C11	人均 GDP 增长率	−0.019
	C10	GDP 增长率	−0.013
适应能力	C25	城镇化率	0.936
	C34	环境治理投资占 GDP 比重	0.537
	C36	工业用水重复利用率	0.179
	C39	灌溉渠系水利用系数	0.111

根据表7.23可知：

（1）惠州市水资源暴露度的3个驱动因子分别为房屋建筑施工面积占比、粮食亩产、年特大暴雨天数。房屋建筑施工面积及年特大暴雨天数为正向驱动因子；粮食亩产为负向驱动因子。分析1985～2015年惠州市暴露度指标数据可知，2005年以前，惠州市房屋建筑面积增长缓慢，耕地面积显著增加，年降水量变幅不明显，因此，惠州市水资源暴露度呈下降趋势，但2005年前后，惠州市城市化建设加快，房屋建筑面积迅猛增长，而粮食亩产下降，因此，暴露度在2005年再次上升。此外，根据标准化数据的回归系数的绝对值可知，惠州市水资源暴露度的驱动因子的强弱顺序为粮食亩产>年特大暴雨天数>房屋建筑施工面积占比。

（2）惠州市水资源敏感性的5个驱动因子分别为GDP增长率、人均GDP增长率、万元GDP用水量、人均耕地面积、万元工业增加值用水量。其中，GDP增长率、人均GDP增长率、人均耕地面积为负向驱动因子；万元GDP用水量、万元工业增加值用水量为正向驱动因子。分析1985～2015年惠州市敏感性指标数据可知，1985～2015年惠州市万元GDP用水量、万元工业增加值用水量显著下降，GDP增长率、人均GDP增长率、人均耕地面积波动变化，变幅不显著，因此，在多种因素的耦合作用下，惠州市水资源系统敏感性降低，系统趋于稳定，此外，根据标准化数据的回归系数的绝对值可知，惠州市水资源敏感性的驱动因子的强弱顺序为万元GDP用水量>万元工业增加值用水量>人均耕地面积>人均GDP增长率>GDP增长率。

（3）惠州市水资源适应能力的4个驱动因子分别为城镇化率、环境治理投资占GDP比重、工业用水重复利用率、灌溉渠系水利用系数。这4个均为负向驱动因子。分析1985～2015年惠州市适应能力指标数据可知，1985～2015年惠州市城镇化率、环境治理投资占GDP比重、工业用水重复利用率及灌溉渠系水利用系数均呈上升趋势，因此，在多种因素的耦合作用下，惠州市水资源系统应对能力稳步提升，且前期应对能力增强较快。此外，根据标准化数据的回归系数的绝对值可知，惠州市水资源适应能力的驱动因子的强弱顺序为城镇化率>环境治理投资占 GDP 比重>工业用水重复利用率>灌溉渠系水利用系数。

综上所述，惠州市作为以第一产业主导的资源型城市，结合各准则层驱动因子排序情况来看，用水效率、节水水平及社会经济水平的提升是减缓惠州市水资源系统脆弱度的主要驱动因素，计算结果符合惠州市的实际情况，结果合理可靠。

3. 适应对策

针对珠江三角洲各地级市不同程度的水资源脆弱性问题及不同的水资源脆弱性成因，借鉴国内外水资源治理的先进经验，本书针对珠江三角洲各地级市提出以下几点降低水资源脆弱性的方法。

（1）对深圳市、东莞市、佛山市、中山市、广州市等人口密度大的城市，可以通过加强居民生活节水建设缓解水资源脆弱度。主要方法有：对于社会，要强化社会节约使用水资源的宣传，合理评估定额用水量，实行阶梯级定价；对于百姓，要用宣传和节水用品补贴引导其价值取向；对于工厂，要在兼顾生产的同时，通过价格杠杆敦促工艺提升，向发达国家靠拢；对于管网运输带来的损失，要结合三旧改造，有计划地对旧管线进行提升，在做提升时，要做到超前规划，以适应和支撑珠江三角洲大湾区未来的发展。

（2）对深圳市、东莞市、广州市等水体污染较为严重的城市，应坚决加强珠江三角洲水污染控制。主要方法有：对河涌河道要做好规划，盘活城市水资源流动性，减少死水；做好截污工程，拉起坚固防线；针对排污产业要加大执法力度，建立诚信企业体系，适当限制乱排乱放企业的银行贷款；建立排放监测点及摄像设备，对个人和企业污染行为形成震慑；由于水污染治理本质上属于经济问题，所以在短期内要配合加快建设污水处理厂，抵抗发展阶段一些必然的污染。

（3）对深圳市、佛山市、东莞市、中山市等本地水资源量少的城市，可以通过三角洲城市群供水工程建设或者开拓新水源缓解水资源脆弱度。完善和整合现存供水系统，加强对水库的建设和天然湖泊的保护，开源节流，通过江库联动，灵活供应水资源；同时，加大工业工艺中较少淡水和纯净水依赖的研究，从需求侧减少供水压力通过开拓新水源，如海水淡化利用、中水回用等作为开拓上述区域新水源的渠道。

（4）对佛山市、东莞市等以粗放型模式发展的城市，要遵循循环经济的理念，优化产业结构。结合本地区水资源和水资源承载能力，积极推进产业结构与布局升级，逐步将耗水量大、用水效率低、有污染的企业逐步迁出市区，改善能源结构，推动企业升级换代，通过工艺升级、水的梯级定价引导和废水的循环使用，建立资源循环企业，减少资源消耗，减少废污排放。

（5）对珠海市、中山市等受咸潮影响严重的城市，应适时把取水口上移，并与江门市水源进行统筹规划，解除咸潮及水质污染对珠中江（澳）供水安全的威胁。通过供水管网连通，全面提高居民饮水安全，以共同应对突发事件，提高珠江三角洲的供水应急保障能力。

（6）对惠州市、肇庆市等第一产业耗水率较高的城市，应加大对农田水利基建的投入，扩大节水灌溉面积，调整种植结构，选择节水作物，提高滴灌技术、着力提高用水效率，实现传统农业向现代化农业的转变。

7.5 小 结

在变化环境这一大背景下，各地水资源脆弱性问题日益突出。本章针对变化环境下珠江三角洲水资源脆弱性问题，构建了变化环境下水资源脆弱性评价指标体系，选取模糊物元评价方法、熵权法、层次分析法、多元线性逐步回归法等应用于水资源脆弱性评价，通过对珠江三角洲地区的研究分析，主要得出以下几点结论。

1）水资源脆弱性评价指标体系构建

根据变化环境下的水资源脆弱性评价的内涵和指标系统建立的原则，本书基于VSD 模型，将珠江三角洲水资源脆弱性分解为暴露度、敏感性和适应能力三个维度层进行脆弱性成因分析，最终，暴露度维度层选取了 9 个指标、敏感性维度层选取了 14 个指标、适应能力维度层选取了 16 个指标，构建了包含 39 个指标的较为全面科学且反映珠江三角洲水资源脆弱性的指标体系，并将各指标划分为 5 个等级，分别为脆弱、轻度脆弱、中等脆弱、较强脆弱和强脆弱。

2）水资源脆弱性现状评价

在空间尺度上，珠江三角洲各地级市水资源综合脆弱度在方位上呈现出明显的"中间高、两侧低"的分布态势；在地形上，呈现出"平原区高、山地丘陵区低"的分布规律；在水系上，接近入海口门处的地级市水资源脆弱性较高，而河流中上游地区脆弱性较低；脆弱度大小依次为深圳市>东莞市>中山市>广州市>佛山市>江门市>惠州市>肇庆市。评价结果表明，珠江三角洲水资源脆弱程度受水资源系统条件和社会发展水平影响较为突出。

3）水资源脆弱性演变评价及驱动分析。

本书对珠江三角洲各地级市 1985～2015 年水资源脆弱性演变规律进行分析，结果表明：深圳市、东莞市、中山市呈现"先下降，后上升"的变化特点，近年来水资源系统脆弱度有所升高，水资源系统安全性降低；广州市、佛山市、珠海市、江门市呈现"波动下降"的特点，发展趋势较好，水资源系统脆弱性减弱；惠州市和肇庆市脆弱度下降明显，水资源系统状况较好。本书对深圳市、佛山市、惠州市的水资源脆弱性驱动要素进行诊断，结果表明：①水资源禀赋、人口压力、环境治理水平和社会经济水平是深圳市水资源脆弱性的主要驱动因素；②用水效率水平、社会经济水平、环境治理水平及供水水平是佛山市水资源系统脆弱性的主要驱动因素；③用水效率、节水水平及社会经济水平是惠州市水资源系统脆弱性的主要驱动因素。针对上述分析结果，本章提出了降低珠江三角洲水资源脆弱性的对策。

第8章　珠江三角洲网河区水资源合理配置

珠江三角洲网河区的水资源总量丰富，但是存在水资源的时空分布不均、下游地区咸潮入侵严重，水浪费及水污染严重、高强度用水现象等问题。随着经济的不断发展，水资源供需之间的矛盾越来越突出，特别是在气候变化和剧烈人类活动的双重影响下，水资源系统更具复杂性和不确定性，脆弱性问题日益突出。西北江三角洲作为珠江三角洲的重要组成部分，研究西北江三角洲的水资源优化配置是解决这些矛盾的有效途径，研究水资源优化配置对促进社会、经济、环境的协调和可持续发展具有重要的意义。

8.1　水资源优化配置理论

8.1.1　水资源优化配置的内涵

水资源优化配置既不会增加流域水资源总量，也不会减少水资源总量，体现的是一种优化分配的理念，主要以可持续发展为指导思想，通过工程措施和非工程措施，改变水资源在时空分布不均匀的局面，运用系统分析理论和优化技术，建立数学模拟模型并求解，对水资源进行优化分配，可以解决水资源供求出现的矛盾、各行业用水之间的矛盾、上下游左右岸用水协调、保障经济用水与生态环境用水、当代社会与未来社会用水等复杂性问题（岳春芳，2004）。为了能得到社会、经济、环境协调发展的最佳综合效益，因此需要对在水资源有限的情况下对各分区、各用水部门间的用水进行优化分配。

在西北江三角洲网河区，水资源优化配置的内涵体现在以下几方面。

（1）重点考虑枯水期和连续枯水年的水资源供需问题。西北江三角洲网河地区水资源开发利用以河流地表水和浅层地下水为主，西北江三角洲上游来水径流总量虽大，但年内分布不均匀，导致雨季不缺水，甚至过剩，大量水资源以洪水的形式白白流入大海，但枯水期缺水严重。水资源优化配置强调如何利用水库群进行蓄丰补枯，在枯水期进行合理水量调度，有效解决枯水期来水减少和咸潮上溯等造成的缺水问题。

（2）重点考虑水资源高强开发利用而造成的水质、水环境问题。以西北江三角洲为例，经济比较发达，人口密度大，人均水资源量少，水资源开发强度高，这意味着水资源的加速消耗和污染，供用耗排关系十分复杂，再加上水系错综复杂，河流容易遭受污染，治理起来十分困难。因此，西北江三角洲地区的优化配置应该更多地注重水质问题，严格控制废污水的排放。

（3）虽然西北江三角洲水量总量比较丰富，但是水资源年内分配十分不均，导致枯水期咸潮上溯严重，因此要维持河道内的最小生态流量以达到下游河口防潮压咸的要求。但是在特殊干旱时期，为保证河道外用水要求，可在合理的范围内短时期破坏河道内的生态用水需求，以尽可能满足生活用水要求。

8.1.2　水资源优化配置的原则

水资源作为人类社会赖以生存的基础性资源，在不同分区，不同行业之间必然存在竞争用水的关系。在西北江三角洲地区，极端枯水年份或枯水期，由于上游来水减少和下游受咸潮入侵严重，该区域会出现水资源缺乏的现象，严重威胁该区域的供水安全。从流域管理的角度出发，在水资源紧缺的情况下如何把流域内的各种水资源高效、公平地分到各个城市，如何协调各个城市的发展，如何在注重社会效益的同时兼顾社会效益、生态效益，如何协调近期目标与远期目标的关系，等等。因此，西北江三角洲水资源优化配置需遵循一些基本的原则。

1）高效性原则

高效性是指如何有效提高水资源的分配效率和利用效率。水资源不仅仅具有经济效益属性，还具有社会属性和生态属性，因此，水资源的高效性不仅仅是追求经济效益的最大化，而是追求经济、社会、生态的综合效益最大化，在满足经济生产、生活用水的同时，考虑生态环境所带来的效益，追求经济、社会、生态的协调发展。

2）可持续性原则

水资源优化配置必须遵循水资源的可持续利用原则。水资源的开发利用不能超过水资源承载能力和破坏水资源再生能力，必须保持水资源系统的良性循环和相对平衡。只有保持水资源的可持续发展，才能保证使社会经济达到可持续发展。

3）公平性原则

水资源分配应考虑流域内、外不同区域的经济社会发展水平、自然条件、在可持续发展战略中的地位和作用等多方面的因素，充分兼顾不同地区和部门的利益（赵勇，2006），在综合水资源效益下（社会效益、经济效益和生态环境效益）平等分配水资源，保障涉及地级市广州、佛山、中山、珠海、江门、阳江、肇庆、云浮公平获得西北江三角洲水资源。

4）生活和生态基本用水优先保护原则

人类的生存与发展是最重要的，因此居民的生活用水应当首先得到保证。河道生态环境是人类社会生存和发展的根本，基本河道内生态用水应当得到满足。但是在特殊干旱时期，为保证河道外用水要求，可在合理的范围内短时期破坏河道内的生态用水需求（刘德地，2008），以尽可能满足生活用水要求。

8.1.3 流域水资源优化配置总体思路

水资源优化配置是解决现阶段西北江三角洲高速发展所导致的水资源供需矛盾的有效途径。通过分析水资源利用过程中的供、用、耗、排水规律，在比较各种合理抑制需求、有效增加供给和切实保护水资源的各种措施及其组合方案的基础上，对水资源在时间和区域上进行优化配置调度，协调不同用水部门生活、生产及生态用水之间的矛盾，保障在特殊枯水期时各区域的供水安全，保障经济、社会和生态环境和谐发展。

西北江三角洲网河区拥有十分丰富的过境水资源，但是由于其来水年内分配不均，洪水期大量水资源白白流入大海，而枯水期来水较少导致缺水严重。与此同时，上游西北江容易同枯遭遇情况，极端枯水年份发生较为频繁，如 1963 年西北江总来水径流量仅为 1230.5 亿 m³，仅为多年平均来水径流量的 47%；2003 枯水期西北江总来水径流量为 351.95 亿 m³，仅为多年平均枯水期来水径流量的 61%。本次西北江三角洲网河区水资源优化配置重视上游来水变化、极端枯水年份和极端枯水期中的流域水资源合理分配，同时考虑下游咸潮上溯、盐度超标导致的水质性缺水问题。

在枯水年份和下游地区受咸潮上溯影响的情形下，在水资源可承载能力范围内，把流域宏观经济系统和水资源系统有机结合起来，以流域经济目标、社会目标、生态环境目标三者协调发展为总目标的水资源优化配置策略，并尝试研究上游水文条件变化和咸潮上溯对流域水资源供需平衡情势和对各子区各部门的影响。

本书针对优化配置模型中大系统、多目标、非线性的特点，通过确定各个目标函数的权重系数，从而将多目标变成单目标优化配置，采用大系统总体优化理论，以遗传算法来作为模型的求解方法，计算得出水资源优化配置方案，具体思路如图 8.1 所示。

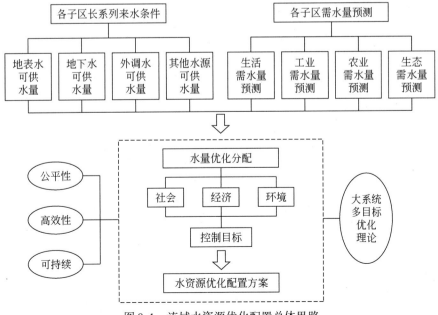

图 8.1 流域水资源优化配置总体思路

8.2　水资源优化配置模型的构建

8.2.1　水资源配置系统的构成及概化

1）水资源配置系统的构成

水资源配置系统一般由如下几个部分组成。

（1）水源部分。一个流域的水资源来源归根结底大部分都来源于降水，某些流域还有少量的海水淡化、污水回用等，在西北江三角洲网河区，水源一般分为河流、水库、浅层地下水等。

（2）需水部分。其中需水主要分为河道外需水和河道内需水两大类。河道外需水，主要分为国民经济各个部门（包括农业、生活、工业、生态、第三产业等）的水资源需求量，河道内需水主要是指河道内保持生态环境基本要求的水资源需水量，包括栖息地健康、航运、渔业、压咸等要求。

（3）工程和非工程措施部分。工程措施主要是指蓄引提调、排水设施等水利工程，非工程措施主要是指水资源管理政策等。

2）水资源配置系统的概化

水资源系统是一个涉及供水系统、排水系统、用水户等方方面面的复杂系统，存在不确定因素。如何对水资源系统实现精确的描述和模拟，如何对系统的各个要素进行正确合理的抽象与简化，舍弃一些次要的要素，是建立模型的关键和基础，系统的概化程度直接影响配置模型计算结果的精确程度。抽象和简化带来的好处是能够清晰反映系统中要素之间的关系，忽略事物的某些次要特征，把握主要特征，是我们完整地认识和把握整个系统的关键之处。系统概化正是实现这种抽象简化并建立的必然途径，实现实际系统到数学表达的映射和转换（游进军，2008）。

水资源系统概化要保持水系和供水系统的完整性，体现自然地理条件和水资源的开发利用特点，考虑水利工程和主要水文站的控制作用，科学地模拟出各个元素之间的水利联系，概化计算单元中应尽可能保持行政区的完整性，便于水资源的科学管理及配置方案的实施（姜传隆，2007）。水资源系统计算单元一般遵循以下原则：尽量按照流域和地形、地貌条件划分，为计算可供水量提供方便；为了能更方便、更系统地收集整理资料，节点划分应尽量与行政区划一致（周丽，2002）。

概化步骤首先是确定研究区域范围及其精度，一般而言，区域范围可分为跨流域、流域、区域（城市）、农业灌区等，因研究范围的不同，水系、水利工程等概化的精度也不同。其次，确定水资源系统模拟中需要考虑的实体类别，选择的依据是是否存在供用耗排方面的水力联系，一般而言，可分为水源（包括河道、湖泊、地下水等）、供水系统（水闸泵站、蓄引提调水工程、供用耗排渠道等水利工程）、用水户（包括各区域各行业用水需求）。再次，对筛选出的实体作抽象、分类和整合，用简练的参数表达

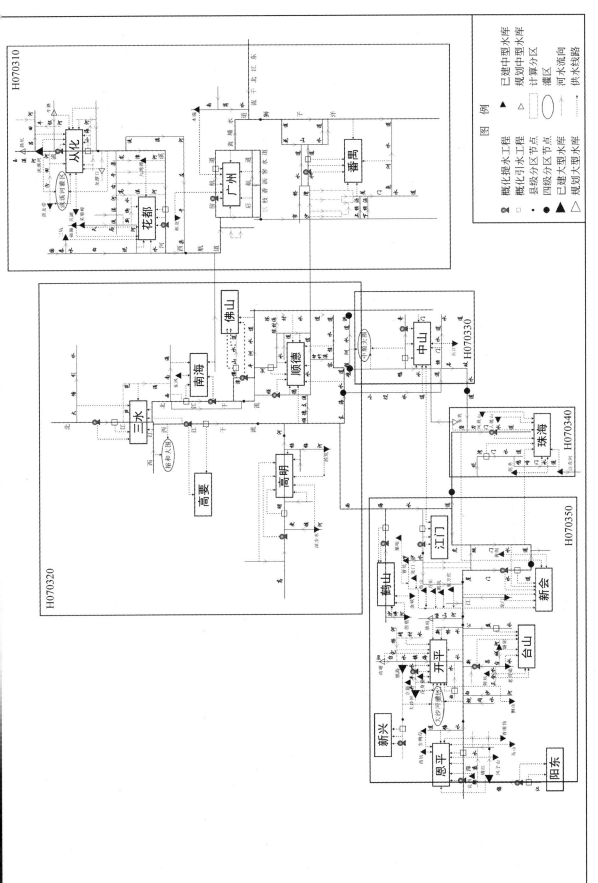

图 8.2　西北江三角洲水资源配置网络节点概化图

出各实体对水资源运动过程作用，反映其对水资源系统的影响作用。最后，对概化的各个实体的水力联系和相互关系进行描述，做出反映实际水资源系统及其内部关系整体框架的节点图（姜传隆，2007；刘德地，2008）。

根据研究区域西北江三角洲本身水系特点，同时考虑西北江三角洲流域内的水文分区、行政分区分布，并将干支流主要断面和水库分别考虑，按流域水系连接起来，形成水资源优化配置计算的网络节点图，具体如图8.2所示。

8.2.2　模型的构成

1）节点平衡模块

节点是模型中的基本计算单元，各节点要保证水量平衡，在节点水量平衡计算中，考虑了从上游流入节点的水量、区间降雨生产的区间来水、扣除耗水之后的回归水量、调入调出水量、各行业用水、水库蓄水量变化、水库损失水量及节点泄流等因素。节点水量的平衡情况具体如图8.3所示，对 $i-1$ 节点和 i 节点组成河段，如果区间来水 $QR(i,t)$ 与区间用水需求 $QP(i,t)$ 的差值 $QS(i,t)$ 为区间缺水。

$$QS(i,t) = QR(i,t) - QP(i,t) - QL(i,t) \tag{8.1}$$

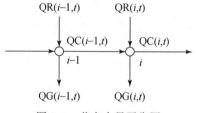

图8.3　节点水量平衡图

当 $QS(i,t)<0$ 时，表明水量不能满足需求，需要由 $i-1$ 节点的来水 $QC(i-1,t)$ 进行补偿；当 $QS(i,t)>0$ 时，有余水进入下一节点。另外，扣除耗水之后的回归水一般按本月考虑。

2）水库补水模块

当区间出现缺水时，水库要进行补水，上游第 m 水库供水的下限值 $Qbu(m,t)$ 为第 m 个水库与第 $m+1$ 个水库之间各河段区间的缺水量之和。

$$Qbu(m,t) = \sum_{i=k(m)+1}^{k(m)+l(m)} \left[(1-a(i))QQ(i,t) + a(i)QQ(i,t+1) \right] \tag{8.2}$$

式中，$k(m)$ 为 m 水库的节点编号；$l(m)$ 为 m 水库直接供水的河段数。其中：

$$QQ(i,t) = \Delta Q(i,t) + QS(i,t) \tag{8.3}$$

当 $QQ(i,t)<0$ 时计入式（6.56），并有

$$\Delta Q(i+1,t) = QC(i,t) \tag{8.4}$$

当 $QQ(i,t) > 0$ 时不计入式（6.56），并有

$$\Delta Q(i+1,t) = QQ(i,t) + QC(i,t) \tag{8.5}$$

$$\Delta Q(k(m)+1,t) = 0 \tag{8.6}$$

8.2.3　优化配置模型目标

优化配置模型由目标函数和约束条件构成，追求经济效益、社会效益、生态效益的综合效益最大化。其数学形式如下。

$$\max\{f_1(x), f_2(x), f_3(x)\}$$
$$G(x) \leq 0 \tag{8.7}$$
$$x \geq 0$$

式中，x 为决策向量；$f_1(x)$、$f_2(x)$ 和 $f_3(x)$ 分别为经济效益目标函数、社会效益目标函数和生态环境效益目标函数；$G(x)$ 为约束条件集，一般表示水资源承载力、工程条件约束，子系统状态方程等。

1）经济效益目标

以流域总供水经济效益最大来表示。

$$\max f_1(x) = \max \sum_{k=1}^{k} \omega(k) \left[\sum_{i=1}^{5} b_i(k) x_i(k) \right] \tag{8.8}$$

式中，$f_1(x)$ 为流域总供水经济效益；$\omega(k)$ 为第 k 子区的权重系数，本书考虑公平性原则，因此各子区的权值系数取相同值；$i = (1,2,3,4,5)$ 分别表示第一产业、第二产业、第三产业、河道外生态供水和生活供水量（包括城镇生活和农村生活）；$b_i(k)$ 表示水源向 k 子区 i 用户供水的综合效益系数（元/m³）；$x_i(k)$ 表示 k 子区 i 用水户的配水量。

2）社会效益

采用区域总缺水量最小来间接反映社会效益。

$$\max f_2(x) = \min \sum_{k=1}^{k} \sum_{i=1}^{5} \left[D_i(k) - x_i(k) \right] \tag{8.9}$$

式中，$D_i(k)$ 为 k 子区 i 用户的需水量（万 m³），其他符号意义与前面一致。

3）生态环境效益

追求生态环境带来的效益，本书选用废污水的排放量最小来表示，这里只考虑生活用水和工业用水排放的污染物。

$$\max f_3(x) = \min\left\{ \sum_{k=1}^{k} \left[x_1(k) d_1(k) + x_2(k) d_2(k) \right] \right\} \tag{8.10}$$

式中，$d_1(k)$、$d_2(k)$ 分别为 k 子区生活用水排污系数、工业用水排污系数；$x_1(k)$、$x_2(k)$ 分别为 k 子区的生活配水量、工业配水量。

8.2.4 模型约束条件

1. 水源部分约束

1) 区域水资源量约束

$$\sum_{i=1}^{4} \mathrm{AW}_i(m,k) \leqslant \mathrm{WQ}(m,k) = \mathrm{WQ}_1(m,k) + \mathrm{WQ}_2(m,k) + \mathrm{WQ}_3(m,k) - \mathrm{WQ}_4(m,k)$$

$$(8.11)$$

其中，

$$\mathrm{WQ}_3(m,k) = \sum_{i=1}^{4} \mathrm{AW}_j(m,k-1)\lambda_j(m,k-1)$$

式中，$\mathrm{AW}_j(m,k)$ 表示第 m 时段 k 区农业、工业、生活、生态分配的水资源量；$\mathrm{WQ}(m,k)$ 表示 m 时段 k 区的水资源可利用量；WQ_1、WQ_2、WQ_3、WQ_4 分别表示本地水资源量、调入水资源量、上游区域的回归到 k 区的水资源量、调出水资源量；λ 表示回归系数。

2) 水库枢纽水量平衡约束

$$\mathrm{VR}(m+1,j) = \mathrm{VR}(m,j) + \mathrm{WQRC}(m,j) - \mathrm{WQRX}(m,j) - \mathrm{WQVL}(m,j) \qquad (8.12)$$

式中，$\mathrm{VR}(m+1,j)$ 表示第 $m+1$ 时段第 j 个水库枢纽的库容；WQRC 表示水库的需水变化量；WQRX 表示水库的下泄水量；WQVL 表示水库的水量损失。

3) 河渠节点水量平衡约束

$$\mathrm{WH}(m,k) = \mathrm{WH}(m,k-1) + \mathrm{WQH}(m,k) + \mathrm{WQRX}(m,j) + \mathrm{WQ}_3(m,k)$$

$$- \mathrm{WQRC}(m,j) - \sum_{i=1}^{4} \mathrm{AW}_j(m,k) - \mathrm{QL}(m,k) \qquad (8.13)$$

式中，$\mathrm{WH}(m,k)$ 表示第 m 时段第 k 节点的过水量；WQH 表示区间来水量；WQRX 表示第 j 个水库的下泄水量；WQRC 表示给该区域供水的第 j 个水库的蓄水变化量；QL 表示蒸发渗漏损失量。

4) 咸潮影响区盐度超标水资源可利用约束

$$\eta_k = \frac{\sum_{i=1}^{n} W_i \left(1 - \dfrac{h_{ki}}{h_{km}}\right)}{\mathrm{total}W} \qquad (8.14)$$

式中，η_k 为第 k 月的水资源可利用系数；W_i 为第 i 个取水口工程设计供水能力；h_{ki} 为第 k 月第 i 个取水口的盐度超标历时；h_{km} 为第 k 月的总小时数，$\mathrm{total}W$ 为该区域的总供水工程设计供水能力。西北江三角洲详细盐度超标历时结果见 8.3.1 节。

5) 水质约束

水资源的供给考虑水质，当河道内水资源水质未达到供水要求，则不参与供水。考虑目前西北江三角洲地区水环境治理现状，对现状年水质明显低于水功能区水质目标要求的河段，在可供水量中将相应区间的产水量予以扣除，不参与配置计算（表8.1）。

表8.1　西北江三角洲地区重点水质污染河流（河段）

河流名称	河流长度/km	流域面积/km²	水质不合格产水面积/km²	污染河段水质现状
白坭河	59	758	606.4	V类–劣V类
西南涌	41.6	393	373.35	V类–劣V类
芦苞涌	32	252	239.4	V类–劣V类
西航道	16.24	470	470	V类–劣V类
前航道	23.24			V类–劣V类
后航道	27.8			V类–劣V类
市桥水道	14.7	68.7	68.7	V类–劣V类
佛山水道	33	264	264	V类–劣V类
陈村水道	15	73.4	73.4	V类–劣V类
石岐河	39.8	366	366	V类–劣V类
前山水道	30.5		107	V类–劣V类
江门河、天沙河、北街水道	23	313	234.75	V类–劣V类

2. 需水部分约束

各用水部门的各行业用水均不能超过需水量，如下式表示：

$$\eta \text{DAW}_j(m,k) \leqslant \text{AWW}_j(m,k) \leqslant \text{DAW}_j(m,k) \tag{8.15}$$

式中，$\text{AWW}_j(m,k)$表示第m时段第k区第j行业的实际净供水量；$\text{DAW}_j(m,k)$第m时段第k区第j行业需水量；η为$[0,1]$区间的某数，表示配水的下限比例。西北江三角洲详细需水结果见8.3.2节。

3. 供水工程约束

子区各行业用水不能超过该区域的供水工程总设计供水能力。西北江三角洲供水工程体系主要以地表水工程为主，现状有41座大、中型水库，1宗调水工程，为广州西江引水工程，从西江思贤滘取水，设计每月取水规模1.05亿m³。各供水工程约束条件如下。

（1）水库蓄水库容。防洪是水库的基本功能，水库的调配计算过程必须受到防洪条件的约束。

$$\text{VR}_{\min}(j) \leqslant \text{VR}(m,j) \leqslant \text{VR}_{\max}(j)$$
$$\text{VR}_{\min}(j) \leqslant \text{VR}(m,j) \leqslant \text{VR}'_{\max}(j) \tag{8.16}$$

式中，$VR_{min}(j)$ 表示第 j 个水库的死库容；$VR_{max}(j)$ 表示第 j 个水库的兴利库容；$VR'_{max}(j)$ 表示第 j 个水库的汛限库容。

（2）引提水工程能力。从河道引水或抽水要受到引提水工程条件的约束。

$$WQP(m,k) \leqslant WQP_{max}(k) \tag{8.17}$$

式中，$WQP(m,k)$、$WQP_{max}(k)$ 分别表示第 m 时段第 k 区的引提水量、最大引提水能力。

（3）调水工程能力

$$WD(m,k) \leqslant WD_{max}(m,k) \tag{8.18}$$

式中，$WD(m,k)$、$WD_{max}(m,k)$ 表示第 m 时段第 k 区的调水量和最大调水能力。

4. 河道内生态水量约束

西北江三角洲网河区枯季河道内水量较少，同时肩负着下游河口防潮压咸的任务，一般情况下河道内应满足河道内生态需水量，详细河道内生态需水量见 8.3.2 节。但是遇到特殊的年份或月份，在较短时间内可以破坏河道内生态需水要求，但是由于河道生态、水质、咸潮、抽水水位等条件的限制，生态用水也不能无限制的破坏，当破坏到一定程度则应保护河道生态水量而停止取水。具体河道内生态用水破坏程度分类见表 8.2。

表 8.2　河道内生态用水破坏程度分类表

破坏等级	河道内供水保证率（X）	说明
1	$X \geqslant 1$ 则 $X = 100\%$	满足
2	$85\% \leqslant X < 100\%$	轻破坏
3	$70\% \leqslant X < 85\%$	中破坏
4	$60\% \leqslant X < 70\%$	重破坏
5	$X < 60\%$	严重破坏（停止取水）

注：$X =$ 河道内剩余水量/河道内生态需水量 $\times 100\%$

8.2.5　模型求解方法

本章采用大系统总体优化方法（钟平安，1995），相对于把大系统先分解成若干子系统后再考虑子系统间协调的分解协调技术而言，它是把整个区域作为一个系统，直接采用优化方法进行整体优化。求解方法采用基本遗传算法（GA）（周丽，2002），遗传算法一种模拟生物遗传与进化机制的自适应概率优化技术，由美国 Michigan 大学的 Holland 教授于 1962 年建立的。遗传算法是基于进化论、物种选择学说和遗传学说的一种模拟遗传选择和自然淘汰的生物进化论的计算模型，具有简单易用、较强的鲁棒性，较强的全局搜索能力，能适应并行计算，能有效避免局部优化及应用范围广等优点（周明和孙树栋，1999）。

1. 编码方法

考虑到水资源配置模型中决策变量和约束条件均有上百个，变量间范围跨度较大，且计算精度要求比较高，故本书采用实数编码方法，提高运算效率。

2. 适应度函数

适应度是遗传算法中用来衡量个体的优良程度，在本书适应度值就是模型追求的目标函数值（分别为经济、社会和生态三个目标函数），个体适应度高的个体遗传到下一代的概率相对较大。由于本模型存在着众多约束条件，采用目标函数与罚函数（倪金林，2007）相结合的方法来构成适应度函数，即当变量值不在约束条件内时，则加以罚函数以降低其适应度值将其淘汰。如下所示：

$$F'(x) = \begin{cases} F(x), x \in Q \\ F(x) - P(x), x \notin Q \end{cases} \tag{8.19}$$

式中，$F(x)$ 为原适应度；$F'(x)$ 为调整后的适应度；$P(x)$ 为罚函数。

3. 选择操作

选择操作方面，本书首先采用精英策略选出当代适应度最大的个体，不参与当代的遗传运算，遗传至下一代，以防止优良个体受到交叉、变异等遗传操作破坏。在剩下的个体中则采用易于实现的轮盘赌法（梁宇宏和张欣，2009），其核心思想是每个个体被选择进入下一代的概率为其适应值与整个种群的适应度值和的比例，当适应度值越高时，被选中的可能性就越大。

4. 交叉操作

个体在遗传进化的过程会进行交配而染色体重组，即交叉操作。本节采用的是算数交叉法进行个体交叉操作。具体公式如下所示：

$$\begin{cases} X_A^{t+1} = aX_B^t + (1-a)X_A^t \\ X_B^{t+1} = aX_A^t + (1-a)X_B^t \end{cases} \tag{8.20}$$

式中，X_A、X_B 为进行交叉的两个个体；a 为常数。

5. 变异操作

变异操作方面本书采用均匀变异策略，即以变异概率（参数）从对应基因的取值范围内取一均匀分布的随机数来替代原基因。均匀变异有利于增加群体的多样性，更有利于在全局范围内搜索解。

遗传算法实现的基本流程如图 8.4 所示。

利用大系统总体优化遗传算法求解水资源优化配置模型步骤如下：

（1）对模型中的变量（各分区各行业的供水量）进行实数编码，并构造遗传染色体与模

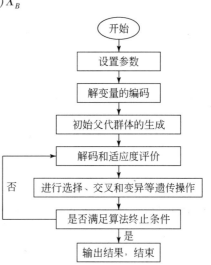

图 8.4　基本遗传算法的计算机程序流程图

型决策变量之间的转换规则。

（2）确定优化配置模型中各目标的适应度函数，用单目标遗传算法分别求得各目标的最优解 x_p^* 及最优值 $f_p^*(p=1,2,3)$。

（3）将最优解 $x_p^*(p=1,2,3)$ 代入各个目标函数中 $f_p(x)(p=1,2,3)$，可得 p^2 个目标值组成的支付表，从而得各个目标的最大值 f_p^* 和最小值 $f_p^0(p=1,2,3)$。

（4）分别按 $[S_{min}, S_{max}]$ 区间，对水资源配置模型设定的目标进行作无量纲化处理。

极大化处理：

$$e_p(x_p) = S_{min} + \frac{f_p(x_p) - f_p^0}{f_p^* - f_p^0}(S_{max} - S_{min}) \tag{8.21}$$

极小化处理：

$$e_p(x_p) = S_{max} + \frac{f_p(x_p) - f_p^0}{f_p^* - f_p^0}(S_{max} - S_{min}) \tag{8.22}$$

通过权重规则把多目标函数转换为单目标函数，构建总体评价函数。

$$F(x) = \sum_{p=1}^{p} \lambda_p e_p(x) \tag{8.23}$$

式中，$\lambda = (\lambda_1, \lambda_2, \cdots, \lambda_p)$ 为目标权重向量。本书优化目标以经济、社会和生态环境协调发展，三个目标并重，权重均为1/3。

当某一轮配水结束时，根据该轮实际配水对需水的满足程度，评判该轮配水是否合理（表8.3），当配水破坏程度达到重破坏则重新修改效益系数（陈夺峰和黄岁樑，2008）和权重新配水，河道内剩余水量小于河道内最小允许生态水量或该地区工程供水能力不够除外。

表8.3　河道外各产业配水矩阵

破坏等级	第一产业供水	第二产业供水	第三产业供水	河道外生态供水	生活供水	说明
1	1	1	1	1	1	满足
2	0.8	0.9~0.99	0.9~0.99	0.75	1	轻破坏
3	0.5	0.8~0.9	0.8~0.9	0.45	0.95~0.98	中破坏
4	≤0.4	≤0.8	≤0.8	≤0.35	≤0.95	重破坏

8.2.6　配置模型参数和计算条件

水资源需求量以2010年为基准年，应用8.3.2节的需水预测成果，并结合各单位的1956~2000年的各年的来水频率和不同频率下水资源需求的月分配系数（《广东省一年三熟灌溉定额》研究成果）得到基准年需水的长系列资料。

区间来水条件采用1956~2000年各五级水资源分区还原天然径流系列资料；过境水采用高要站、石角站1956~2000年的实测逐月径流量资料。

各水利工程数据以现状工程为基础，数据主要来源于《广东省水中长期供求规划》

项目的基础数据。模型以月为配水时段和年为计算周期进行 1956～2000 年的长系列河道水库联合调度计算。求解过程中，大中型水库根据水利联系进行调算，各计算单元的小型水库则打包计算。

　　遗传算法采用实数编码方法，种群初始规模设为 100，终止迭代次数设为 600，交叉概率设为 0.9，变异概率设为 0.2。

8.3　模型输入条件分析

8.3.1　盐度超标历时预测

1. 方法与原理

　　支持向量机（support vector machine，SVM）具有回归拟合与分类识别功能，在解决小样本、非线性及高维问题中有很强的优势。支持向量机是基于 VC 维理论和结构风险最小化（邓乃扬和田英杰，2004）的，通过寻求有限样本信息的学习能力和泛化能力之间的最佳折中，以期获得最好的推广能力。

　　支持向量机是从线性可分情况下的最优分类面发展而来的，如果训练样本线性不可分，则将输入空间通过某种非线性映射，映射到一个高维特征空间，构造线性的最优分类超平面。设样本集是 1 个 d 维向量 $y_i \in R$，$y_i \in \{1, -1\}$ 或 $y_i \in \{1, 2, \cdots, k\}$ 或 $y_i \in R, i = 1, 2, \cdots, l$。通过学习训练寻找一个函数 $f(x)$，使得 $y_i = f(x_i)$，得到与实际数据相符的预测值 y_i，这个学习模式 $f(x)$ 就称为支持向量机。当 $y_i \in \{1, -1\}$ 时为最简单的两类识别问题，当 $y_i \in \{1, 2, \cdots, k\}$ 时为 k 类识别问题，当时为函数估计，即回归问题。

　　本节就是运用支持向量机的回归拟合功能构建盐度超标历时分析模型。通过对样本进行非线性变换，从而将非线性问题转变为高维特征空间中的线性问题。由统计学习理论确定回归函数（Chang and Lin，2011）如下：

$$f(x) = \omega^T \varphi(x) + b$$

式中，ω 为权重向量；b 为偏置量；$\varphi(x)$ 为输入的非线性映射集合。引入 ξ_i 和 ξ_i^*，将其最小化风险函数等价如下优化问题：

$$\min \frac{1}{2} \parallel \omega \parallel^2 + C \sum_{i=1}^{l} (\xi_i + \xi_i^*) \tag{8.24}$$

$$\text{s. t.} \begin{cases} f(x_i) - y_i \leqslant \varepsilon + \xi_i \\ y_i - f(x_i) \leqslant \varepsilon + \xi_i^* \\ \xi_i, \xi_i^* \geqslant 0, i = 1, \cdots, l \end{cases} \tag{8.25}$$

式中，C 为惩罚因子。利用拉格朗日乘子法来解这个优化问题，可以构造拉格朗日乘子法函数：

$$\begin{aligned} L = &\frac{1}{2} \parallel \omega \parallel^2 + C \sum_{i=1}^{l} (\xi_i + \xi_i^*) - \sum_{i=1}^{l} a_i [\varepsilon + \xi_i - y_i + f(x_i)] \\ &- \sum_{i=1}^{l} a_i^* [\varepsilon + \xi_i^* + y_i + f(x_i)] - \sum_{i=1}^{l} (\beta_i \xi_i + \beta_i^* \xi_i^*) \end{aligned} \tag{8.26}$$

其中，a_i、a_i^*、β_i 和 β_i^* 为不定乘子。根据最优理论，将 L 分别对各参数求偏导，并令其等于 0。

$$\omega = \sum_{i=1}^{l}(a_i - a_i^*)\varphi(x)$$

$$\sum_{i=1}^{l}(a_i - a_i^*) = 0$$

$$C - a_i - \beta_i = 0 \tag{8.27}$$

$$C - a_i^* - \beta_i^* = 0$$

将式（6.26）代入式（6.27），根据对偶原理，可得最优化问题为

$$\max -\frac{1}{2}\sum_{i,j=1}^{l}(a_i - a_i^*)(a_j - a_j^*)K(x_i, x_j) - \varepsilon\sum_{i=1}^{l}(a_i + a_i^*) + \sum_{i=1}^{l}y_i(a_i - a_i^*) \tag{8.28}$$

$$\text{s. t.} \begin{cases} \sum_{i=1}^{l}(a_i^* - a_i) = 0 \\ 0 \leqslant a_i, a_i^* \leqslant C \end{cases} \tag{8.29}$$

式中，$K(x_i, x_j)$ 为一个满足 Mercer 条件的核函数。求解上述的二次规划，根据 KKT 条件可求得偏置量 b，当 $a_i^* - a_i$ 为 0 时对应的输出样本就是支持向量。最终可得到回归函数如下：

$$f(x) = \sum_{i=1}^{l}(\alpha_i - \alpha_i^*)K(x_i, x) + b \tag{8.30}$$

常用的核函数如下：

多项式核函数，

$$K(x_i, x) = [(x, x_i) + 1]^d$$

高斯径向基核函数，

$$K(x_i, x) = \exp(-\|x - x_i\|^2/\sigma^2)$$

多层感知器函数，

$$K(x_i, x) = \tanh(kx_i \cdot x + \theta)$$

2. 超标历时预测模型的建立

咸潮上溯受上游径流和下游潮汐动力影响，因此模型输入端考虑上游径流（上游高要站和石角站合径流量），下游潮汐作用（三灶站高、低潮位过程）；输出端为取水站点盐度超标历时。构建月尺度的咸潮上溯分析模型如下：

$$y_t = f(x_t, x_{t-1}, h_t, h_{t-1}, l_t, l_{t-1}) \tag{8.31}$$

式中，y_t 为第 t 个月的取水站点的超标历时；x_t、x_{t-1} 为第 t、$t-1$ 个月的高要站和石角站合径流量；h_t、h_{t-1} 为第 t、$t-1$ 个月的三灶站月平均高潮位；l_t、l_{t-1} 为第 t、$t-1$ 个月三灶站月平均低潮位。

1）数据的预处理

为消除样本各个变量由于量纲和单位的影响，减少训练过程中数值运算的复杂程度，需要对样本数据进行归一化处理。本书采用比例压缩法将样本数据归一化到 $[0.1,0.9]$ 内，归一化公式如下，式中 x_{max} 和 x_{min} 分别为样本数据中的最大值与最小值，X_i 为归一化后的数据。

$$X_i = 0.1 + 0.8 \frac{x_i - x_{min}}{x_{max} - x_{min}} \tag{8.32}$$

同时由于变量维数较多且变量之间存在着多重相关性，会影响模型的训练精度。因此本节采用主成分分析法（Jolliffe，2005）对变量进行降维处理和克服变量间的多重相关性，提取 95% 的主成分作为模型的输入条件。

主成分分析法是借助一个正交变换将原变量转换成分量不相关的新变量，以携带大部分信息的少量新变量取代原有的多维变量。设原始变量为 $t_1, t_2, \cdots, t_p$，通过主成分分析之后得到的主成分为 $x_1, x_2, \cdots, x_m (m < p)$，它们是 $t_1, t_2, \cdots, t_p$ 的线性组合。新变量 $x_1, x_2, \cdots, x_m$ 是由原坐标系经平移和正交旋转形成的新坐标系，称为 m 维主超平面。其中第一主成分 x_1 是携带数据信息最多的一维变量，对应数据变异（贡献率）最大方向。主成分分析方法在不损失样本信息的情况下能克服变量间的多重相关性，同时能对样本进行降维处理，有效地提高模型运算速度。

2）参数优选与模型训练

对于核函数的选择，本节选取高斯径向基（RBF）函数，该核函数具有较少参数且有良好的泛化性能（Hsu et al.，2003）。在参数优选方面，本书利用 Grid-Search 方法搜索模型的主要参数惩罚因子 C 与核函数参数 g，Grid-Search 方法能很直观快速搜索最佳参数的区间位置，定义搜索区间为 $[2^{-8}, 2^8]$，步长为 0.5；并运用 K 折交叉验证法（K-fold cross-validation）检验参数，K 折交叉验证原理是将训练样本随机分成 K 等份，其中 $K-1$ 份作为训练集，另一份作为验证集，如此重复 K 次，取 K 次预测得平均误差值作为模型的近似误差值。模型构建的具体步骤如图 8.5 所示。

图 8.5　模型构建流程图

3）模型验证指标

为了评价模型的拟合预测效果，本节选用效果系数、一致性指标两个拟合度度量指标（方宏远，2004）表征。

（1）"效果系数"（coefficient of efficiency），用 E 表示，效果系数 E 越接近 1，则说明预测效果越好，预测值越接近实测值，但效果系数 E 对系列中的极值是敏感的，因此需要结合一致性指标 D 判断来消除此影响。

$$E = 1.0 - \frac{\sum\limits_{i=1}^{N} (O_i - P_i)^2}{\sum\limits_{i=1}^{N} (O_i - \overline{O})^2} \tag{8.33}$$

（2）"一致性指标"（index of agreement），用 D 表示，一致性指标 D 的取值在 $0 \sim 1$ 之间，取值越大,说明模型预测值的变化与实测值越一致。

$$D = 1.0 - \frac{\sum\limits_{i=1}^{N} (O_i - P_i)^2}{\sum\limits_{i=1}^{N} (|P_i - \overline{O}| + |O_i - \overline{O}|)^2} \tag{8.34}$$

式中，O 为实测值；P 为模型预测值；$\overline{O}$ 为实测平均值；N 为样本数。

3. 模型的率定与验证

本节研究样本见表 8.4，平岗站和广昌站选用 2003 年 9 月 ~ 2007 年 8 月的数据作为训练集对咸潮上溯分析模型进行训练和模拟，挂定角选用 2001 年 10 月 ~ 2005 年 3 月的数据作为训练集对咸潮上溯分析模型进行训练和模拟。此外为了检验模型的分析预测效果，平岗站和广昌站选取 2007 年 9 月 ~ 2008 年 2 月，挂定角选取 2004 年 10 月 ~ 2005 年 3 月，各站点 6 个月的数据作为测试集输入到已训练完毕的模型进行检验。

通过参数优选，确定平岗站咸潮分析模型最优参数 C 和 g 分别为 4 和 2，广昌站和挂定角的咸潮分析模型最优参数 C 和 g 都分别为 11.313 和 1.414，其中不敏感参数 ε 均取 0.001。具体结果见表 8.5，具体参数优选过程图如图 8.6 所示。

表 8.4　各站点超标历时资料统计时段

站点	平岗站	广昌站	挂定角
时段	2003 年 9 月 ~ 2008 年 2 月	2003 年 9 月 ~ 2008 年 2 月	2001 年 10 月 ~ 2005 年 3 月

表 8.5　各站点模型最优参数结果表

站点	最优参数 C	最优参数 g
平岗站	4	2
广昌站	11.313	1.414
挂定角	11.313	1.414

由表 8.6 可以看出，各站点咸潮分析模型拟合效果较为理想。其中平岗站训练集模拟的效果最好，模拟效果系数 E 达到 0.9747，一致性指标 D 达到 0.9933；广昌站次之，模拟效果系数 E 为 9527，一致性指标 D 为 9871；挂定角的模拟效果相对较差，效果系数 E 为 0.8619，一致性指标 D 达到 0.9636。这可能是由于挂定角离外海最近，受上游径流的影响相对较弱而导致的模拟精度相对较低。具体各站点超标历时模拟结果如图 8.7 ~ 图 8.9 所示。

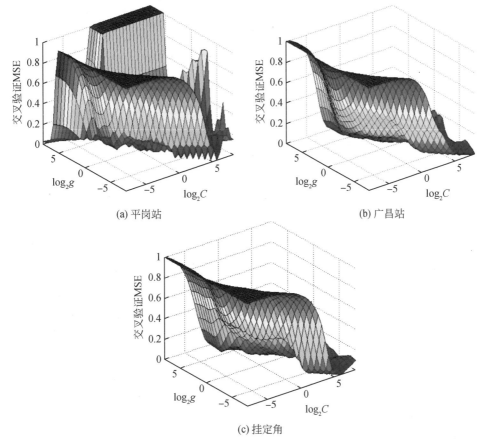

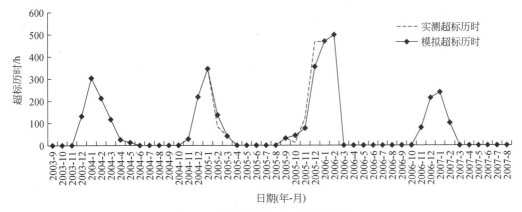

图 8.6　各站点模型优选结果图

表 8.6　各站点超标历时模拟结果拟合度分析

站点	效果系数 E	一致性指标 D
平岗站	0.9747	0.9933
广昌站	0.9527	0.9871
挂定角	0.8619	0.9636

图 8.7　平岗站超标历时模拟结果图

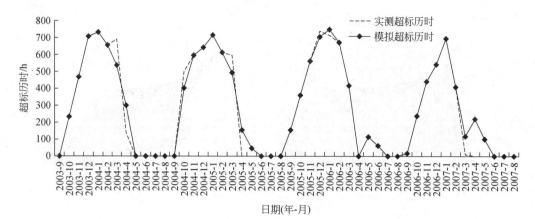

图 8.8 广昌站超标历时模拟结果图

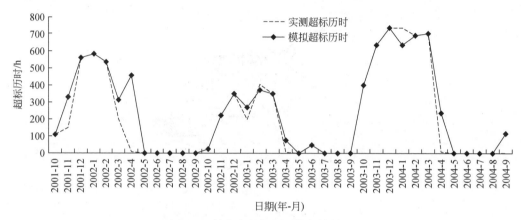

图 8.9 挂定角超标历时模拟结果图

对已训练好的模型输入测试集，以检验模型的预测效果。如表 8.7~表 8.9 所示，总体来说三个站点的咸潮分析模型均能较好地预测超标历时的趋势与变化。平岗站预测效果系数 E 为 0.8964，一致性指标 D 为 0.9704；广昌站预测效果系数 E 达到 0.9326，一致性指标 D 达到 0.9821；挂定角预测效果系数 E 为 0.8164，一致性指标 D 为 0.9525。实测数据为 0 值的时段模拟较差是因为该时段的盐度资料缺测所以默认为零。各站点预测结果图详见图 8.10~图 8.12。

综上所述，该咸潮上溯分析模型结果精度较好（表 8.10），能较好地模拟预测磨刀门水道各取水站点的月超标历时，能应用于西北江三角洲咸潮影响区的超标历时分析预报。

表 8.7 平岗站超标历时预测值与实测值对比

日期（年-月）	2007-9	2007-10	2007-11	2007-12	2008-1	2008-2
实测数据	0	0	355	342	388	157
预测数据	25.17	17.36	233.54	358.22	395.90	182.90

表 8.8　广昌站超标历时预测值与实测值对比

日期（年-月）	2007-9	2007-10	2007-11	2007-12	2008-1	2008-2
实测数据	0	309	693	702	713	541
预测数据	61.22	255.66	565.02	722.04	746.32	597.72

表 8.9　挂定角超标历时预测值与实测值对比

日期（年-月）	2004-10	2004-11	2004-12	2005-1	2005-2	2005-3
实测数据	386	182	708	744	662	653
预测数据	384.69	182.60	615.51	649.34	809.56	579.09

表 8.10　各站点超标历时预测结果拟合度分析

站点	效果系数 E	一致性指标 D
平岗站	0.8964	0.9704
广昌站	0.9326	0.9821
挂定角	0.8194	0.9525

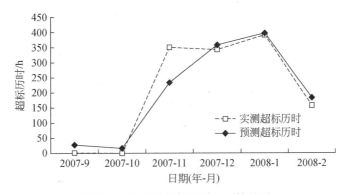

图 8.10　平岗站超标历时预测结果图

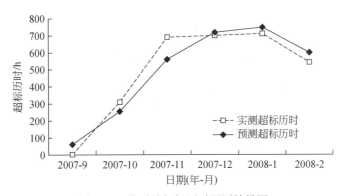

图 8.11　广昌站超标历时预测结果图

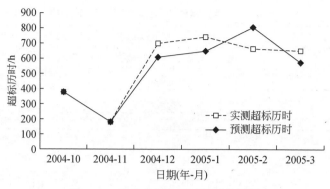

图 8.12　挂定角超标历时预测结果图

4. 超标历时预测结果

根据已训练好的各取水口的咸潮分析模型，以长系列资料 1956～2000 年的高要站+石角站月径流量序列，三灶站月高、低潮位同步资料（由于资料限制，1956～1963 年三灶站潮位实测资料缺乏，由于潮位资料短期内相对较为稳定，因此以临近年份 1964 年代替）作为输入参量进行长系列计算（刘德地和陈晓宏，2007），分析预报出长系列年份的各取水口的盐度超标历时结果，为下一步的网河区水资源优化配置提供支持。

选取的典型枯水年份 1984 年（75%）、1991 年（90%）、1989 年（97%）和 1963 年（99% 以上）的结果来分析，具体计算结果见表 8.11。以平岗站为例，可以看出 1963 年超标历时计算结果并不是最多，这是由于不同年份的年内分配不同，影响咸潮上溯超标历时的因素主要是枯水期径流量的大小。1963 年虽然高要站+石角站年径流总量只有 1230.5 亿 m³，来水频率在 99% 以上，但是枯水期径流量并不是最少，具体各典型枯水年份年内分配见表 8.12。

表 8.11　各站点不同典型年枯水期超标历时计算结果

来水频率	月份	超标历时/h		
		平岗站	广昌站	挂定角
75%	1	123	653	616
	2	237	623	672
	3	213	546	561
	10	62	218	344
	11	90	369	426
	12	174	703	744
90%	1	128	630	595
	2	102	535	564
	3	145	477	476
	10	107	348	477
	11	129	533	635
	12	215	664	744

续表

来水频率	月份	超标历时/h		
		平岗站	广昌站	挂定角
97%	1	154	665	596
	2	149	599	609
	3	178	506	516
	10	164	353	568
	11	305	607	727
	12	348	744	744
99%以上	1	384	744	744
	2	402	672	672
	3	103	536	509
	10	101	542	696
	11	47	366	484
	12	79	481	582

注：洪水期 4~9 月超标历时默认为 0，以月总小时数为上限

表 8.12　高要站+石角站径流量序列各典型年年内分配分析

年份	不均匀系数 C_u	年径流量/亿 m³	枯水期径流量/亿 m³	枯水期径流比
1963	0.562	1230.5	430.9	0.350
1984	0.622	2236.6	505.9	0.226
1989	0.684	1668.6	377.5	0.226
1991	0.743	1956.9	447.4	0.229

8.3.2　需水预测

1. 河道外需水分析

　　需水预测是一个相当复杂的过程，由于水资源利用的多水户、多功能和多方式的特点，想准确地预测未来需水量是相当困难的。目前，需水预测的研究方法大体有两种：一种是从需水相关的因素入手，通过分析相关因素的变化趋势，乘以定额来反推需水量；另一种是从用水本身的历史序列入手，通过数理统计方法找出其中的内在规律，进行外推预测未来的需水趋势。

　　本节采用上述第一种方法即用水定额法进行需水预测。用水定额法是将单位指标的用水定额预测作为基础的一种水资源需求预测方法。用水定额法一般包括社会经济发展指标和各用户的用水定额的预测，然后根据这两者的乘积作为水资源需求量的预测值（吕彤，2007）。用水定额法通常包括工业需水预测、农业需水预测、生活需水预测和生态环境需水预测。工业需水预测通常采用根据工业发展指标和工业用水定额方法预测；农业需水预测通常采用灌溉面积、灌溉定额和林牧渔面积、林牧渔用水定额的方法预测；生活需水通常采用人均日用水定额和人口增长率预测的方法；生态环境需水考虑绿地灌溉需水、河湖补水量、城镇环境卫生需水量等。

表8.13　西北江三角洲基准年（2010年）河道外需水预测结果

单位：万 m³

分区名称	城镇生活	农村生活	工业需水	河道外生态需水	农田灌溉需水							林牧鱼	城镇公共
					P=5%	P=10%	P=25%	P=50%	P=75%	P=90%	P=95%		
从化	1897	2718	15414	2981	6126	6707	7798	9144	10848	14452	13074	7052	1314
花都	3999	1723	68802	1363	5409	5923	6899	8100	9624	10903	11618	4868	5380
广州市区	66247	0	228194	4303	7817	8560	9970	11707	13909	15481	16790	4761	21793
三水	3511	0	10767	2395	2976	3285	3855	4567	5734	6118	6630	12082	1678
高要	178	274	1122	3	1475	1643	1863	2054	2305	2560	2791	889	164
南海	16726	0	86661	3534	8270	9127	10711	12690	13649	17001	18424	15140	9702
佛山市区	12882	0	19494	10	1464	1616	1896	2246	2817	3009	3261	1043	2940
新兴	121	124	645	21	1067	1206	1459	1782	2150	2521	2762	413	10
高明	3081	0	16537	2173	6314	6968	8177	9688	13157	12979	14065	15874	2680
鹤山	1849	1096	4829	89	7987	9874	11411	9530	13978	18617	21237	5548	1348
顺德	13692	0	53303	1457	2677	2954	3467	4107	3405	5502	5963	20394	4623
阳东	42	89	101	1	850	957	1154	1405	1690	1979	2166	435	10
恩平	1823	1081	9259	49	4378	6317	7236	11126	14220	18356	20939	5186	1329
开平	3154	1870	9590	297	26768	28656	17417	19195	23918	31764	36234	6983	1537
台山	1292	760	5258	40	3594	4552	6713	7600	10250	13006	14725	3560	741
新会	3618	2129	13710	228	20570	20428	24160	56567	38950	36431	41248	10847	874
江门市区	500	283	3238	93	8410	8382	22081	38711	16803	5039	5487	6011	496
番禺	9510	1821	116774	2514	12984	14218	16560	19444	23102	24142	27887	7779	7651
中山	14949	2041	89419	1100	15435	17325	20700	24746	29385	33885	36810	43726	8433
珠海	9923	990	13056	1756	7366	7943	8987	10240	11608	12946	13784	1476	8470

本节通过查阅相关统计年鉴和实地调查，对西北江三角洲涉及行政区的社会经济、用水效率和用水定额的进行调查统计，采用用水定额法，预测出西北江三角洲基准年的河道外水资源需求结果，基准年取 2010 年。详细见表 8.13。

2. 河道内生态需水分析

针对西北江三角洲网河区复杂的自然环境和独特的生态服务功能，生态环境需水量主要包括航运需水量、生物多样性需水量、冲刷淤积需水量、河口湿地需水量、压咸需水量、维持河口水功能区水质达标需水及最小生态需水等。但在不同的时期和不同的地域，网河区河流面临的问题有所不同，其生态环境需水的组成也有所不同。在全球气候变化和地区经济社会高速发展的情况下，本章认为西北江三角洲网河区河道内生态环境主要面临以下问题。

（1）河道水环境功能退化。西北江三角洲是经济发展的龙头地区，人类活动影响剧烈。近年来，社会经济高速发展，人们高强度地开发利用水资源，废污水及污染物排放量不断增大。加之网河区受下游潮动力影响，水体流向不定，污染物输移扩散机制复杂等因素的影响，污染物在网河区输移和降解缓慢，水生态系统的平衡被破坏。随着生活和生产用水急剧增加，地区废污水排放量也随之增大，远远超过了地区河道的水环境承载能力，水体环境不容乐观。

（2）咸潮上溯。西北江三角洲下游受咸潮入侵影响严重。在枯水期上游径流量减少，潮汐动力相对增强，容易发生咸潮入侵事件。加之近年来全球气候变化、海平面上升、极端枯水事件频发和人们高强度的水资源利用等因素的影响，枯水期咸潮上溯日趋严峻，严重影响河道外正常取水和河道内原有的生态系统平衡。

针对西北江三角洲网河区河道水环境功能退化、咸潮上溯加剧和河道功能的要求，本书认为目前西北江三角洲生态环境需水主要包含河道航运、压咸、稀释污染物净化水体等方面的需水。本书以上游高要站和石角站的逐日径流观察资料进行河道内生态需水量分析，并以多年平均枯水期分流比的方式分配到西北江三角洲各个节点作为各个区域的河道内生态需水量，为西北江三角洲网河区水资源优化配置模型提供最小河道内生态需水约束条件。

1）河道内生态需水分析方法

河道内生态环境需水分析方法大致分为以下几类：①水文学方法；②水力学方法-生态基本流量计算方法（冯宝平等，2004；刘昌明等，2007）；③栖息地法（Jode，1996）；④综合法（Arthington and King，1992；冯宝平等，2004）等。本书主要利用水文学方法中的 7Q10 法（倪晋仁等，2002）、河流基本生态环境需水量法分析了满足西北江三角洲河道内生态需水量的上游来水要求，以高要站和石角站的逐日径流资料为研究样本。

（1）7Q10 法。

7Q10 法是把 90%保证率最枯连续 7 d 的平均流量作为河流的生态环境需水量，即河流最小流量。由于该方法要求较高，我国应用中一般是采用近 10 a 最枯月平均流量或 90%保证率最枯月平均流量作为河流的生态环境需水量。

（2）河流基本生态环境需水量法。

河流基本生态环境需水量法，即采用高要站、石角站的河流最小月平均实测径流量的多年平均值作为该区域的河流生态需水量，其计算公式为

$$W_b = \frac{T}{n} \sum_{i=1}^{n} \min\{Q_{ij}\} \times 10^{-8} \tag{8.35}$$

式中，W_b 为河流生态需水量（10^8m^3）；Q_{ij} 为第 i 年第 j 月的高要站、石角站平均月流量(m^3/s)，$j=1,2,\cdots,12$；T 为时间单位换算系数，其值为 31.536×10^6 s；n 为水文序列的年份。

2）河道内生态需水分析结果

本次研究河道内生态需水分析主要用 7Q10 法、河流基本生态环境需水量法对西、北江流域的高要站、石角站 1957～2008 年的逐日水文序列进行分析，具体结果见表 8.14。

（1）根据 7Q10 方法计算所得的高要站、石角站的最小生态流量分别为 1676 m^3/s 和 282 m^3/s，分别占各站点日均流量的 24.53% 和 21.23%。

（2）根据河流基本生态环境需水量法计算所得的高要站、石角站的最小生态流量分别为 1619 m^3/s 和 288 m^3/s，分别占各站点日均流量的 23.70% 和 21.72%。

田纳特等应用 Tennant 法（Armentrout and Wilson，1987）计算河道内生态需水时得出了以下的结论，认为一般河流中，当河道内水量只有年平均流量的 10%，河道栖息地会出现贫瘠或退化；当河道内水量有年平均流量的 20% 以上，能基本维持水生生物栖息地健康；当河道内水量有年平均流量的 30%～60%，河宽、水深及流速一般是令人满意的；当达到 60%～100% 的年平均流量，河宽、水深及流速达到最佳范围。

以上两种方法分析结果相差不大，结果均在日均流量的 20%～28%，计算的结果能使栖息地质量维持在令人满意的标准。此外，西北江三角洲咸潮上溯严重，除了要维持河道栖息地生态需求，还要兼顾下游河口防潮压咸的要求，这里引用《广东省水中长期供求规划》的相关研究成果，采用偏安全的外包法确定西、北江流域主要控制站点最小河道内生态流量。

表 8.14　西北江流域主要控制站点最小河道内生态流量

水文站	所在流域	日均流量 /(m^3/s)	7Q10		河流基本生态环境需水量法		中长期供求规划		外包法 /(m^3/s)
			最小生态流量 /(m^3/s)	占日均流量的比值 /%	最小生态流量 /(m^3/s)	占日均流量的比值 /%	最小生态流量 /(m^3/s)	占日均流量的比值 /%	
高要	西江	6833	1676	24.53	1619	23.70	2100	30.73	2100
石角	北江	1328	282	21.23	288	21.72	250	18.83	288

8.4　西北江三角洲水资源优化配置

本节以流域经济目标、社会目标、生态环境目标三者协调发展为总目标，利用大

系统总体优化遗传算法求解西北江三角洲水资源优化配置模型。为突出咸潮上溯对三角洲地区的影响，根据配置方案的设置，利用 8.3.1 节盐度超标历时结果和 8.3.2 节研究区基准年的需水预测结果作为配置模型的输入，从而研究西北江三角洲基准年水资源优化配置问题。此外，由第 3 章的研究可知，西北江三角洲上游三水站、马口站在20 世纪 80 ~ 90 年代发生了水文变异。因此本章尝试研究上游水文变异对西北江三角洲水资源配置的影响。

8.4.1 方 案 设 置

西北江三角洲的水资源主要来自于西江和北江的过境水源，上游来水变化对西北江三角洲的供水密切相关；同时上游来水变化对下游地区的咸潮入侵程度也有着重要影响，当上游来水减少咸潮入侵强度越大，境内珠海市和中山市受咸潮影响严重，在枯水期常常由于水资源盐度超标而导致无法取水，供水态势十分严峻。

根据第 3 章的研究结果，马口站和三水站年径流量在 20 世纪 80 ~ 90 年代均发生了变异，变异点分别为 1986 年和 1992 年，这意味着上游来水进入西北江三角洲后的分流比发生明显了变化，该变化对西北江三角洲的水资源供需系统产生了影响。

本章以三水站分流比为出发点，用变异前后的分流比作为模型的输入参量，制定了两个对比方案。同时基于最不利原则，西北江三角洲网河区来水季节性分配十分不均，缺水主要在枯水期，因此采用变异前后的枯水期平均分流比。方案一采用三水站1992 年前序列枯水期平均分流比为 0.09，方案二采用 1992 年后序列枯水期平均分流比为 0.18。通过比较水文变异前后西北江三角洲水资源配置的结果差异，尝试研究上游思贤滘分流比变异对西北江三角洲水资源配置的影响。

使用长系列年份 1956 ~ 2000 年的来水条件来进行河道水库联合调度调算，选取典型枯水年份 1984 年（75%）、1991 年（90%）、1989 年（97%）和 1963 年（99% 以上）的结果进行重点分析。

8.4.2 水文变异对水资源配置影响分析

1. 对流域配置影响分析

思贤滘分流比变异后，使上游径流进入西北江三角洲后的分配更加均匀化，西江下游水道系统水量减少，北江下游水道系统水量增加。分析上游来水 75%、90%、97% 和 99% 以上等典型枯水年份的配置结果（图 8.13），可以看出变异后的西北江三角洲流域的总供水量都有不同程度的减少，缺水量有所增大，因此总体来说思贤滘分流比变异后对西北江三角洲的供水产生了不利的影响。

上游来水 75%（1984）年份，思贤滘分流比变异前流域总供水量为 146.82 亿 m^3，缺水量为 2.80 亿 m^3；变异后总供水量降低到 145.26 亿 m^3，减少了 1.56 亿 m^3。上游来水 90%（1991）年份，该年份虽然年总量来水较少，但是年内分配较为均匀，因此变异前流域总供水量达到 150.27 亿 m^3，缺水量为 3.77 亿 m^3；变异后缺水量增加到

4.55 亿 m³，缺水增加了 0.78 亿 m³，水量保证率为 97.04%；上游来水 97%（1989）年份，属于极枯型年份，变异前总供水量仅为 141.70 亿 m³，缺水量达到 6.61 亿 m³；变异后缺水量进一步增加，增加到 7.26 亿 m³；1963 年型，是近 50 年以来西北江来水最枯的年份，来水频率在 99% 以上，两江来水年径流仅为 1230.5 亿 m³，思贤滘分流比变异前西北江三角洲总供水量总缺水量达到 10.01 亿 m³，缺水率达到 6.42%，将威胁西北江三角洲某些地区的供水安全；变异后缺水形势进一步增强，缺水量增加到 11.66 亿 m³，缺水率为 7.48%。

　　上游思贤滘分流比变异增大了北江下游河道系统地区的来水量，减少了西江下游河道系统地区的来水量，使进入西北江三角洲的过境水源分配更加均匀化。但是由于北江下游河道系统在广州境内的水质较差和部分区域属于感潮河道无法取水的缘故，思贤滘分流比变异后并未对北江下游河道系统地区的供水有明显的改善。相反，随着西江下游河道来水量减少和咸潮上溯的双重作用下，西北江三角洲下游地区的供水形势有所加重。因此总体来说思贤滘分流比变异对西北江三角洲的供水形势产生了不利的影响。

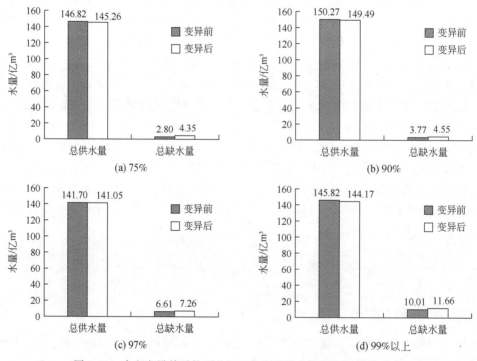

图 8.13　水文变异前后的西北江三角洲流域水资源配置结果对比

2. 对各分区配置影响分析

　　思贤滘分流比变异后，上游径流分配到北江下游河道系统的水量增多，主要影响区域为广州市和佛山市。在上游来水 75% 和 90% 年份，思贤滘分流比变异并未对广州和佛山的供水造成明显改善。上游来水 97% 和 99% 以上年份，上游来水较少，广州市和佛山市缺水量较大，思贤滘分流比变异后对两市的缺水形势有一定缓解。

如广州市在上游来水 99% 以上年份（变异前）缺水量达到 50395 万 m^3，缺水率达到 7.66%；思贤滘分流比变异后缺水量降低为 37462 万 m^3，缺水率下降了 1.96%。佛山市在 97% 年份（变异前）缺水量为 10098 万 m^3，缺水率为 2.75%；思贤滘分流比变异后佛山市缺水量下降为 6809 万 m^3，缺水率下降为 1.86%。可见，在上游来水 90% 以下年份，思贤滘分流比变异对广州市和佛山市的供水影响很小；在上游来水 90% 以上年份，思贤滘分流比变异对广州市和佛山市的缺水形势有一定的缓解作用。这是由于来水较少年份，广州市境内番禺区（水源主要依托沙湾水道）和佛山市境内禅城区会出现缺水现象，思贤滘分流比变异后使水量增多对该地区的供水状况有利。

对于西江下游河道系统地区，思贤滘分流比变异使西江干流分配水量减少，主要影响区域为江门市、中山市和珠海市。各个枯水年份中，该地区的缺水形势都有不同程度加重。其中江门市在上游来水 75% 和 90% 年份，思贤滘变异前后供水无明显变化；上游来水 97% 和 99% 以上年份中，思贤滘分流比变异后江门市的缺水量出现增大趋势。其中最明显的是 99% 以上年份，江门市缺水量（变异前）为 6565 万 m^3，缺水率为 2.51%；变异后江门市缺水量增大至 10464 万 m^3，缺水率增大 1.49%。思贤滘分流比变异影响最大的是咸潮影响区，即中山市和珠海市。咸潮影响区在受上游来水变化和咸潮上溯双重影响，尤其在枯水年份影响更为突出。根据 8.3.1 节盐度超标历时的分析成果，上游来水 75% 年份，以平岗站为例，整个枯水期超标历时将达 899 h，珠海市的缺水量（变异前）为 3415 万 m^3，中山市没出现缺水现象；思贤滘分流比变异后珠海市和中山市缺水量分别增加至 8666 万 m^3 和 10417 万 m^3，缺水率分别达到 18.33% 和 5.51%。上游来水 90% 年份，年内分配较为均匀，平岗站枯水期超标历时将达 826 h，珠海市和中山市缺水程度较轻（变异前），缺水率分别为 4.20% 和 0.90%，但思贤滘分流比变异后缺水率分别增加到 11.10% 和 3.18%。缺水形势最严重的是上游来水 97% 和 99% 以上年份，平岗站枯水期超标历时将达到 1298 h 和 1116 h；如上游来水 99% 以上年份，珠海市和中山市缺水量分别达到 8166 万 m^3 和 17361 万 m^3，缺水率分别达到 16.51% 和 8.84%；思贤滘分流比变异后使该地区的缺水形势进一步加重，珠海市和中山市的缺水量将上升到 9435 万 m^3 和 42181 万 m^3，缺水率将高达 19.08% 和 21.47%，甚至出现生活用水量的缺水，严重威胁该地区的供水安全。

思贤滘分流比变异后，使上游径流进入西北江三角洲后的分配均匀化。对北江下游水道系统地区（广州市和佛山市）来说，在上游来水 90% 以上的枯水年份出现的缺水形势有一定的缓解作用。而对于西江下游河道系统地区（江门市、中山市和珠海市），思贤滘分流比变异加重了该地区的缺水形势，尤其对咸潮影响区的供水造成重大影响，一定程度上与咸潮上溯相辅相成，加剧下游珠海市和中山市的缺水形势，未来应考虑将咸潮影响区取水口上移，减少取水口受咸潮上溯影响。

各地级市变异前后缺水量对比详细见图 8.14，表 8.15 ~ 表 8.22。

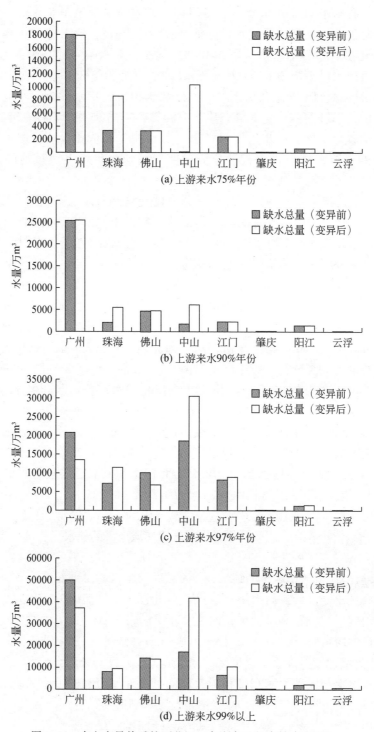

图 8.14　水文变异前后的西北江三角洲各地级市缺水量对比

表 8.15　水文变异前后枯水期河道内供水保证率结果对比（上游来水 75% 年份——1984 年型）　　单位：%

地级市	1月 变异前	1月 变异后	2月 变异前	2月 变异后	3月 变异前	3月 变异后	10月 变异前	10月 变异后	11月 变异前	11月 变异后	12月 变异前	12月 变异后
广州市	63.02	69.57	61.26	61.72	65.90	74.85	98.92	98.92	87.79	98.41	62.81	69.04
珠海市	90.06	81.06	72.78	63.90	89.91	79.48	100.00	100.00	100.00	100.00	89.69	79.16
佛山市	98.48	96.60	81.67	79.78	96.60	94.26	100.00	100.00	99.87	100.00	96.88	94.58
中山市	95.06	90.65	78.09	71.08	95.00	89.67	100.00	100.00	100.00	100.00	93.30	87.93
江门市	94.63	86.14	78.86	70.78	94.27	84.93	100.00	100.00	100.00	100.00	93.46	84.21
肇庆市	100.00	93.14	85.27	76.84	100.00	90.37	100.00	100.00	100.00	100.00	100.00	91.16
阳江市	100.00	100.00	100.00	100.00	100.00	100.00	100.00	100.00	100.00	100.00	100.00	100.00
云浮市	100.00	100.00	100.00	100.00	100.00	100.00	100.00	100.00	100.00	100.00	100.00	100.00

表 8.16　水文变异前后枯水期河道内供水保证率结果对比（上游来水 90% 年份——1991 年型）　　单位：%

地级市	1月 变异前	1月 变异后	2月 变异前	2月 变异后	3月 变异前	3月 变异后	10月 变异前	10月 变异后	11月 变异前	11月 变异后	12月 变异前	12月 变异后
广州市	67.40	76.02	74.79	85.07	75.24	85.36	92.09	98.89	72.61	82.39	67.33	75.46
珠海市	97.29	87.76	100.00	100.00	100.00	98.58	100.00	100.00	100.00	97.05	100.00	88.76
佛山市	99.56	99.54	99.71	100.00	99.68	100.00	100.00	100.00	99.67	100.00	99.57	99.82
中山市	100.00	93.17	100.00	99.86	100.00	100.00	100.00	100.00	100.00	100.00	100.00	100.00
江门市	98.32	92.19	99.86	99.86	100.00	99.12	100.00	100.00	99.95	98.03	98.77	93.13
肇庆市	100.00	98.71	100.00	100.00	100.00	100.00	100.00	100.00	100.00	100.00	100.00	99.94
阳江市	100.00	100.00	100.00	100.00	100.00	100.00	100.00	100.00	100.00	100.00	100.00	100.00
云浮市	100.00	100.00	100.00	100.00	100.00	100.00	100.00	100.00	100.00	100.00	100.00	100.00

表 8.17　水文变异前后枯水期道内供水保证率结果对比（上游来水 97% 年份——1989 年型）

单位：%

地级市	1月		2月		3月		10月		11月		12月	
	变异前	变异后	变异前	变异后	变异前	变异后	变异前	变异后	变异前	变异后	变异前	变异后
广州市	80.51	86.66	69.15	78.25	71.92	81.53	83.23	93.58	61.57	65.85	53.16	56.08
珠海市	100.00	90.28	100.00	90.68	100.00	90.58	100.00	100.00	80.39	70.81	49.48	44.06
佛山市	99.60	99.87	99.60	100.00	99.60	100.00	99.84	100.00	88.62	86.50	60.35	59.55
中山市	100.00	100.00	100.00	100.00	100.00	100.00	100.00	100.00	37.82	37.52	61.38	60.88
江门市	99.51	94.21	99.94	94.32	99.86	95.19	100.00	100.00	85.81	77.08	58.23	53.44
肇庆市	100.00	99.53	100.00	100.00	100.00	100.00	100.00	100.00	92.11	83.00	62.01	56.00
阳江市	100.00	100.00	100.00	100.00	100.00	100.00	100.00	100.00	100.00	100.00	100.00	100.00
云浮市	100.00	100.00	100.00	100.00	100.00	100.00	100.00	100.00	100.00	100.00	100.00	100.00%

表 8.18　水文变异前后枯水期河道内供水保证率结果对比（1963 年型）

单位：%

地级市	1月		2月		3月		10月		11月		12月	
	变异前	变异后	变异前	变异后	变异前	变异后	变异前	变异后	变异前	变异后	变异前	变异后
广州市	53.70	56.62	56.09	59.06	69.56	78.84	71.77	81.07	100.00	100.00	89.36	98.89
珠海市	56.19	48.97	60.91	53.39	100.00	89.96	100.00	90.69	100.00	100.00	100.00	100.00
佛山市	65.95	64.45	70.66	69.09	99.60	100.00	99.61	100.00	100.00	100.00	99.96	100.00
中山市	66.71	60.07	71.38	64.63	100.00	93.36	100.00	94.97	100.00	100.00	100.00	100.00
江门市	64.25	57.58	68.07	61.73	100.00	94.54	100.00	95.01	100.00	100.00	100.00	99.94
肇庆市	69.26	62.41	73.93	66.62	100.00	100.00	100.00	100.00	100.00	100.00	100.00	100.00
阳江市	100.00	100.00	100.00	100.00	100.00	100.00	100.00	100.00	100.00	100.00	100.00	100.00
云浮市	100.00	100.00	100.00	100.00	100.00	100.00	100.00	100.00	100.00	100.00	100.00	100.00

表 8.19　水文变异前后西北三角洲水资源配置结果对比（上游来水 75% 年份——1984 年型）　　　　单位：万 m³

地级市	需水总量	变异前							变异后					
		供水总量	缺水量						供水总量	缺水量				
			第一产业	第二产业	第三产业	生态	生活			第一产业	第二产业	第三产业	生态	生活
广州市	649601	631566	7024	5659	1717	3636	0		631666	6924	5659	1717	3636	0
珠海市	47279	43864	566	1088	706	146	909		38613	1936	3264	2117	439	909
佛山市	374148	370810	2295	276	223	493	51		370810	2295	276	223	493	51
中山市	189052	189052	0	0	0	0	0		178636	8024	1341	533	264	255
江门市	225088	222638	2150	154	56	18	72		222638	2150	154	56	18	72
肇庆市	5420	5420	0	0	0	0	0		5420	0	0	0	0	0
阳江市	2083	1391	673	8	1	0	10		1391	673	8	1	0	10
云浮市	3484	3450	31	0	0	2	0		3450	31	0	0	2	0
西北江三角洲	1496155	1468191	12739	7184	2702	4295	1043		1452624	22032	10702	4647	4852	1298

表 8.20　水文变异前后西北三角洲水资源配置结果对比（上游来水 90% 年份——1991 年型）　　　　单位：万 m³

地级市	需水总量	变异前							变异后					
		供水总量	缺水量						供水总量	缺水量				
			第一产业	第二产业	第三产业	生态	生活			第一产业	第二产业	第三产业	生态	生活
广州市	658225	632816	11616	6717	1778	5250	48		632816	11616	6717	1778	5250	48
珠海市	49455	47380	1059	207	572	146	91		43965	2859	860	1296	293	182
佛山市	380263	375533	3247	827	179	324	154		375533	3247	827	179	324	154
中山市	193552	191811	556	0	745	440	0		187404	1625	1056	2180	1287	0
江门市	247396	245110	2025	80	96	36	49		245110	2025	80	96	36	49
肇庆市	5420	5420	0	0	0	0	0		5420	0	0	0	0	0
阳江市	2656	1266	1370	8	1	0	11		1266	1370	8	1	0	11
云浮市	3484	3397	81	0	1	5	0		3397	81	0	1	5	0
西北江三角洲	1540451	1502733	19953	7840	3372	6201	353		1494911	22823	9549	5531	7195	444

表 8.21 水文变异前后西北江三角洲水资源配置结果对比（上游来水 97%年份——1989 年型）

单位：万 m³

地级市	需水总量	变异前						变异后					
		供水总量	缺水量					供水总量	缺水量				
			第一产业	第二产业	第三产业	生态	生活		第一产业	第二产业	第三产业	生态	生活
广州市	638956	618200	7215	8750	1480	3216	94	625433	5388	4286	842	3007	0
珠海市	47279	40035	1545	2176	1412	293	1819	35759	3532	2761	2823	585	1819
佛山市	366637	356539	5255	2748	462	520	1113	359828	4899	1123	217	519	51
中山市	189052	170597	10067	7452	703	92	142	158598	17686	10656	1005	131	977
江门市	230886	222715	7610	384	83	39	54	221957	8368	384	83	39	54
肇庆市	4492	4492	0	0	0	0	0	4492	0	0	0	0	0
阳江市	2656	1313	1324	8	1	0	11	1313	1324	8	1	0	11
云浮市	3116	3116	0	0	0	0	0	3116	0	0	0	0	0
西北江三角洲	1483074	1417008	33015	21518	4141	4160	3233	1410495	41196	19218	4972	4281	2912

表 8.22 水文变异前后西北江三角洲水资源配置结果对比（上游来水 99%以上年份——1963 年型）

单位：万 m³

地级市	需水总量	变异前						变异后					
		供水总量	缺水量					供水总量	缺水量				
			第一产业	第二产业	第三产业	生态	生活		第一产业	第二产业	第三产业	生态	生活
广州市	658225	607829	19875	18054	4121	8062	283	620763	12896	13679	3069	7817	0
珠海市	49455	41289	2467	2176	1412	293	1819	40020	2960	2611	1694	351	1819
佛山市	380011	365538	6071	5708	1104	638	953	366086	10789	1700	426	817	193
中山市	196477	179116	13373	2235	888	440	425	154296	25432	13561	2299	550	340
江门市	261780	255215	5862	302	175	43	184	251318	9690	342	181	54	194
肇庆市	5420	5420	0	0	0	0	0	5420	0	0	0	0	0
阳江市	2844	527	2286	13	1	0	16	527	2286	13	1	0	16
云浮市	4096	3267	744	56	1	6	21	3267	744	56	1	6	21
西北江三角洲	1558308	1458202	50677	28545	7702	9480	3701	1441697	64797	31963	7672	9596	2583

3. 对河道内生态水量影响分析

河道内生态水量对河道的健康发展有着至关重要的作用，当遇到特殊的年份或月份，在较短时间内是可以破坏河道内生态需水要求，但是由于河道生态、水质、咸潮等条件的限制，生态用水也不能无限制的破坏，不然会造成河道生态系统难以恢复的后果。思贤滘分流比变异之后对上游来水量分配的变化使枯水年份各区域河道内生态水量产生了影响。计算各配置节点各月份河道内供水保证率，并以各节点的河道内生态需水量进行加权平均计算，得出各地级市的区域河道内供水保证率。

以 1963 年型为例（表 8.18），枯水期河道内供水保证率较低，且 1 月、2 月来水较少，大多地区的河道内供水保证率都在 60% 左右。思贤滘分流比变异后，随着来水量增大广州各月份河道内供水保证率都有不同程度的提升，平均提升 5.67% 左右。对佛山市，由于西、北江干流都在佛山境内，因此变异前后佛山市的枯水期河道内供水保证率变化不大。中山市、江门市、肇庆市和珠海市等枯水期河道内供水保证率都有所下降，各月份平均下降率分别为 4.18%、3.92%、2.36% 和 5.68%，其中珠海市 1 月的河道内供水保证率更是下降到 50% 以下，严重威胁着河道内栖息地生态安全。

总体来说，思贤滘分流比变异后提高了枯水年份北江下游河道系统区域的河道内供水保证率，更好地保障了该区域的河道内生态安全，提高了该区域河道航运、压咸、稀释污染物净化水体的能力。但是西江下游河道系统区域的河道内供水保证率则有所下降，一定程度上影响了该区域河道内栖息地的生态健康，并助长了下游河口的咸潮上溯。其余来水年型的河道内供水保证率变化详见表 8.15～表 8.17。

8.5　小　　结

本章构建了网河区西北江三角洲的水资源优化配置模型，根据上游思贤滘变异情况和咸潮上溯超标历时结果，通过一些典型枯水年份研究上游水文变异对西北江三角洲水资源配置的影响。研究结果如下：

（1）思贤滘水文变异后，使上游径流进入西北江三角洲后的分配更加均匀化，西江下游水道系统水量减少，北江下游水道系统水量增加。各典型枯水年份中西北江三角洲流域的总缺水量都有所增大，总体来说思贤滘水文变异后对西北江三角洲的供水产生了不利的影响。

（2）在上游来水 90% 以下年份，思贤滘分流比变异对北江下游水道系统地区（广州市和佛山市）的供水影响很小；在上游来水 90% 以上年份，思贤滘分流比变异对北江下游水道系统地区的缺水形势有一定的缓解作用。

（3）思贤滘水文变异加重了西江下游河道系统地区（江门市、中山市和珠海市）的缺水形势，尤其对咸潮影响区（珠海市和中山市）的影响更为突出。在上游来水量减少和咸潮上溯的双重作用下，在枯水年份咸潮影响区的供水安全将受到严重威胁。

第9章 结论与展望

9.1 主要结论

本书在回顾、总结了现有国内外水文要素变异、咸潮上溯、水资源脆弱性和水资源配置方面的研究进展基础上，探索性地提出变化环境下水资源系统脆弱性和水资源优化配置的内涵，运用水文学、水动力学和统计学等多领域理论和方法，构建 1D-3D 水动力盐度耦合模型和水资源优化配置模型等模型，系统研究珠江三角洲网河区水文过程变异与重构、盐水入侵、水资源脆弱性等问题。主要研究结论如下：

（1）变化环境下，珠江三角洲网河区水文序列一致性遭到破坏。三水站、马口站水位与流量 IHA 的变异程度均达到中度水平以上，具体表现为三水站流量增加，水位下降，马口站流量减少，水位下降。流量与水位的突变时间不一致，主要受河床变化的影响，水位流量关系曲线发生变异，具体表现为 1972～1989 年，曲线比较稳定；1990～2004 年，受大规模的采砂活动的影响，曲线大幅度下移；2005～2008 年，曲线恢复稳定；受河床大幅下降的影响，同一流量对应的水位明显下降；同一水位对应的流量明显增加。

（2）对三水站、马口站各序列最优 TVM 模型进行分析，发现在 TVM 模型条件下，两站年最大 1 日流量序列呈现出随着时间的变化，同设计重现期条件下设计流量增大，同设计流量条件下设计重现期缩短的趋势；年最大 1 日平均水位序列呈现出随着时间的变化，同设计重现期条件下设计水位降低，同设计水位条件下设计重现期增大的趋势，即洪水形式愈加严峻。对于枯水序列，两站年最小 1 日平均水位序列呈现出随着时间的变化，同设计重现期条件下设计水位降低，同设计水位条件下设计重现期减小的趋势；但三水站年最小 1 日流量序列呈现出随着时间的变化，同设计重现期条件下设计流量增大，同设计流量条件下设计重现期增大的趋势；马口站年最小 1 日流量序列呈现出随着时间的变化，同设计重现期条件下设计流量减小，同设计流量条件下设计重现期缩短的趋势。

（3）磨刀门水道盐度变化在空间上盐度平面分布等盐线基本上是沿主槽凸向下游的趋势，即磨刀门内海区受径流影响显著；垂向易形成盐水楔，下游盐度大于上游，底层盐度大于表层。在时间上具有与潮汐过程相似的周期变化特征，存在 24.6 h 左右的不规则日周期及主周期成分为 14.8 d 的半月周期特征；盐度与潮差的相关关系一致表现为盐度变化超前于潮差变化，总体上广昌站盐度变化超前于潮差变化的时间 (3.1±0.6 d) 略小于平岗站 (3.9±0.6 d)；盐度与上游径流的相关关系一致表现为盐度变化滞后于合流量变化，总体上广昌站盐度变化滞后于潮差变化的时间 (3.9±0.6 d)

略大于平岗站（3.7±0.6 d）。

（4）针对海陆相多要素对盐水入侵的驱动效应，探索性构建概化水槽物理模型对盐水入侵进行物理模拟，研究咸潮在变化潮汐、径流、水深、盐度影响下的上溯过程。结果表明：在同一水深条件下，不同盐度的盐水楔前进时的密度弗劳德数相等；在同一盐度下，盐水楔在不同水深中前进时的密度弗劳德数并不一致，但与水体的宽深比有良好的线性关系；潮差对咸潮上溯强度的增减主要体现在其是否破坏盐水楔的形态，若破坏其盐水楔形态，上溯强度将迅速降低；径流对咸潮的抑制效果随着流量的增大而增大。水深的加大则能够有效增加盐水上溯的通道，并使得上游径流的抑咸效果减弱，使得上溯效果增强；初始盐度场的增大能够明显增大咸潮的上溯强度。

（5）针对海陆相多要素对盐水入侵的驱动效应，探索性构建珠江三角洲网河区 1D-3D 水动力盐度耦合模型对盐水入侵进行数值模拟，研究咸潮在不同径潮和地形组合情景的上溯过程。结果表明，潮汐动力和径流分别通过影响重力环流输运作用和向海的平流输运作用影响盐通量，且潮差和径流均与盐通量存在正相关关系，具体表现为越靠近下游的站点，潮差和盐通量的相关性越好；越靠近上游的站点，径流和盐通量的相关性越好。在地形变化方面，磨刀门水道由宽浅型不断向着窄深型演变，造成若在同一径潮组合下，特征潮位升高，如当海平面上升 30 cm 时，在 1900 年地形下的咸潮平均上溯距离增加约 3.6 km，而在 2005 年地形下则增加约 6.3 km。

（6）基于磨刀门盐水入侵的物理模拟和数值模拟结果确定压咸调度的控制性指标，结果表明，为确保咸潮入侵期间平岗取水泵站的水体盐度符合生活饮用水水源水质标准，上游三水站、马口站的总调度流量不低于 2500 m^3/s；依据咸潮入侵的盐度和潮差之间的滞时特征，确定压咸调度时机应至少提前大潮 4～5 d。

（7）盐度短期预报模型经动态反馈校正后，模型效果系数达到 0.950，一致性指标达到 0.986，且在盐度的峰值预测上效果更好；进一步根据枯水期高潮位、低潮位上升速率（3.9 mm/a、8.6 mm/a），以及频率 97%、95%、90% 保证率的上游径流，预测了 1‰、3‰、5‰ 盐度线的表、底层每日上溯最远距离（相对拦门沙）。以上游来水频率 97% 为例，2055 年 1‰ 盐度线表、底层日上溯最远距离分别上移了 14166 m、12629 m；3‰ 盐度线表、底层日上溯最远距离分别上移了 5186 m、7805 m；5‰ 盐度线表、底层日上溯最远距离分别上移了 6006 m、3933 m。

（8）基于变化环境下水资源脆弱性内涵，按"暴露度-敏感性-适应能力"三个维度构建了包含 39 项指标在内的水资源系统脆弱性评价体系。现状评价结果表明，深圳市和东莞市的水资源系统为偏高度脆弱；中山市、广州市、佛山市的水资源系统脆弱度接近中度脆弱；珠海市、江门市、惠州市的水资源系统为偏轻度脆弱；肇庆市的水资源系统脆弱度接近轻度脆弱。演变分析结果表明：深圳市、东莞市、中山市呈现"先下降，后上升"的变化特点，近年来水资源系统脆弱性升高；广州市、佛山市、珠海市、江门市呈现"波动下降"的特点，水资源系统脆弱性减弱；惠州市和肇庆市脆弱度下降明显，水资源系统状况较好；驱动分析表明：水资源禀赋、人口压力、环境治理水平和社会经济水平是深圳市水资源脆弱性的主要驱动因素；用水效率水平、社会经济水平、环境治理水平及供水水平是佛山市水资源系统脆弱性的主要驱动因素；

用水效率、节水水平及社会经济水平是惠州市水资源系统脆弱性的主要驱动因素。

（9）基于珠江三角洲水文变异和盐水入侵的分析结果，构建了网河区西北江三角洲的水资源优化配置模型研究水文变异和盐水入侵对水资源配置的影响。结果表明，思贤滘水文变异对西北江三角洲的供水产生了不利的影响，水文变异后，各典型枯水年份中西北江三角洲流域的总缺水量都有所增大；水文变异加重了西江下游河道系统地区（江门市、中山市和珠海市）的缺水形势，尤其对咸潮影响区（珠海市和中山市）的影响更为突出，在上游来水量减少和咸潮上溯的双重作用下，在枯水年份咸潮影响区的供水安全将受到严重威胁。

9.2　展望分析

本书构建了基于复杂性理论的水文要素变异与重构方法、网河区 1D-3D 水动力盐度耦合模型、盐水入侵预测模型以及水资源优化配置模型等，细致探讨了变化环境下网河区水文要素变异、海陆相多要素对网河区盐度变化的驱动影响、水资源系统脆弱性的演变特征等问题，探索性提出珠江三角洲网河区压咸调度的控制性指标、水资源系统脆弱性的敏感性与抗压性指标等水资源系统管理的关键性指标，可有效为珠江三角洲网河区防洪调度、供水调度与压咸调度等水资源调度措施提供依据。相关研究成果对我国长江三角洲、环渤海湾等沿海地区水资源战略开发也具有重要借鉴作用。但由于网河区水资源系统的复杂性，仍有诸多科学问题亟待进一步研究。

（1）变化环境下珠江三角洲水资源承载力研究。区域水资源承载力的大小直接决定河口区建设的质量、规模和速度。剧烈人类活动影响下，尤其是快速城市化导致城市需水与废污水排放量急剧增加，导致区域水资源承载力变异显著。识别变化环境下珠江三角洲水资源承载力状况和影响水资源承载力的主要驱动因素，对揭示区域水资源承载力演变特征，保障经济社会可持续发展，具有重大理论与实践意义。

（2）未来海平面上升对珠江三角洲河口区防潮闸泄洪排水能力的影响。河口闸的泄流能力体现区域水利设施的泄洪排涝能力，未来气候变暖和海平面上升将影响河口闸的泄流能力，使河口区的自然排灌系统失效，直接加重区域的洪涝灾害。系统研究海平面上升对河口区防潮闸泄洪排水能力的影响，对重新改造或设计新的排水系统工程，保障经济社会可持续发展，具有重大理论与实践意义。

（3）快速城市化下，珠江三角洲地区面临资源型、水质型和季节性缺水问题。开展珠江三角洲城市群水量水质联合优化调度，构建相应水资源优化配置理论、模型与方法，对保障珠江三角洲城市群供水安全、水生态安全，具有重要的意义。

变化环境下网河区水资源系统响应研究是当前水资源系统研究中的一个热点问题，涉及自然、社会经济和生态环境等多方面的因素。因此开展变化环境下网河区水资源系统响应的综合研究，可为我国河口地区水资源的可持续利用及经济的持续发展提供更有力的支持。本书的研究虽然取得了一些进展，但由于影响因素较多且较为复杂，研究成果还有待进一步地完善和深入分析，变化环境下网河区水资源系统响应问题仍亟待解决。

参 考 文 献

包芸，刘杰斌，任杰，等．2009. 磨刀门水道盐水强烈上溯规律和动力机制研究．中国科学：G 辑，39（10）：1527-1534.

蔡文．1992. 新学科《物元分析》．广东工学院学报，（4）：105-108.

陈昌春，王腊春，张余庆，等．2014. 基于 IHA/RVA 法的修水流域上游大型水库影响下的枯水变异研究．水利水电技术，45（8）：18-22.

陈夺峰，黄岁樑．2008. 改进遗传算法确定水资源优化配置模型经济效益系数．水资源保护，24（2）：6-13.

陈广才，谢平．2006. 水文变异的滑动 F 识别与检验方法．水文，26（2）：57-60.

陈佳，杨新军，尹莎，等．2016. 基于 VSD 框架的半干旱地区社会—生态系统脆弱性演化与模拟．地理学报，71（7）：1172-1188.

陈康宁，董增川，崔志清．2008. 基于分形理论的区域水资源系统脆弱性评价．水资源保护，24（3）：24-26.

陈荣力，刘诚，高时友．2011. 磨刀门水道枯季咸潮上溯规律分析．水动力学研究与进展，26（3）：312-317.

陈文龙，邹华志，董延军．2014. 磨刀门水道咸潮上溯动力特性分析．水科学进展，25（5）：713-723.

陈晓宏，陈泽宏．2000. 洪水特征的时间变异性识别．中山大学学报（自然科学版），39（1）：96-100.

陈晓宏，陈永勤．2002. 珠江三角洲网河区水文与地貌特征变异及其成因．地理学报，57（4）：429-436.

陈晓宏，张蕾，时钟．2004. 珠江三角洲网河区水位特征空间变异研究．水力学报，10：36-42.

陈晓宏，涂新军，谢平，等．2010. 水文要素变异的人类活动影响研究进展．地球科学进展，25（8）：800-811.

陈永利，赵永平，张必成，等．1989. 海上不同高度风速换算关系的研究．海洋科学，3：27-31.

程香菊，詹威，郭振仁，等．2012. 珠江西四口门盐水入侵数值模拟及分析．水利学报，39（5）：554-563.

崔东文．2013. 基于改进 BP 神经网络模型的云南文山州水资源脆弱性综合评价．长江科学院院报，30（3）：1-7.

崔桂香，许春晓，张兆顺．2004. 湍流大涡数值模拟进展．空气动力学学报，22（2）：121-129.

邓乃扬，田英杰．2004. 数据挖掘中的新方法：支持向量机．北京：科学出版社．

丁晶，邓育仁．1988. 随机水文学．成都：成都科技大学出版社．

董四方，董增川，陈康宁．2010. 基于 DPSIR 概念模型的水资源系统脆弱性分析．水资源保护，26（4）：1-3.

董艳慧，周维博，赵平歌．2013. 基于 W-F 定律和 PNN 模型的西安市潜水脆弱性评价．干旱地区农业研究，31（2）：209-213.

杜河清，王月华，高龙华，等．2011. 水库对东江若干河段水文情势的影响．武汉大学学报：工学版，44（4）：466-470.

方宏远．2004. 区域水资源合理配置中的水量调控理论．郑州：黄河水利出版社．

方神光．2012. 水质扩散系数在伶仃洋水域水体交换中的影响分析．海洋科学进展，30（2）：177-185.

冯宝平,张展羽,陈守伦,等. 2004. 生态环境需水量计算方法研究现状. 水利水电科技进展, 24 (6): 59-62.

冯少辉,李靖,朱振峰,等. 2010. 云南省滇中地区水资源脆弱性评价. 水资源保护, 26 (1): 13-16.

冯再勇. 2007. 小波神经网络与 BP 网络的比较研究及应用. 成都理工大学硕士学位论文.

冯仲恺,程春田,牛文静,等. 2015. 均匀动态规划方法及其在水电系统优化调度中的应用. 水利学报, 46 (12): 1487-1496.

付强,李佳鸿,刘东,等. 2016. 考虑风险价值的不确定性水资源优化配置. 农业工程学报, 34 (7): 136-144.

葛忆,顾圣平,贺军,等. 2013. 基于模拟与优化模式的流域水量水质联合调度研究. 中国农村水利水电, (3): 62-65.

顾西辉,张强,刘剑宇,等. 2014. 变化环境下珠江流域洪水频率变化特征、成因及影响 (1951—2010 年). 湖泊科学, 26 (5): 661-670.

广东省水文局佛山分局. 2008. "08.6" 西、北江及三角洲大洪水水文情况分析. 佛山:广东省水文局佛山分局.

胡彩霞,谢平,许斌,等. 2012. 基于基尼系数的水文年内分配均匀度变异分析方法——以东江流域龙川站径流序列为例. 水力发电学报, 31 (6): 8-13.

胡溪,毛献忠. 2012. 珠江口磨刀门水道咸潮入侵规律研究. 水利学报, 39 (5): 529-536.

黄草,王忠静,李书飞,等. 2014. 长江上游水库群多目标优化调度模型及应用研究 I:模型原理及求解. 水利学报, 45 (9): 1009-1018.

黄德治,谢平,陈广才,等. 2008. 水文变异诊断系统及其应用研究 III:北江三水站多尺度径流序列变异分析. 成都:第六届中国水论坛.

黄方,叶春池,温学良,等. 1994. 黄茅海盐度特征及其盐水楔活动范围. 海洋学报, 13 (2), 33-39.

黄乾,张保祥,黄继文,等. 2007. 基于熵权的模糊物元模型在节水型社会评价中的应用. 水利学报, (S1): 413-416.

黄强,赵冠南,郭志辉,等. 2015. 塔里木河干流水资源优化配置研究. 水力发电学报, 34 (4): 38-46.

黄勇强. 2004. 浅析河床下切与北江三水站水文要素的变化. 广东水利电力职业技术学院学报, 2 (4): 25-27.

黄镇国,张伟强,赖冠文,等. 1999. 珠江三角洲海平面上升对堤围防御能力的影响. 地理学报, 54 (6): 518-525.

纪昌明,李继伟,张新明,等. 2014. 基于粗糙集和支持向量机的水电站发电调度规则研究. 水力发电学报, 33 (1): 43-49.

贾本有,钟平安,朱非林. 2016. 水库防洪优化调度自适应拟态物理学算法. 水力发电学报, 35 (8): 32-41.

姜传隆. 2007. 基于可持续发展的区域水资源合理配置研究. 西北农林科技大学博士学位论文.

姜珊,赵勇,尚毅梓,等. 2016. 中国煤炭基地水与能源协同发展评估. 水电能源科学, (11): 40-43.

金菊良,魏一鸣,丁晶. 2005. 基于遗传算法的水文时间序列变点分析方法. 地理科学, 25 (6): 720-723.

孔兰,陈晓宏,杜建,等. 2010. 基于数学模型的海平面上升对咸潮上溯的影响. 自然资源学报, 25

（7）：1097-1104.

赖天锃，张强，陈永勤. 2015. 1960～2010 年西江流域水沙变化特征及其成因. 武汉大学学报：理学版，61（3）：271-278.

李翀，廖文根，彭静，等. 2007. 宜昌站 1900～2004 年生态水文特征变化. 长江流域资源与环境，16（1）：76-80.

李春初，等. 2004. 中国南方河口过程与演变规律. 北京：科学出版社.

李路，朱建荣. 2016. 长江口枯季北港淡水向北支扩展的动力机制. 水科学进展，27（1）：57-69.

李平星，陈诚. 2014. 基于 VSD 模型的经济发达地区生态脆弱性评价——以太湖流域为例. 生态环境学报，（2）：237-243.

李兴拼，郑江丽，贺新春，等. 2009. 东江流域水文变异及其对生态环境的影响. 人民珠江，30（5）：32-34.

李艳，张鹏飞. 2014. 人类活动影响下的北江流域径流变化特征及其变异性分析. 水资源与水工程学报，（2）：61-65.

李艳，陈晓宏，王兆礼. 2006. 人类活动对北江流域径流系列变化的影响初探. 自然资源学报，21（6）：910-915.

李远青. 2010. 近 20 年来珠江三角洲网河区水文要素变化特征分析. 广东水利水电，8：54-57.

梁宇宏，张欣. 2009. 对遗传算法的轮盘赌选择方式的改进. 信息技术，（12）：127-129.

廖冬阳，潘铁军，董玉莲. 2008. 近年广州咸潮情况及影响因素分析. 环境，（S1）：4-5.

刘昌明，门宝辉，宋进喜. 2007. 河道内生态需水量估算的生态水力半径法. 自然科学进展，17（1）：42-48.

刘春雪. 2011. 基于遗传小波神经网络的海杂波抑制算法研究及应用. 哈尔滨工程大学硕士学位论文.

刘德地. 2008. 变化环境下的水资源优化配置研究. 中山大学博士学位论文.

刘德地，陈晓宏. 2007. 咸潮影响区的水资源优化配置研究. 水利学报，38（9）：1050-1055.

刘涵. 2006. 水库优化调度新方法研究. 西安理工大学博士学位论文.

刘杰斌，包芸. 2008. 磨刀门水道枯季盐水入侵咸界运动规律研究. 中山大学学报（自然科学版），47（2）：122-125.

刘杰斌，包芸，黄宇铭. 2010. 丰、枯水年磨刀门水道盐水上溯运动规律对比. 力学学报，42（6）：1098-1103.

刘绿柳. 2002. 水资源脆弱性及其定量评价. 水土保持通报，22（2）：41-44.

刘敏，沈彦俊. 2010. 海河流域近 50 年水文要素变化分析. 水文，30（6）：74-77.

刘攀，郭生练，王才君，等. 2005. 三峡水库汛期分期的变点分析方法研究. 水文，25（1）：18-23.

刘倩倩，陈岩. 2016. 基于粗糙集和 BP 神经网络的流域水资源脆弱性预测研究——以淮河流域为例. 长江流域资源与环境，25（9）：1317-1327.

刘姝媛，王红旗. 2016. 某地下水水源地污染风险评价指标体系研究. 中国环境科学，36（10）：3166-3174.

刘佑华，陈晓宏，陈永勤. 2002. 珠江三角洲典型站水位过程变异性的差异熵识别. 中山大学学报（自然科学版），41（4）：87-91.

柳喜军. 2008. 思贤滘过滘流量分析研究. 人民珠江，（2）：36-45.

卢陈，袁丽蓉，高时友，等. 2013. 潮汐强度与咸潮上溯距离实验. 水科学进展，24（2）：251-257.

陆永军，贾良文，莫恩平，等. 2008. 珠江三角洲网河低水位变化. 北京：水利水电出版社.

路剑飞，陈子燊. 2010. 珠江口磨刀门水道盐度多步预测研究. 水文，30（5）：69-74.

路剑飞, 陈子燊, 罗智丰, 等. 2009. 广东闸坡海域潮汐特征分析. 热带地理, 29 (2): 120-122.

罗艺, 谭丽蓉, 王军. 2010. 咸潮作用下上海水资源风险极值统计分析. 资源科学, 32 (6): 1184-1187.

吕彤. 2007. 区域水资源供需分析及合理利用研究. 河海大学硕士学位论文.

马晓超, 粟晓玲, 薄永占. 2011. 渭河生态水文特征变化研究. 水资源与水工程学报, 22 (1): 16-21.

倪金林. 2007. 实数编码下的混合算子遗传算法在非线性问题的应用. 合肥工业大学硕士学位论文.

倪晋仁, 崔树彬, 李天宏, 等. 2002. 论河流生态环境需水. 水利学报, (9): 14-19.

钮本良. 2002. 黄河流域1919-1997年天然径流量系列特征分析. 黄河水利职业技术学院报, 14 (1): 22-24.

欧阳永保, 丁红瑞. 2006. 小波分析在水文预报中的应用. 海河水利, (6): 44-46.

潘存鸿, 张舒羽, 史英标, 等. 2014. 涌潮对钱塘江河口盐水入侵影响研究. 水利学报, 45 (11): 1301-1309.

潘争伟, 金菊良, 吴开亚, 等. 2014. 区域水环境系统脆弱性指标体系及综合决策模型研究. 长江流域资源与环境, 23 (4): 518-525.

潘争伟, 金菊良, 刘晓薇, 等. 2016. 水资源利用系统脆弱性机理分析与评价方法研究. 自然资源学报, 31 (9): 1599-1609.

钱龙霞, 王红瑞, 张韧, 等. 2016. 基于投影寻踪的水资源脆弱性S型函数模型及其应用. 应用基础与工程科学学报, (1): 185-196.

邱庆泰, 王刚, 王维, 等. 2016. 基于可变集的区域水资源全要素配置方案评价. 南水北调与水利科技, 14 (5): 55-61.

邵惠鹤, 骆晨钟. 2008. 用混沌搜索求解非线性约束优化问题. 系统工程理论与实践, 20 (8): 54-58.

申锦标, 吕跃进. 2009. 一种基于向量贴近度的组合赋权方法. 重庆工学院学报 (自然科学), 23 (2): 75-89.

孙鹏, 张强, 陈晓宏. 2011. 北江流域径流量变化特征及其成因分析. 珠江现代建设, (5): 1-7.

孙甜, 董增川, 苏明珍. 2015. 面向生态的陕西省渭河流域水资源合理配置. 人民黄河, 37 (2): 59-63.

唐国平, 李秀彬, 刘燕华. 2000. 全球气候变化下水资源脆弱性及其评估方法. 地球科学进展, 15 (3): 313-317.

田亚平, 向清成, 王鹏. 2013. 区域人地耦合系统脆弱性及其评价指标体系. 地理研究, 32 (1): 55-63.

童章龙. 2007. 潮汐调和分析的方法和应用研究. 河海大学硕士学位论文.

汪朝辉, 王克林, 雄鹰, 等. 2003. 湖南省洪涝灾害脆弱性评估和减灾对策研究. 长江流域资源与环境, 12 (6): 586-592.

王本德, 周惠成, 卢迪. 2016. 我国水库 (群) 调度理论方法研究应用现状与展望. 水利学报, 47 (3): 337-345.

王浩, 刘家宏. 2016. 国家水资源与经济社会系统协同配置探讨. 中国水利, (17): 7-9.

王建华, 姜大川, 肖伟华, 等. 2016. 基于动态试算反馈的水资源承载力评价方法研究——以沂河流域 (临沂段) 为例. 水利学报, 47 (6): 724-732.

王璐, 包革军, 王雪峰. 2004. 综合评价中一种新的指标选择方法. 数理统计与管理, 23 (11): 72-76.

王文圣, 丁晶, 李跃清. 2005. 水文小波分析. 北京: 化学工业出版社.

王祥荣, 王原. 2010. 全球气候变化与河口城市脆弱性评价——以上海为例. 北京: 科学出版社.

王义民, 孙佳宁, 畅建霞, 等. 2015. 考虑"三条红线"的渭河流域 (陕西段) 水量水质联合调控研究. 应用基础与工程科学学报, (5): 861-872.

王宗志, 程亮, 王银堂, 等. 2014. 基于库容分区运用的水库群生态调度模型. 水科学进展, 25 (3): 435-443.

温晓金, 杨新军, 王子侨. 2016. 多适应目标下的山地城市社会—生态系统脆弱性评价. 地理研究, 35 (2): 299-312.

闻平, 陈晓宏, 刘斌, 等. 2007. 磨刀门水道咸潮入侵及其变异分析. 水文, 27 (3): 65-67.

吴泽宁, 高建菊, 胡彩虹. 2013. 干旱区内陆河流域取水总量控制风险分析方法. 水电能源科学 (7): 143-146.

武玮, 徐宗学, 李发鹏. 2012. 渭河关中段水文情势改变程度分析. 自然资源学报, 27 (7): 1124-1137.

奚旭, 孙才志, 吴彤, 等. 2016. 下辽河平原地下水脆弱性的时空演变. 生态学报, 36 (10): 3074-3083.

席荣宾, 黄鹏, 赖雪梅. 2010. 组合赋权法确定权重的方法探讨. 中国集体经济, (7): 75-76.

夏军, 石卫. 2016. 变化环境下中国水安全问题研究与展望. 水利学报, 47 (3): 292-301.

夏军, 欧春平, Huang G H, 等. 2007. 基于 GIS 和差异信息测度的海河流域水文气象要素时空变异性分析. 自然资源学报, 22 (3): 409-414.

夏军, 雒新萍, 曹建廷, 等. 2015a. 气候变化对中国东部季风区水资源脆弱性的影响评价. 气候变化研究进展, 11 (1): 8-14.

夏军, 石卫, 雒新萍, 等. 2015b. 气候变化下水资源脆弱性的适应性管理新认识. 水科学进展, 26 (2): 279-286.

项静恬, 史久恩. 1997. 非线性系统中数据处理的统计方法. 北京: 科学出版社.

解建仓, 廖文华, 荆小龙, 等. 2013. 基于人工鱼群算法的浐灞河流域水资源优化配置研究. 西北农林科技大学学报 (自然科学版), 41 (6): 221-226.

谢平, 陈广才, 李德, 等. 2005. 水文变异综合诊断方法及其应用研究. 水电能源科学, 23 (2): 11-14.

谢平, 唐亚松, 陈广才, 等. 2010. 西北江三角洲水文泥沙序列变异分析——以马口站和三水站为例. 泥沙研究, (5): 26-31.

谢绍平. 2004. 西江中、下游河床下切变化及洪水预报改进研究. 武汉大学硕士学位论文.

熊立华, 周芬, 肖义, 等. 2003. 水文时间序列变点分析的贝叶斯方法. 水电能源科学, 21 (4): 39-41.

胥加仕, 罗承平. 2005. 近年来珠江三角洲咸潮活动特点及重点研究领域探讨. 人民珠江, 26 (2): 21-23.

徐勇庆, 黄玟, 刘洪升, 等. 2011. 基于 RS 和 GIS 的珠江三角洲生态环境脆弱性综合评价. 应用生态学报, 22 (11): 2987-2995.

严登华, 秦天玲, 肖伟华, 等. 2012. 基于低碳发展模式的水资源合理配置模型研究. 水利学报, 43 (5): 586-593.

杨代友. 2011. 珠江三角洲经济区生态环境问题及对策建议. 城市发展研究, 18 (8): 59-63.

姚雄, 余坤勇, 刘健, 等. 2016. 南方水土流失严重区的生态脆弱性时空演变. 应用生态学报, 27 (3): 735-745.

姚章民，王永勇，李爱鸣．2009．珠江三角洲主要河道水量分配比变化初步分析．人民珠江，（2）：43-46．

叶斌，雷燕．2005．关于 BP 网中隐含层层数及其节点数选取方法浅析．商丘职业技术学院学报，3（6）：52-53．

叶春，李春华，王秋光，等．2012．大堤型湖滨带生态系统健康状态驱动因子——以太湖为例．生态学报，（12）：3681-3690．

叶义成，柯丽华，黄德育．2005．系统综合评价技术及其应用．北京：冶金工业出版社．

游大伟，汤超莲，邓松．2005．近 50 年西江径流量变化与气候变暖关系．广东气象，（4）：4-6．

游进军．2008．水资源系统模拟理论与实践．中国水利水电科学研究院博士学位论文．

于延胜，陈兴伟．2009．水文序列变异的差积曲线-秩检验联合识别法在闽江流域的应用——以竹岐站年径流序列为例．资源科学，31（10）：1717-1721．

余中元，李波，张新时．2014．湖泊流域社会生态系统脆弱性及其驱动机制分析——以滇池为例．农业现代化研究，34（3）：329-334．

岳春芳．2004．东南沿海地区水资源优化配置模型及其应用研究．新疆农业大学博士学位论文．

张丹，周惠成．2011．大凌河流域上游水资源变化趋势及成因研究．水文，31（4）：81-87．

张德丰．2009．MATLAB 神经网络应用设计．北京：机械工业出版社．

张立军，袁能文．2010．线性综合评价模型中指标标准化方法的比较与选择．统计与信息论坛，25（8）：10-15．

张立明．1993．人工神经网络的模型及其应用．上海：复旦大学出版社．

张守平，魏传江，王浩，等．2014．流域/区域水量水质联合配置研究Ⅱ：实例应用．水利学报，45（8）：938-949．

张舒羽，周维，史英标．2016．千岛湖配水工程对钱塘江河口盐水入侵影响．水科学进展，27（6）：1-8．

张一驰，周成虎，李宝林．2005．基于 Brown-Forsythe 检验的水文序列变异点识别．地理研究，24（5）：741-747．

章文波，陈红艳．2006．实用数据统计分析及 SPSS12.0 应用．北京：人民邮电出版社．

赵勇．2006．广义水资源合理配置研究．中国水利水电科学研究院博士学位论文．

曾建军，史正涛，刘新有，等．2014．基于集对分析的云南高原盆地城市水源地脆弱性评价．长江流域资源与环境，23（7）：1038-1044．

曾娟．2012．大坝对宜昌段水文情势的影响．科技信息，（11）：87-90．

郑昱，朱元甡．2000．水文序列周期的小波变换检验方法探讨．河海大学学报，28（1）：96-99．

钟平安．1995．流域水利系统水资源的多目标优化分配．河海大学硕士学位论文．

周兵，王晓敏，刘秋峰，等．2012．2011 年 7 月七大江河流域气候特点及降水异常成因分析．气象，38（5）608-614．

周丽．2002．基于遗传算法的区域水资源优化配置研究．郑州大学硕士学位论文．

周明，孙树栋．1999．遗传算法原理及应用．北京：国防工业出版社．

朱怡娟，黄建武，揭毅．2015．武汉城市圈水资源脆弱性评价．水资源保护，31（2）：59-64．

诸裕良，闫晓璐，林晓瑜．2013．珠江口盐水入侵预测模式研究．水利学报，39（9）：1009-1014．

邹君．2010．湖南生态水资源系统脆弱性评价及其可持续开发利用研究．湖南师范大学博士学位论文．

邹君，刘兰芳，田亚平，等．2007a．地表水资源的脆弱性及其评价初探．资源科学，29（1）：92-98．

邹君，杨玉蓉，田亚平，等．2007b．南方丘陵区农业水资源脆弱性概念与评价．自然资源学报，22

（2）：302-310.

邹君，郑文武，杨玉蓉．2014．基于 GIS/RS 的南方丘陵区农村水资源系统脆弱性评价——以衡阳盆地为例．地理科学，34（8）：1010-1017.

左其亭，刘静，窦明．2016．闸坝调控对河流水生态环境影响特征分析．水科学进展，27（3）：439-447.

Abed-Elmdoust A，Kerachian R. 2012. Water resources allocation using a cooperative game with fuzzy payoffs and fuzzy coalitions. Water Resources Management, 26（13）：3961-3976.

Albinet M，Margat J. 1970. Cartographie de la vulnérabilité à la pollution des nappes d'eausouterraine. Bull BRGM, 2（4）：13-22.

Al-Saidi M，Birnbaum D，Buriti R，et al. 2016. Water resources vulnerability assessment of MENA countries considering energy and virtual water interactions. Procedia Engineering, 145：900-907.

Arfib B，Charlier J B. 2016. Insights into saline intrusion and freshwater resources in coastal karstic aquifers using a lumped Rainfall-Discharge-Salinity model（the Port-Miou brackish spring, SE France）. Journal of Hydrology, 540：148-161.

Armentrout G W，Wilson J F. 1987. Assessment of low flows instreams in northeastern Wyoming. USGS Water Resources Investigation Report, 4（5）：533-538.

Arthington A H，King J M. 1992. Development of an holistic approach for assessing environmental flow requirements of riverine ecosystems. In：Pigram J J, Hooper B P（eds.）. Water Allocation for the Environment, the Center for Policy Research, University of New England, Armindale, 69-76.

Bär R，Rouholahnejad E，Rahman K，et al. 2015. Climate change and agricultural water resources：A vulnerability assessment of the Black Sea catchment. Environmental Science & Policy, 46：57-69.

Boori M S，Vozenilek V，Choudhary K. 2015. Exposer intensity, vulnerability index and landscape change assessment in Olomouc, Czech Republic. ISPRS- International Archives of the Photogrammetry, Remote Sensing and Spatial Information Sciences, XL-7/W3（7）：771-776.

Blumberg A F. 1978. The influence of density variations on estuarine tides and circulations. Estuarine and Coastal Marine Science, 7：209-215.

Bowden K F. 1967. Circulation and diffusion. Estuaries, 15-36.

Cai Y，Guo L，Wang X，et al. 2013. Effects of tropical cyclones on river chemistry：A case study of the lower Pearl River during Hurricanes Gustav and Ike. Estuarine Coastal & Shelf Science, 129（3）：180-188.

Chang C C，Lin C J. 2011. LIBSVM：a library for support vector machines. ACM Transactions on Intelligent Systems and Technology（TIST）, 2（3）：27.

Chang F J，Wang Y C，Tsai W P. 2016. Modelling intelligent water resources allocation for multi- users. Water Resources Management, 30（4）：1395-1413.

Chang H，Jung I，Strecker A，et al. 2013. Water supply, demand, and quality indicators for assessing the spatial distribution of water resource vulnerability in the Columbia River Basin. Atmosphere- Ocean, 51（4）：339-356.

Chavez-Jimenez A，Granados A，Garrote L，et al. 2015. Adapting water allocation to irrigation demands to constraints in water availability imposed by climate change. Water Resources Management, 29（5）：1413-1430.

Chenini I，Zghibi A，Kouzana L. 2015. Hydrogeological investigations and groundwater vulnerability assessment and mapping for groundwater resource protection and management：State of the art and a case study. Journal of African Earth Sciences, 109: 11-26.

Colón-Rivera R J, Feagin R A, West J B, et al. 2014. Hydrological modification, saltwater intrusion, and tree water use of a *Pterocarpus officinalis* swamp in Puerto Rico. Estuarine Coastal & Shelf Science, 147 (2): 156-167.

Dall'Aglio G, Kotz S, Salinetti G. 1991. Advance in Probability Distributions with Given Marginals. Kluwer Academic Publishe, 88 (422): 702.

Davijani M H, Banihabib M E, Anvar A N, et al. 2016. Optimization model for the allocation of water resources based on the maximization of employment in the agriculture and industry sectors. Journal of Hydrology, 533 (1): 430-438.

Gong W, Jia L, Shen J, et al. 2014. Sediment transport in response to changes in river discharge and tidal mixing in a funnel-shaped micro-tidal estuary. Continental Shelf Research, 76 (2): 89-107.

Han D, Post V E A, Song X. 2015. Groundwater salinization processes and reversibility of seawater intrusion in coastal carbonate aquifers. Journal of Hydrology, 531: 1067-1080.

Hines D E, Borrett S R. 2014. A comparison of network, neighborhood, and node levels of analyses in two models of nitrogen cycling in the Cape Fear River Estuary. Ecological Modelling, 293: 210-220.

Hsu C W, Chang C C, Lin C J. 2003. A practical guide to support vector classification. Technical Report, Department of Computer Science and Information Engineering, Univrsity of National Taiwan, 67 (5): 1-12.

Hu Z, Chen Y, Yao L, et al. 2016. Optimal allocation of regional water resources: From a perspective of equity-efficiency tradeoff. Resources Conservation & Recycling, 109: 102-113.

Intergovernmental Panel on Climate Change (IPCC). 2001. Working Group Ⅱ Climate Change 2001: impacts adaptation and vulnerability, summary for Policymakers. IPCC WG2 Third Assessment Report, 89-91.

Ippen A T, Harleman D R F. 1961. One Dimensional Analysis of Salinity Intrusion in Estuaries. Technical Bulletin No. 5, Committee on Tidal Hydraulics. Waterways Experiment Station.

Jode K. 1996. Ecological evaluation of instream flow regulation based on temporal and spatial variability of bottom shear stress and hydraulic habitat quality. In: Leclerc M, et al. (eds.). Ecohydraulics 2000, 2nd International Symposium on Habitat Hydraulics. Quebec City.

Jolliffe I. 2005. Principal Component Analysis. London: John Wiley & Sons, Ltd.

Kanakoudis V, Tsitsifli S, Papadopoulou A, et al. 2016. Estimating the water resources vulnerability index in the Adriatic sea region. Procedia Engineering, 162: 476-485.

Kasai A, Kurikawa Y, Ueno M, et al. 2010. Salt-wedge intrusion of seawater and its implication for phytoplankton dynamics in the Yura Estuary, Japan. Estuarine Coastal & Shelf Science, 86 (3): 408-414.

Kohavi R. 1995. A study of cross-validation and bootstrap for accuracy estimation and model selection. International Joint Conference on Artificial Intelligence, 14 (2): 1137-1145.

Kotir J H, Smith C, Brown G, et al. 2016. A system dynamics simulation model for sustainable water resources management and agricultural development in the Volta River Basin, Ghana. Science of the Total Environment, 573: 444-457.

Krstanovic P F, Singh V P. 1987. A multivariate stochastic flood analysis using entropy. In: Singh V P (ed.). Hydrologic Frequency Modelling, Reidel, Dordrecht, 515-539.

Launder B E, Spalding D B. 1972. Lectures in Mathematical Models of Turbulence. New York: Academic

Press.

Li C, Zhou J, Ouyang S, et al. 2015. Water resources optimal allocation based on large-scale reservoirs in the upper reaches of Yangtze River. Water Resources Management, 29 (7): 2171-2187.

Ling H, Zhang P, Xu H, et al. 2016. Determining the ecological water allocation in a hyper-arid catchment with increasing competition for water resources. Global & Planetary Change, 145: 143-152.

Liu D, Guo S, Shao Q, et al. 2014. Optimal allocation of water quantity and waste load in the Northwest Pearl River Delta, China. Stochastic Environmental Research and Risk Assessment, 28 (6): 1525-1542.

Mann H B. 1945. Nonparametric test against trend. Econometrica, 13 (3): 245-259.

Mao Q, Shi P, Yin K, et al. 2004. Tides And Tidal Currents In The Pearl River Estuary. Continental Shelf Research, 24 (16): 1797-1808.

Nam W H, Choi J Y, Hong E M. 2015. Irrigation vulnerability assessment on agricultural water supply risk for adaptive management of climate change in South Korea. Agricultural Water Management, 152: 173-187.

Nelsen R B. 1999. An Introduction to Copulas. Berlin: Springer.

Nelson T M, Streten C, Gibb K S, et al. 2015. Saltwater intrusion history shapes the response of bacterial communities upon rehydration. Science of the Total Environment, (502): 143-148.

Neshat A, Pradhan B. 2015. An integrated DRASTIC model using frequency ratio and two new hybrid methods for groundwater vulnerability assessment. Natural Hazards, 76 (1): 543-563.

Nian YY, Li X, Zhou J, et al. 2014. Impact of land use chanse on water resource allocation in the middle reaches of the Heihe River Basin in northwestern China. Journal of Arid Land, 6 (3): 273-286.

Null S E, Prudencio L. 2016. Climate change effects on water allocations with season dependent water rights. Science of the Total Environment, 571: 943-954.

Paul B, Anton E, Jan F, et al. 2009. Rapid sea-level rise and reef back-stepping at the close of the last interglacial highstand. Nature, 458: 881-884.

Polsky C, Neff R, Yarnal B. 2007. Building comparable global change vulnerability assessments: The vulnerability scoping diagram. Global Environmental Change, 17 (3-4): 472-485.

Pons F A, 1992. Regional flood frequency analysis based on multivariate log-normal models. PhD thesis, Colorado State University.

Post V E, Groen J, Kooi H, et al. 2013. Offshore fresh groundwater reserves as a global phenomenon. Nature, 504 (7478): 71-78.

Pritchard D W. 1967. Observations of circulation in coastal plain estuaries. Estuaries, 37-44.

Qiu C, Zhu J R. 2013. Influence of seasonal runoff regulation by the Three Gorges Reservoir on saltwater intrusion in the Changjiang River Estuary. Continental Shelf Research, 71 (6): 16-26.

Richter B D, Baumgartner J V, Powell J, et al. 1996. A Method for Assessing Hydrologic Alteration within Ecosystems. Conservation Biology, 10 (4): 1163-1174.

Richter B D, Baumgartner J V, Braun D P, et al. 1998. A spatial assessment of hydrologic alteration within a river network. Regulated Rivers Research & Management, 14 (4): 329-340.

Schweizer B. 1991. Thirty Years of Copulas//Advances in Probability Distributions with Given Marginals. Berlin: Springer.

Shabbir R, Ahmad S S. 2015. Water resource vulnerability assessment in Rawalpindi and Islamabad, Pakistan using Analytic Hierarchy Process (AHP). Journal of King Saud University-Science, 28 (4): 293-299.

Sklar A. 1959. Fonctions de repartition àn dimensions et leurs marges. Publication de'Institut de Statistique de l'Universitéde Paris, 8: 229-231.

Sneyers R. 1990. On the statistical analysis of series of observations. Geneva, Switzerland: World Meteorological Organization, 192-202.

Stamou A I. 1993. Prediction of hydrodynamic characteristics of oxidation ditches using the k-ε turbulence model. Engineering Turbulence Modelling & Experiments, 261-270.

Stevenazzi S, Masetti M, Nghiem S V, et al. 2015. Groundwater vulnerability maps derived from a time-dependent method using satellite scatterometer data. Hydrogeology Journal, 23 (4): 631-647.

Strupczewski W G, Kaczmarek Z. 2001. Non-stationary approach to at-site flood frequency modelling II. Weighted least squares estimation. Journal of Hydrology, 248 (1-4): 143-151.

Strupczewski W G, Singh V P, Feluch W. 2001. Non-stationary approach to at-site flood frequency modelling I. Maximum likelihood estimation. Journal of Hydrology, 248 (1-4): 123-142.

Sun F, Kuang W, Xiang W, et al. 2016. Mapping water vulnerability of the Yangtze River Basin: 1994-2013. Environmental Management, 58 (5): 1-16.

Savenije H. 1992. Rapid assessment technique for salt intrusion in alluvial estuaries. Delft: Hydraulics and Environmental Engineering.

Schijf J B, Schonfled J C. 1953. Theoretical considerations on the motion of salt and fresh water. Journal of Hydraulic Engineering ASCE.

Simmos H B, Brown F R. 1969. Salinity effects on estuarine hydraulics and sedimentation. International Association for Hydraulics Research Proceeding of the 13th, 311-325.

Torrence C, Compo G P. 1998. Practical Guide to Wavelet Analysis. Bulletin of the American Meteorological Society, 79: 61-78.

Vaghefi S A, Mousavi S J, Abbaspour K C, et al. 2015. Integration of hydrologic and water allocation models in basin-scale water resources management considering crop pattern and climate change: Karkheh River Basin in Iran. Regional Environmental Change, 15 (3): 1-10.

Wang X, Ma F B, Li J Y. 2012. Water resources vulnerability assessment based on the parametric-system method: A case study of the Zhangjiakou Region of Guanting Reservoir Basin, North China. Procedia Environmental Sciences, 13 (3): 1204-1212.

Wong H, Hu B Q, Ip W C, et al. 2006. Change-point analysis of hydrological time series using grey relational method. Journal of Hydrology, 324 (1): 323-338.

Wu C, Huang G. 2014. Changes in heavy precipitation and floods in the upstream of the Beijiang River basin, South China. International Journal of Climatology, 35 (10): 2978-2992.

Wu G, Li L, Ahmad S, et al. 2013. A dynamic model for vulnerability assessment of regional water resources in arid areas: Acase study of Bayingolin, China. Water Resources Management, 27 (8): 3085-3101.

Xiang Z, Chen X, Lian Y. 2016. Quantifying the vulnerability of surface water environment in humid areas base on DEA method. Water Resources Management An International Journal Published for the European Water Resources Association, 1-12.

Xuan W, Quan C, Li S. 2012. An optimal water allocation model based on water resources security assessment and its application in Zhangjiakou Region, northern China. Resources Conservation & Recycling, 69 (12): 57-65.

Yue S, Wang C. 2002. Applicability of prewhitening to eliminate the in fluence of serial correlation on the

Mann- Kendall test. Water Resources Research, 38 (6): 1-7.

Zhang L, Li C Y. 2014. An inexact two-stage water resources allocation model for sustainable development and management under uncertainty. Water Resources Management, 28 (10): 3161-3178.

Zhang Q, Xu C Y, Gemmer M, et al. 2009. Changing properties of precipitation concentration in the Pearl River basin, China. Stochastic Environmental Research & Risk Assessment, 23 (3): 377-385.

Zhang Z, Cui B, Zhao H, et al. 2010. Discharge-salinity relationships in Modaomen waterway, Pearl River estuary. Procedia Environmental Sciences, 2 (1): 1235-1245.

Zhou Y, Guo S, Xu C Y, et al. 2015. Integrated optimal allocation model for complex adaptive system of water resources management (I): Methodologies. Journal of Hydrology, 531: 964-976.